"十三五"普通高等教育本科规划教材

（第二版）

建筑水暖电及燃气工程概论

主　编　张喜明

副主编　赵嵩颖　齐俊峰　刘其伟

参　编　赵　磊　张　璐　张玉红　韩在刚

　　　　马人骄　张　兰

主　审　刘学来

中国电力出版社
CHINA ELECTRIC POWER PRESS

内 容 提 要

本书是"十三五"普通高等教育本科规划教材。

书中简明扼要地介绍了建筑水暖电及燃气工程所涉及的流体力学、传热学等基本原理和基础知识，重点介绍了建筑环境学、建筑给排水、建筑消防工程、供暖、通风与建筑防排烟、空气调节、燃气供应、建筑电气等方面的综合知识和原理、实用技术及施工要求。

基础知识部分包括流体性质、流体静力学、流体动力学和导热、热对流、热辐射等内容，并介绍了涉及工程中流体力学和传热学的计算问题。

在介绍建筑给排水工程、供暖工程、通风与空调工程、燃气供应等内容时，还详细阐述了各工程施工图的识读方法与步骤，以帮助读者更好地理解和掌握建筑水暖电及燃气工程。

本书可作为普通高等学校建筑与规划、土木工程、建筑环境与能源应用工程、环境工程、建筑电气、建筑材料、工程管理等建筑技术相关专业的教材，也可供从事建筑工程、土木工程、建筑工程管理等领域工程技术人员参考使用，还可作为建筑设备生产、施工、管理等工作人员的培训教材。

图书在版编目（CIP）数据

建筑水暖电及燃气工程概论 / 张喜明主编 . —2 版 . —北京：中国电力出版社，2019.10
"十三五"普通高等教育本科规划教材
ISBN 978-7-5198-2843-1

Ⅰ．①建… Ⅱ．①张… Ⅲ．①给排水系统－建筑安装－高等学校－教材②采暖设备－建筑安装－高等学校－教材③电气设备－建筑安装－高等学校－教材④燃气设备－建筑安装－高等学校－教材 Ⅳ．①TU8

中国版本图书馆 CIP 数据核字（2019）第 002842 号

出版发行：中国电力出版社
地　　址：北京市东城区北京站西街 19 号（邮政编码 100005）
网　　址：http://www.cepp.sgcc.com.cn
责任编辑：孙　静
责任校对：黄　蓓　太兴华　常燕昆
装帧设计：赵丽媛
责任印制：钱兴根

印　　刷：三河市百盛印装有限公司
版　　次：2014 年 8 月第一版　2019 年 10 月第二版
印　　次：2019 年 10 月北京第四次印刷
开　　本：787 毫米×1092 毫米　16 开本
印　　张：15.75
字　　数：381 千字
定　　价：47.00 元

近年来，随着科学技术的发展和人民生活水平的提高，人们对建筑环境的标准、质量及功能的要求也日益提高。建筑水暖电及燃气工程自动化、智能化的发展趋势，使我国的建筑设备产业蓬勃发展。这就要求从事土木工程、建筑工程、建筑工程管理等专业的技术人员掌握一定的建筑设备基础知识和实用技术。为了适应经济建设的发展要求，便于建筑领域的技术人员掌握该领域的知识和技能，本书简明扼要地介绍了建筑水暖电及燃气工程所涉及的流体力学、传热学的基本原理和基础知识，并重点介绍了建筑环境学、建筑给排水、建筑消防工程、供暖、通风与建筑防排烟、空气调节、燃气供应、建筑电气等方面的综合知识和原理、实用技术及施工要求，旨在便于各专业人员理解和掌握。

在编写过程中，力求深入浅出，注重实践性和实用性，在介绍理论知识的基础上，重点阐述施工中实际问题的解决及在施工中设备与土建工程的配合，突出现行新规范和新标准。同时，还添加了很多新内容，让学生全面了解本课程以及有效地掌握本课程。

本书由吉林建筑大学张喜明主编，赵嵩颖、齐俊峰、刘其伟担任副主编。其中第一章由赵嵩颖编写；第二章由张兰编写；第三、四章由张喜明、马人骄编写；第五章由齐俊峰编写；第六章由张喜明、韩在刚编写；第七章由张喜明、张璐编写；第八章由张喜明、刘其伟编写；第九章由赵磊编写；第十章由张玉红编写。

全书由山东建筑大学刘学来教授主审。

在本书编写过程中曾得到许多同行专家的指导和帮助，在此一并致以诚挚的谢意。限于编者水平，书中难免有不足之处，恳请读者批评指正。

编　者

2019 年 8 月

目　录

第一章 基 础 知 识

第一节 流 体 力 学

流体包括液体和气体。流体区别于固体的基本特征是流体具有流动性。流动性就是流体在静止时不能承受剪切力的性质。当有剪切力作用于流体时，流体便产生连续变形，也就是流体质点之间产生相对运动。

一、流体的主要物理性质

流体的物理性质是决定流体流动状态的内在因素，与流体运动有关的主要物理性质包括密度、可压缩性、热膨胀性和黏性等。

（一）流体的密度

物质每单位体积中所含的质量称为密度。根据连续介质假设模型，流体在空间某点的密度为

$$\rho = \lim_{\Delta V \to 0} \frac{\Delta m}{\Delta V} \tag{1-1}$$

式中　ρ——液体的密度，kg/m^3；

　　　ΔV——以所考虑的点为中心的微小体积，m^3；

　　　Δm——ΔV 中包含的流体质量，kg。

如果流体是均匀的，那么流体的密度

$$\rho = \frac{m}{V} \tag{1-2}$$

式中　m——流体的质量，kg；

　　　V——流体的体积，m^3。

表 1-1 列出在一个标准大气压下水的密度，表 1-2 列出了几种常见流体的密度。

表 1-1　　　　　　　　　　水 的 密 度

温度（℃）	0	4	10	20	30
密度（kg/m^3）	999.87	1000.00	999.73	998.23	995.67
温度（℃）	40	50	60	80	100
密度（kg/m^3）	992.24	988.07	983.24	971.83	958.38

表 1-2　　　　　　　　常 见 流 体 的 密 度

流体名称	空气	无水乙醇	四氯化碳	水银	汽油	海水
温度（℃）	20	20	20	20	15	15
密度（kg/m^3）	1.20	799	1590	13550	700~750	1020~1030

混合气体的密度可按组成该混合气体的各种气体的体积分数计算，即

$$\rho = \frac{m}{V} = \frac{\rho_1 V_1 + \rho_2 V_2 + \cdots + \rho_n V_n}{V} = \rho_1 \frac{V_1}{V} + \rho_2 \frac{V_2}{V} + \cdots + \rho_n \frac{V_n}{V} = \rho_1 \varphi_1 + \rho_2 \varphi_2 + \cdots + \rho_n \varphi_n$$

$$\rho = \sum_{i=1}^{n} \rho_i \varphi_i \qquad (1\text{-}3)$$

式中　ρ_i——混合气体中各组气体的密度，kg/m^3；

　　　φ_i——混合气体中各组气体的体积分数。

（二）流体的可压缩性、热膨胀性

可压缩性是流体受压，体积缩小，密度增大，除去外力后能恢复原状的性质。可压缩性实际上是流体的弹性。热膨胀性是流体受热，体积膨胀，密度减小，温度下降后能恢复原状的性质。液体和气体的可压缩性和热膨胀性有很大差别，下面分别进行说明。

1. 液体的可压缩性和热膨胀性

液体的可压缩性用压缩系数来表示，它表示在一定的温度下，压强增加 1 个单位，体积的相对缩小率。若液体的原体积为 V，压强增加 dp 后，体积减小 dV，压缩系数为

$$\kappa = -\frac{dV/V}{dp} = -\frac{1}{V}\frac{dV}{dp} \qquad (1\text{-}4)$$

由于液体受压体积减小，dp 和 dV 符号相反，式中右侧加负号，以使 κ 为正值，其值越大，越容易压缩。κ 的单位是 $1/Pa$。

根据增压前后质量无变化 $dm = d(\rho V) = \rho dV + V d\rho = 0$，得

$$-\frac{dV}{V} = \frac{d\rho}{\rho}$$

故压缩系数可表示为

$$\kappa = \frac{1}{\rho}\frac{d\rho}{dp} \qquad (1\text{-}5)$$

液体的压缩系数随温度和压强变化，水的压缩系数见表 1-3，表中压强单位为工程大气压，$1at = 9.806\,65 \times 10^4 Pa$。

表 1-3　　　　　　　　　　　　水的压缩系数 κ（$\times 10^{-9}/Pa$）

压强（at）	5	10	20	40	80
压缩系数（m^2/N）	0.538	0.536	0.531	0.528	0.515

从表 1-3 可知，水的压缩系数很小。一般情况下，水的可压缩性可忽略不计。

压缩系数的倒数是体积弹性模量，即

$$K = \frac{1}{\kappa} = -V\frac{dp}{dV} = \rho\frac{dp}{d\rho} \qquad (1\text{-}6)$$

式中　K——液体体积的弹性模量，Pa。

液体的热膨胀性用热膨胀系数表示，它表示在一定的压强下，温度每增加 1℃ 的密度相对减小率。若液体的原体积为 V，温度增加 dT 后，体积增加 dV，热膨胀系数为

$$\alpha_V = \frac{1}{V}\frac{dV}{dT} = -\frac{1}{\rho}\frac{d\rho}{dT} \qquad (1\text{-}7)$$

式中 α_V——液体热膨胀系数，1/K 或 1/℃。

流体的热膨胀性在建筑设备工程中应用较广，如某水暖系统，原理如图1-1所示。为防止水温升高时，体积膨胀将水管胀裂，在系统顶部设一膨胀水箱。若系统内水的总体积为8m³，加温前后温差为50℃，在其温度范围内水的膨胀系数 $\alpha_V = 0.00051/℃$。通过式(1-7)可求膨胀水箱的最小容积为204L。

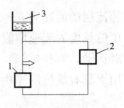

图 1-1 采暖原理图
1—锅炉；2—散热器；
3—膨胀水箱

液体的热膨胀系数随压强和温度变化，水的热膨胀系数见表1-4。

表 1-4 水的膨胀系数 α_V（$\times 10^{-4}/℃$）

温度	1~10	10~20	40~50	60~70	90~100
热膨胀系数	0.14	0.15	0.42	0.55	0.72

2. 气体的可压缩性及热膨胀性

气体与液体不同，具有显著的可压缩性和热膨胀性。温度与压强的变化对气体密度的影响很大。在温度不过低，压强不过高时，气体的密度、压强和温度三者之间的关系服从理想气体状态方程，即

$$\frac{p}{\rho} = RT \tag{1-8}$$

式中 p——气体的绝对压强，Pa；

T——气体的热力学温度，K；

ρ——气体的密度，kg/m³；

R——气体常数，J/(kg·K)。对于空气，$R = 287J/(kg·K)$；对于其他气体，在标准状态下，$R = 8314/n$，其中 n 为气体的分子量。

气体虽然是可压缩和热膨胀的，但是具体问题要具体分析。对于气体速度较低（远小于声速）的情况，在流动过程中压强和温度的变化较小，密度仍可以看成是常数，这种气体称为不可压缩气体。反之，对于气体速度较快（接近或超过声速）的情况，在流动过程中其密度的变化很大，密度已经不能视为常数的气体，称为可压缩气体。

（三）黏性

黏性是流体固有的物理性质，流体的黏性是阻止流体剪切变形或角变形运动的一种度量。例如，黏性很大、具有很大剪切阻力的机油，由于分子内的黏聚力会令人感到黏稠，而汽油的黏性就很小。流体流动时的摩擦力源于黏聚力和分子之间的动量交换。图1-2是流体黏性随温度变化的趋势图。当温度增大时，液体的黏性变小，而气体的黏性变大。这是因为温度升高，分子间距离增大，液体中占优势的黏聚力随温度增大而变小；气体分子间的距离远大于液体，分子热运动引起的动量交换是形成黏性的主要因素，温度升高，分子热运动加剧，动量交换加大，黏度随之增大。

流体的黏性可由下列实验和分析了解到。用流速仪测出管道中某一断面的流速分布，如图1-3所示。流体沿管道直径方向分成很多流层，各层流速不同，并按某种曲线规律连续变化，管轴心的流速最大，并向管壁方向递减，直至管壁处的流速为零。图1-3所示，取流速方向的坐标轴为 u，垂直流速方向的坐标轴为 n，若令水流中某一层的速度为 u，则与其相

邻流层的流速为 $u+\mathrm{d}u$，$\mathrm{d}u$ 为相邻两流层速度的增值。令流层厚度为 $\mathrm{d}n$，沿垂直流速方向单位长度的流速增值 $\mathrm{d}u/\mathrm{d}n$，称为流速梯度。由于流体各流层的流速不同，相邻流层间有相对运动，便在接触面上产生一种相互作用的剪切力，这个力称为黏滞力。流体在黏滞力的作用下具有抵抗流体相对运动的能力，这种能力称为流体的黏滞力。

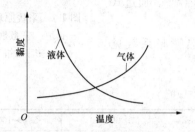
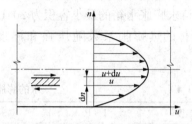

图 1-2　流体黏性随温度变化的趋势图　　　　图 1-3　管道中断面的流速分布

二、流体静压强

（一）流体静压强分布图

根据静压强公式 $p=\rho gh$，以及静压强的方向垂直指向受压面的特性，可以用图形来表示静压强的大小和方向，称此图形为流体静压强分布图。

静压强分布图绘制规则：

（1）按一定比例用线段长度代表该点静压强的大小；

（2）用箭头表示静压强的方向，并与受压面垂直。

不同情况流体静压强分布图的画法列举如下：

（1）图 1-4（a）为一个垂直平板闸门 AB。A 点位于自由液体上，相对压强为零；B 点在水面下 h，相对压强 $p_{\mathrm{B}}=\rho gh$。绘带箭头线段 CB，线段长度为 ρgh，并垂直指向 AB。连接直线 AC，并在三角形 ABC 内作数条平行于 CB 带箭头的线段，则 ABC 即表示 AB 面上的流体相对压强分布图。

如闸门两边同时承受不同水深的静压力作用，如图 1-4（b）所示。因闸门受力方向不同，先分别绘出左右受压面的压强分布图，然后两图叠加，消去大小相同方向相反的部分，余下的梯形即为流体静压强分布图。

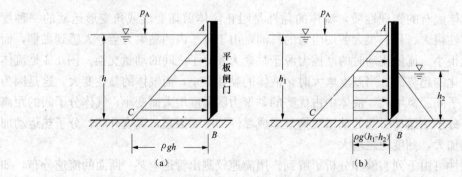

图 1-4　平板闸门上流体静压强分布图
（a）垂直平板闸门；（b）闸门两边同时承受不同水深的静压力作用

（2）图 1-5 为受压面是一折面的流体静压强分布图。

（3）图 1-6 中有上下两种密度不同的液体作用在平面 AC 上，两种液体分界面在 B 点。B 点压强 $p_B = \rho_1 g h_1$，C 点压强 $p_C = \rho_1 g h_1 + \rho_2 g (h_2 - h_1)$，流体静压强分布如图 1-6 所示。

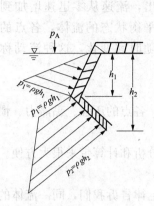

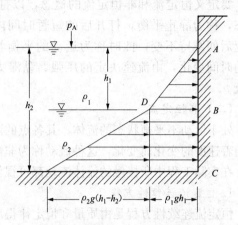

图 1-5　受压面为折面的流体压强分布图　　　　图 1-6　两种流体密度不同的静压强分布图

（4）图 1-7 为作用在弧形闸门上的流体静压强分布图。闸门为一圆弧面，面上各点压强逐点算出，各点压强均沿法向，指向圆弧的中心。

（二）静水总压力的大小

设任意形状平面，面积为 A，与水平面夹角为 α。选取坐标系，以平面的延伸面与液面的交线为 OX 轴，OY 轴垂直于 OX 轴向下。将平面所在坐标面绕 OY 轴旋转 $90°$，展现受压平面，如图 1-8 所示。

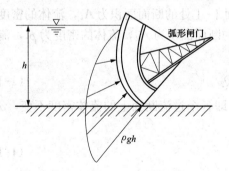

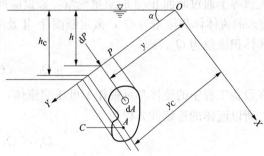

图 1-7　弧形闸门上的流体静压强分布图　　　　图 1-8　平面上静水的总压力

作用在平面上的总压力是

$$p = \rho g \sin\alpha y_C A = \rho g h_C A = p_C A \tag{1-9}$$

式中　p——平面上静水总压力，Pa；

　　　y_C——受压面形心到 OX 轴的距离，m；

　　　h_C——受压面形心点的淹没深度，m；

　　　p_C——受压面形心点的压强，Pa。

三、流体动力学

流体运动有不同的分类方法，根据流体流动时压力、流速等运动要素随时间是否变化划分为恒定流和非恒定流。

（一）恒定流

要定义恒定流和非恒定流的概念，以打开水龙头的过程为例：打开之前，水处于静止状态，称为静止平衡，打开后的短暂时间内，水从喷嘴流出，流速从零迅速增加到某一流速后便维持不变，此时称为运动的平衡状态。处于运动平衡状态的流体，各点的流速不随时间变化，由流速决定的压强、黏滞力和惯性力也不随时间变化，这种流动称为恒定流。

（二）非恒定流

处于运动不平衡状态的流体，其各点的流速随时间变化，各点的压强、黏滞力、惯性力也随着速度的变化而变化，这种流动称为非恒定流。

在实际工程中所接触的流体流动都可视作恒定流动，给分析和计算带来很大方便。

1. 恒定流连续性方程

恒定流连续性方程是由质量守恒定律得出的，质量守恒定律告诉我们，同一流体的质量在运动过程中不生不灭，即流体运动到任何地方，其质量是恒定不变的。

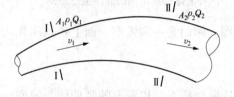

图 1-9　恒定流连续方程图解

如图 1-9 所示，在恒定流条件下，可以考虑到：

（1）由于是恒定流，流体各点的流速不随时间发生变化。

（2）流体的连续介质中间不会形成空隙。

（3）流体不能从研究对象流体的侧壁流入或流出。

在恒定流的管道上取Ⅰ-Ⅰ和Ⅱ-Ⅱ两个过流断面，根据质量守恒定律，通过断面Ⅰ-Ⅰ的质量流量等于通过断面Ⅱ-Ⅱ的质量流量，假设断面Ⅰ-Ⅰ处的断面面积为 A_1，流体的密度为 ρ_1，流入的流体体积流量为 Q_1；假定断面Ⅱ-Ⅱ处的断面面积为 A_2，流体的密度为 ρ_2，流入的流体体积流量为 Q_2，即

$$\rho_1 Q_1 = \rho_2 Q_2 \tag{1-10}$$

在设备工程中的流体都可视作不可压缩流体，即各个过流断面上的流体密度不变，ρ 为常数。所以流体的连续性方程为

$$Q_1 = Q_2 \tag{1-11}$$

因为 $Q=vA$，代入式（1-11），得

$$v_1 A_1 = v_2 A_2 \tag{1-12}$$

从连续性方程可以看出，连续性方程确定了总流中各过流断面平均流速沿流向的变化规律，只要总流的流量已知或任意断面的流速已知，则其他断面的流速即可算出。

2. 恒定流能量方程

众所周知，能量可以从一种形式转换成另一种形式，但不能创造，也不能消灭，总能量是恒定的，这就是能量守恒原理。流体有三种能量：位能、压能、动能。位能用 Z 表示，压能用 $\frac{p}{\gamma}$ 表示，动能用 $\frac{v^2}{2g}$ 表示。当流体在管道中流动时，根据能量守恒定律，这三种能量的总和保持不变，也就是说，在理想流动的某管段上取两个断面Ⅰ-Ⅰ和Ⅱ-Ⅱ，该两个断面

上的三种能量之和是相等的，即

$$\frac{p_1}{\gamma} + Z_1 + \frac{v_1^2}{2g} = \frac{p_2}{\gamma} + Z_2 + \frac{v_2^2}{2g} \qquad (1\text{-}13)$$

式（1-11）就是理想流动时的能量守恒方程，称为伯努利方程。

实际上流体在管道内流动时，由于流体本身存在黏滞力，以及管道的内壁有一定的粗糙度，流体在流动过程中有阻力存在，也就是流体在流动过程中会消耗一部分能量来克服这种阻力，这样必然有一部分能量损失，记为 h。实际流体的伯努利方程变为

$$\frac{p_1}{\gamma} + Z_1 + \frac{v_1^2}{2g} = \frac{p_2}{\gamma} + Z_2 + \frac{v_2^2}{2g} + h \qquad (1\text{-}14)$$

3. 恒定流的动量方程

由动量定理，质点系动量的增量等于作用于该质点系上外力的冲量 $\sum \vec{F} \mathrm{d}t = \mathrm{d}(m\vec{v})$，得

$$\sum F \mathrm{d}t == \rho \mathrm{d}t Q(\beta_2 \vec{v}_2 - \beta_1 \vec{v}_1) \qquad (1\text{-}15)$$

$$\sum F == \rho Q(\beta_2 \vec{v}_2 - \beta_1 \vec{v}_1)$$

$$\sum F_x == \rho Q(\beta_2 \vec{v}_{2x} - \beta_1 \vec{v}_{1x})$$

$$\sum F_y == \rho Q(\beta_2 \vec{v}_{2y} - \beta_1 \vec{v}_{1y})$$

$$\sum F_z == \rho Q(\beta_2 \vec{v}_{2z} - \beta_1 \vec{v}_{1z})$$

式中　　F——作用于物体的外力，N；

　　　　Q——断面的体积流量，$\mathrm{m^3/s}$；

　　　　β——动量修正系数，通常取 $\beta = 1.0$；

　　　　v——断面平均流速，m/s；

　　　　t——作用时间，s。

【例 1-1】　有一根水平放置于混凝土支座上的变直径弯管（见图 1-10），弯管两端与等直径直管相接处的断面 I-I 上压力表读数 $p_1 = 17.6\mathrm{N/cm^2}$，管中流量 $Q = 100\mathrm{L/s}$，若管径 $d_1 = 300\mathrm{mm}$，$d_2 = 200\mathrm{mm}$，转角 $\theta = 60°$。求水流对弯管作用力 F 的大小。

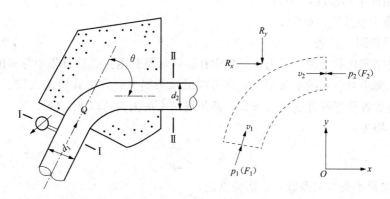

图 1-10　［例 1-1］附图

解　根据连续性方程，$v_1 A_1 = v_2 A_2$

$$v_1 = \frac{Q}{A_1} = \frac{100 \times 10^{-3}}{\frac{\pi}{4} \times (0.3)^2} = 1.42(\text{m/s})$$

$$v_2 = \frac{Q}{A_2} = \frac{100 \times 10^{-3}}{\frac{\pi}{4} \times (0.2)^2} = 3.18(\text{m/s})$$

取管内水流为研究对象，列动量方程：

$$F_1 \cos\theta - F_2 + R_x = \beta\rho Q(v_2 - v_1\cos\theta)$$

$$F_1 \sin\theta - R_y = \beta\rho Q(0 - v_1\sin\theta)$$

其中，$\qquad\qquad F_1 = p_1 A_1 = 12.43 \quad (\text{kN})$

列能量方程：

$$p_2 = p_1 + \rho g\left(\frac{v_1^2 - v_2^2}{2g}\right) = 172(\text{kN/m}^2)$$

$$F_2 = p_2 A_2 = 5.4(\text{kN})$$

解得

$$R_x = -0.568\text{kN}, R_y = 10.88\text{kN}$$

$$R = \sqrt{R_x^2 + R_y^2} = 10.89(\text{kN})$$

水流对弯管的作用力 F 与 R 大小相等，方向相反。

四、水头损失及水力计算

（一）流体阻力和水头损失

在边壁沿程不变（边壁形状、尺寸、过流方向均无变化）的均匀流流段上，产生的流动阻力沿程基本不变，称为沿程阻力或摩擦阻力。由于沿程阻力做功而引起的水头损失称为沿程水头损失。沿程水头损失均匀分布在整个流段上，与流段的长度成比例。流体在等直径的直管中流动的水头损失就是沿程水头损失，以 h_f 表示。

$$h_f = \lambda \frac{l}{d} \frac{v^2}{2g} \tag{1-16}$$

式中　l——管长，m；

d——管径，m；

v——断面平均速度，m/s；

g——重力加速度，m/s^2；

λ——沿程阻力系数。

在边壁急剧变化的区域，阻力主要集中在该区域及其附近，这种集中分布的阻力称为局部阻力。由局部阻力引起的水头损失，称为局部水头损失。发生在管道入口、弯管、三通、异径管、阀门等各种管件处的水头损失，都是局部水头损失，以 h_j 表示。

局部水头损失：

$$h_j = \zeta \frac{v^2}{2g} \tag{1-17}$$

式中　ζ——局部水头损失系数，由实验确定；

v——对应的断面平均速度，m/s。

总水头损失：

$$h_w = h_f + h_j = \left(\lambda \frac{l}{d} + \sum \zeta\right) \frac{v^2}{2g} \tag{1-18}$$

（二）管路的水力计算

在实际工程中，液体和气体的主要方式输送是有压管流。有压管流的水头损失包括沿程水头损失和局部水头损失。工程上为了简化计算，按两类水头损失在全部水头损失中所占的比重不同，将管道分为短管和长管。短管是指水头损失中，沿程水头损失和局部水头损失都占相当比重，两者都不可忽略的管道，如虹吸管、水泵吸水管及工业送、回风管等都是短管；长管是指水头损失以沿程水头损失为主，局部水头损失沿程水头损失相比很小，忽略不计，或按沿程水头损失的百分数估算，仍能满足工程要求的管道，如城市室外给水管道。

1. 虹吸管的水力计算

管道轴线的一部分高出上游供水液面，这样的管道称为虹吸管（见图 1-11）。因为虹吸管输水，具有能跨越高地，减少挖方，便于自动操作等优点，在农田水利和市政工程中广为应用。

由于虹吸管的一部分高出上游供水液面，管内必存在真空区段。随着真空高度的增大，溶解在水中的空气分离出来，并在虹吸管顶部聚集，缩小了过流断面，阻碍运动，严重时造成气塞，破坏液体的连续输送。为保证虹吸管正常流动，必须限制管内最大真空高度不超过

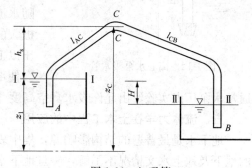

图 1-11　虹吸管

允许值 $[h_v] = 7 \sim 8.5\text{m}$ 水柱。可见，有真空区段是虹吸管的水力特点，其最大真空高度不超过允许值，则是虹吸管正常过流的工作条件。

虹吸管的流量

$$Q = vA = \mu A \sqrt{2gH} \tag{1-19}$$

式中　μ——流量系数。

流速

$$v = \frac{1}{\sqrt{\lambda \dfrac{l_{AB}}{d} + \sum\limits_{1-2} \zeta}} \sqrt{2gH} \tag{1-20}$$

其中，$\sum\limits_{1-2} \zeta$ 表示 Ⅰ-Ⅰ、Ⅱ-Ⅱ 断面之间的局部水头损失系数之和，包括管道入口 ζ_r，转弯 ζ_{z1}、ζ_{z2}、ζ_{z3}，管道出口 $\zeta_c = 1$，即

$$\sum\limits_{1-2} \zeta = \zeta_r + \zeta_{z1} + \zeta_{z2} + \zeta_{z3} + \zeta_c + 1 \tag{1-21}$$

2. 离心水泵吸水管的水力计算

离心水泵吸水管的水力计算，主要为确定泵的安装高度，即泵轴线在吸水池水面上的高度 H_s（见图 1-12）。

取吸水池水面 Ⅰ-Ⅰ 和水泵进口断面 Ⅱ-Ⅱ 列伯努利方程，忽略吸水池水面流速，得

$$\frac{p_A}{\rho g} = H_s + \frac{p_2}{\rho g} + \frac{\alpha v^2}{2g} + h_w \tag{1-22}$$

$$H_s = \frac{p_A - p_2}{\rho g} - \frac{\alpha v^2}{2g} - h_w = h_v - \left(\alpha + \lambda \frac{l}{d} + \sum \zeta\right)\frac{v^2}{2g} \tag{1-23}$$

式中　　H_s——水泵安装高度，m；

α——动能修正系数，通常取 $\alpha=1.0$；

h_v——水泵进口断面真空高度，$h_v = \dfrac{p_A - p_2}{\rho g}$，m；

λ——吸水管沿程摩擦阻力系数；

$\sum \zeta$——吸水管各项局部水头损失系数之和。

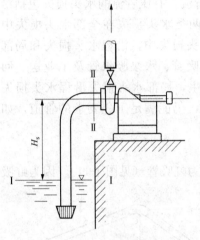

图 1-12　离心水泵吸水管

上式表明，水泵的安装高度与进口的真空高度有关。进口断面的真空高度是有限的，当该段面绝对压强降至水的气化压强时，水气化生成大量气泡，气泡随水流进入泵内，受压而突然溃灭，引起周围的水以极大的速度向溃灭点冲击，在该点造成高达数百大气压以上的压强。这个过程发生在水泵部件的表面，就会使部件很快损坏，这种现象称为气蚀。为防止气蚀，通常水泵厂由实验给出允许吸水真空高度 $[h_v]$ 作为水泵的性能指标之一。

五、流体力学在土木工程中的应用

地下水是最普遍的结构影响源，集中表现为对地基基础的影响。如果设计时对建筑地点的地下及地上水文情况不了解，一旦地下水渗流就会对建筑物周围土体稳定性造成不可挽救的破坏，进而严重影响地基的稳定，地下水的浮力对结构设计和施工有不容忽视的影响，结构抗浮验算与地下水的现状、水压力和浮力、地下水位变化的影响因素及意外补水有关。对于这些严重影响建筑物寿命和安全的问题可以通过流体力学知识在建筑物的实际施工之前以合理的设计和正确的施工指导。避免施工时出现基坑坍塌等重大问题，也能避免施工结束后地基基础抵抗地下水渗流能力差的问题。

现代建筑越来越趋向于高层，虽然高层节约了土地资源，提供了更多的使用空间，但增加了设计施工问题。运用流体力学知识可以有针对性地解决气体流动产生的问题，有助于高层建筑设计施工，也可以合理运用建筑材料。

第二节　传　热　学

传热是研究热量传递过程规律的一门科学。凡有温度差，就有热量自发地由高温物体传到低温物体。由于自然界和生产过程中到处存在温度差，因此，传热是自然界和生产领域中非常普遍的现象，传热学的应用领域也就十分广泛，在建筑问题上更不乏传热问题。例如：热源和冷源设备的选择、配套和合理有效利用；各种供热设备管道的保温材料及建筑围护结构材料等的研制及其热物理性质的测试、热损失的分析计算；各类换热器的设计、选择和性能评价；建筑物的热工计算和环境保护等，都要求具备一定的传热学理论知识。

一、传热的基本方式

传热方式由热传导、热对流、热辐射三种基本方式组合而成。下面对房屋墙壁冬季散热的传热现象进行分析。如图 1-13 所示，可分为三段，首先是过程 1，热由室内空气以对流换热和墙与物体间的辐射方式传给墙内表面；再为过程 2，由墙内表面以固体导热方式传递到墙外表面；最后为过程 3，由墙外表面以空气对流换热和墙与物体间的辐射方式把热传给室外环境。显然，在其他条件不变时，室内外温度差越大，传热量也越大。又如，热水暖气片的传热过程，热水的热量先以对流换热方式传给壁内侧，再由导热方式通过壁，然后壁外侧空气以对流换热和壁与周围物体间的辐射换热方式将热量传给室内。从实例不难了解，传热过程是由热传导、热对流、热辐射三种基本传热方式组合形成的。要了解传热过程的规律，就必须先分别分析这三种基本传热方式。

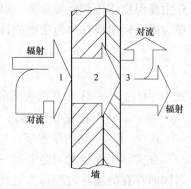

图 1-13　墙壁冬季散热

1. 热传导

热传导又称导热，是指物体各部分无相对位移或不同物体直接接触时依靠分子、原子及自由电子等微观粒子热运动而进行的热量传递现象。建筑物中，大平壁导热是导热的典型问题。平壁导热量与壁两侧表面的温度差成正比；与壁厚成反比；与材料的导热性能相关。通过平壁的导热量计算式为

$$\Phi = \frac{\lambda}{\delta}\Delta t A \tag{1-24}$$

式中　A——壁面积，m^2；

　　　δ——壁厚，m；

　　　Δt——壁两侧表面的温差，℃；

　　　λ——导热系数或热导率，W/(m·K)。

2. 热对流

热对流是指依靠物体运动，把热量由一处传递到另一处的现象。若热对流过程中单位时间通过单位面积有质量 M [kg/(m^2·s)] 的流体由温度 t_1 的地方流至 t_2 处，其比热容为 c_p [J/(kg·K)]，则此热对流传递的热流密度应为

$$q = Mc_p(t_2 - t_1) \tag{1-25}$$

传热工程上涉及的问题往往不单纯是热对流，而是流体与固体壁直接接触时的换热过程，这个过程是热对流和导热联合作用的热量传递过程，称为对流换热。对流换热的公式为

$$q = h\Delta t \tag{1-26}$$

式中　h——表面传热系数，W/(m^2·K)；

　　　Δt——壁表面与流体温度差，℃。

3. 热辐射

物体通过电磁波来传递能量的方式称为辐射。温度高于绝对零度的任何物体都不停地向空间发出热辐射能。其特点是：在热辐射过程中伴随着能量形式的转换（物体内能→电磁波

能→物体内能）；不需要冷热物体直接接触；无论物体温度高低，物体都不停地相互发射电磁波能，高温物体辐射给低温物体的能量大于低温物体向高温物体辐射的能量，总的结果是热由高温物体传到低温物体。以两个无限大平行平面间的热辐射为例，两表面间单位面积、单位时间辐射换热热流密度的计算公式为

$$q = C_{\mathrm{I,II}}\left[\left(\frac{T_1}{100}\right)^4 - \left(\frac{T_2}{100}\right)^4\right] \tag{1-27}$$

式中　$C_{\mathrm{I,II}}$——Ⅰ和Ⅱ两表面的系统辐射系数，它取决于辐射表面材料的性质及状态，其值在 0～5.67；

　　　　T——热力学温度，K。

在实际工程技术问题中，一个物体表面常常既有对流换热又有辐射换热。这种对流和辐射同时存在的换热过程称为复合换热。对于复合换热，工程上为计算方便，常采用把辐射换热量折合成对流换热量的处理办法，按有关辐射换热的公式算出辐射换热量 $\varPhi_r$，$\varPhi_r = h_r A \Delta t$，其中，$h_r$ 为辐射换热系数。复合换热总热量可以表示成 $\varPhi = (h_c + h_r) A \Delta t$，其中 h_c 为对流换热系数。

二、传热过程

建筑工程上常遇到两流体通过墙壁面的换热，我们把热量从墙壁一侧的高温流体通过墙

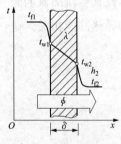

图 1-14　室内外传热

壁传给另一侧的低温流体的过程，称为传热过程。现在考虑，有一大面墙壁，面积为 A；它的一侧为温度 t_{f1} 的热流体，另一侧为温度 t_{f2} 的冷流体；两侧对流换热系数分别为 h_1 及 h_2；墙壁壁面温度分别为 t_{w1} 和 t_{w2}；墙壁材料的导热系数为 λ；厚度为 δ。假设传热工况不随时间变化，传热过程处于稳态过程（物体中各点温度不随时间改变的过程，称为稳态传热），墙壁的长宽均远大于厚度，可认为热流方向与墙壁面垂直。把该墙壁在传热过程中的各处温度描绘在 t-x 坐标图上，如图 1-14 所示。

整个传热过程分三阶段，分别为：

（1）热量由热流体以对流换热传给墙壁左侧，热流密度为 $q = h_1 (t_{f1} - t_{w1})$；

（2）该热量又以导热方式通过墙壁，热流密度为 $q = \dfrac{\lambda}{\delta} (t_{w1} - t_{w2})$；

（3）由墙壁右侧以对流换热传给冷流体，$q = h_2 (t_{w2} - t_{f2})$。

在稳态情况下，以上三式的热流密度 q 相等，三式相加，消去 t_{w1} 及 t_{w2}，整理后得该墙壁的传热热流密度为

$$q = \frac{1}{\dfrac{1}{h_1} + \dfrac{\delta}{\lambda} + \dfrac{1}{h_2}}(t_{f1} - t_{f2}) \tag{1-28}$$

设

$$k = \frac{1}{\dfrac{1}{h_1} + \dfrac{\delta}{\lambda} + \dfrac{1}{h_2}} \tag{1-29}$$

k 称为传热系数，它表明单位时间、单位墙壁面上，冷热流体间每单位温度差可传递的

热量，是反映传热过程强弱的量，国际单位为 $W/(m^2 \cdot K)$。R_k 为平壁单位面积传热热阻，即

$$R_k = \frac{1}{k} = \frac{1}{h_1} + \frac{\delta}{\lambda} + \frac{1}{h_2} \tag{1-30}$$

三、建筑围护结构传热

在工程设计中，建筑围护结构的传热一般按一维传热过程计算，传热量计算的基本公式为

$$\Phi = kA(t_n - t_w) \tag{1-31}$$

式中　k——围护结构的传热系数，$W/(m^2 \cdot K)$；

　　　A——围护结构的传热面积，m^2；

　　　t_n——室内计算温度，℃；

　　　t_w——室外计算温度，℃。

一般建筑物的外墙和屋顶都属于多层材料的平壁结构，根据串联热阻叠加原则，传热系数 k 值可以用下式计算

$$k = \frac{1}{R_k} = \frac{1}{\frac{1}{h_n} + \sum \frac{\delta_i}{\lambda_i} + \frac{1}{h_w}} = \frac{1}{R_n + R_j + R_w} \tag{1-32}$$

式中　R_k——围护结构的传热热阻，$(m \cdot ℃)/W$；

　　　h_n——围护结构内表面换热系数，$W/(m^2 \cdot ℃)$；

　　　h_w——围护结构外表面换热系数，$W/(m^2 \cdot ℃)$；

　R_n、R_w——围护结构内表面、外表面的传热阻，$(m^2 \cdot ℃)/W$；

　　　δ_i——围护结构各层的壁厚，mm；

　　　λ_i——围护结构各层材料的导热系数，$W/(m \cdot ℃)$；

　　　R_j——由单层或多层材料组成的围护结构各材料层的热阻，$(m^2 \cdot ℃)/W$。

【例 1-2】 某建筑物墙壁厚 370mm，它所用的保温材料导热系数为 $\lambda = 0.003 W/(m \cdot K)$，墙壁内外两侧的表面传热系数分别为 $h_n = 5 W/(m^2 \cdot K)$，$h_w = 15 W/(m^2 \cdot K)$，两侧空气温度分别为 $t_{f1} = 5℃$，$t_{f2} = 30℃$，试求该墙壁的各项热阻、传热系数以及热流密度。

解　单位墙壁面积各项热阻

$$R_n = \frac{1}{h_n} = \frac{1}{5} = 0.2 (m^2 \cdot K/W)$$

$$R_j = \frac{\delta}{\lambda} = \frac{0.37}{0.003} = 123.3 (m^2 \cdot K/W)$$

$$R_w = \frac{1}{h_w} = \frac{1}{15} = 0.0667 (m^2 \cdot K/W)$$

传热热阻：$R_k = R_n + R_j + R_w = 0.2 + 123.3 + 0.067 = 123.6 (m^2 \cdot K/W)$

传热系数：$K = \frac{1}{R_k} = \frac{1}{123.6} = 0.008 [W/(m^2 \cdot K)]$

热流密度：$q = K(t_{f2} - t_{f1}) = 0.008 \times 25 = 0.2 (W/m^2)$

第三节 电 工 学

一、电路的组成和作用

电流流过的路径称为电路。它是由电源、负载、开关和连接导线 4 个基本部分组成的，实物图如图 1-15 所示，简化电路图如图 1-16 所示。电源是把非电能转换成电能并向外提供电能的装置。常见的电源有干电池、蓄电池和发电机等。负载是电路中用电器的总称，它将电能转换成其他形式的能。如电灯把电能转换成光能；电烙铁把电能转换成热能；电动机把电能转换成机械能。开关属于控制电器，用于控制电路的接通或断开。连接导线将电源和负载连接起来，担负着电能的传输和分配任务。电路电流方向是由电源正极经负载流到电源负极，在电源内部，电流由负极流向正极，形成一个闭合通路。

在设计、安装或维修等各种实际电路中，经常要画出表示电路连接情况的图。如果是画如图 1-15 所示的实物连接图，虽然直观，但很麻烦。所以很少画实物图，而是画电路图。电路图就是用国家统一规定的符号来表示电路连接情况的图，如图 1-16 所示。表 1-5 是几种常用的电工符号。

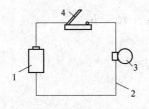

图 1-15 实物图
1—电源；2—导线；3—灯泡；4—开关

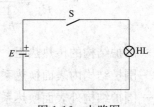

图 1-16 电路图

表 1-5 几种常用的电工符号

名　称	符　号	名　称	符　号
电池	─┤├─	电流表	─Ⓐ─
导线		电压表	─Ⓥ─
开关	─╱─	熔断器	─▭─
电阻	─▭─	电容	─┤├─
照明灯	─⊗─	接地	⏚

电路有三种状态，即通路、开路、短路。通路是指电路处处接通。通路也称为闭合电路，简称闭路。只有在通路的情况下，电路才有正常的工作电流；开路是电路中某处断开，没有形成通路的电路，开路也称为断路，此时电路中没有电流；短路是指电源或负载两端被导线连接在一起，分别称为电源短路或负载短路。电源短路时电源提供的电流要比通路时提供的电流大很多倍，通常是有害的，也是非常危险的，所以一般不允许电源短路。

二、纯电阻电路

纯电阻电路是只有电阻而没有电感、电容的交流电路。如白炽灯、变阻器的交流电路可以近似看成是纯电阻电路,在这种电路中对电流起阻碍作用的主要是负载电阻。

加在电阻两端的正弦交流电压为 u,在电路中产生了交流电流 i,在纯电阻电路中,电压和电流瞬时值之间的关系符合欧姆定律。

由于电阻值不随时间变化,所以电流与电压的变化是一致的。也就是说,电压为最大值时,电流也同时达到最大值;电压变化到零时,电流也变化到零。纯电阻电路中,电流与电压的这种关系称为同相。

通过电阻的电流有效值为

$$I = U/R \tag{1-33}$$

式中 U——电压,V;

  I——电流,A;

  R——电阻,Ω。

在纯电阻电路中,电流通过电阻所做的功与直流电路的计算方法相同,即

$$P = UI = I^2R = U^2/R \tag{1-34}$$

式中 P——电功率,W。

三、三相交流电路

在单相交流电路的电源电路上有两根输出线,而且电源只有一个交变电动势。如果在交流电路中三个电动势同时作用,每个电动势大小相等,频率相同,但初相不同,则称这种电路为三相制交流电路。其中,每个电路称为三相制电路的一相。

(一)三相电源的连接方式

三相电源连接方式通常有两种方式:一种是星形连接(丫形),另一种是三角形连接(△形)。从 3 个电源的始端 L1、L2、L3 引出的 3 条导线称为端线(俗称相线)。任意两根端线之间的电压称为线电压。

1. 丫形连接法(见图 1-17)

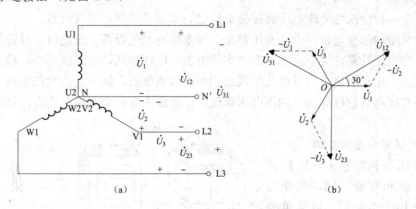

图 1-17 电源丫形连接及相量图
(a)电源丫形连接;(b)相量图

线电压:两相线之间的电压,有效值用 U_{12}、U_{23}、U_{31},通式用 U_l 表示。

相电压:相线与中性线之间的电压,有效值用 U_1、U_2、U_3,通式用 U_P 表示。有些参

考书也用 U_{AN}、U_{BN}、U_{CN} 表示。

线电压与相电压之间的关系为

$$\dot{U}_{12} = \dot{U}_1 - \dot{U}_2 = \sqrt{3}\dot{U}_1 \underline{/30°}$$

同理

$$\dot{U}_{23} = \dot{U}_2 - \dot{U}_3 = \sqrt{3}\dot{U}_2 \underline{/30°}$$

$$\dot{U}_{31} = \dot{U}_3 - \dot{U}_1 = \sqrt{3}\dot{U}_3 \underline{/30°}$$

总之，对称三相电源丫形连接时，$U_1 = \sqrt{3}U_P$，每相线电压都超前各自相电压 30°。

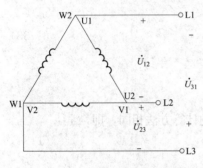

图 1-18　电源△形接法

2. △形接法（见图 1-18）

线电压与相电压之间的关系为 $U_1 = U_P$。

注意：对称三相电源接成三角形时，须注意正确接线，以保证在没有输出的情况下，电源内部没有环流，避免造成重大事故。

（二）三相负载的接法

三相负载的接法，也有星（丫）形连接和三角形连接两种。

1. 星（丫）形连接

当负载星形连接时，线电压与相电压之间的关系为 $U_1 = \sqrt{3}U_P$，每相线电压都超前各自相电压 30°，并且 $I_1 = I_P$。

2. △形接法

当负载△形连接时，线电压与相电压之间的关系为 $U_1 = U_P$，如果负载对称时，每相线电流都滞后各自相电流 30°，并且 $I_1 = \sqrt{3}I_P$。

对于三相四线制供电系统，当三相负载的额定相电压等于电源的相电压时，负载需星形连接，当三相负载的额定相电压等于电源的线电压时，负载需三角形连接。

四、变压器

变压器是一种能改变交流电压而保持交流电频率不变的静止电气设备。

在电力系统的送变电过程中，变压器是一种重要的电气设备。送电时，通常使用变压器把发电机的端电压升高。对于输送一定功率的电能，电压越高，电流就越小，输送导线上的电能损耗越小。由于电流小，可以选用截面积小的输电导线，能节约大量的金属材料。用电时，又利用变压器将输电导线上的高电压降低，以保证人身安全和减少用电电器绝缘材料的消耗。

（一）变压器的基本结构

虽然变压器种类繁多，用途各异，电压等级和容量不同，但变压器的基本结构大致相同。最简单的变压器是由一个闭合的软磁铁芯和两个套在铁芯上又相互绝缘的绕组构成，如图 1-19 所示。

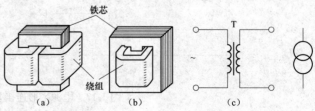

图 1-19　单相变压器的结构及符号

(a) 芯式变压器；(b) 壳式变压器；(c) 变压器符号

绕组又称线圈，是变压器的电路部分。与交流电源相接的绕组称为一次绕组（简称一次）；与负载相接的绕组称为二次绕组（简称二次）。铁芯是变压器的磁路部分，用厚度为 0.35～0.5mm 时硅钢片叠加。根据变压器铁芯构造及绕组配置情况，变压器有芯式和壳式两种。

（二）变压器的分类（见图 1-20）

（1）按冷却方式分类：干式（自冷）变压器、油浸（自冷）变压器、氟化物（蒸发冷却）变压器。

（2）按防潮方式分类：开放式变压器、灌封式变压器、密封式变压器。

（3）按铁芯或线圈结构分类：芯式变压器（插片铁芯、C 形铁芯、铁氧体铁芯）、壳式变压器（插片铁芯、C 形铁芯、铁氧体铁芯）、环形变压器、金属箔变压器。

（4）按电源相数分类：单相变压器、三相变压器、多相变压器。

（5）按用途分类：电源变压器、调压变压器、音频变压器、中频变压器、高频变压器、脉冲变压器。

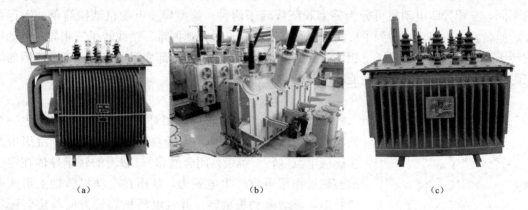

（a） （b） （c）

图 1-20 变压器

(a) 变压器；(b) 大功率高压配电变压器；(c) 油浸式电力变压器

（三）变压器的主要技术数据

变压器的规格型号及其主要技术数据都标在其铭牌上，作为使用变压器的重要依据。变压器的主要技术数据包括额定电压、额定电流、额定容量和温升。

1. 额定电压

变压器一次的额定电压是指变压器所用绝缘材料的绝缘强度所规定的电压值，二次额定电压是变压器空载时，一次加上额定电压后，二次两端的电压值。两个额定电压分别用 U_{1N}、U_{2N} 表示。单相变压器 U_{1N}、U_{2N} 是指一、二次交流电压的有效值，三相变压器 U_{1N}、U_{2N} 是指一、二次线电压的有效值。

2. 额定电流

指变压器在允许温升的条件下，所规定的一、二次绕组中允许流过的最大电流，变压器二次电流分别用 I_{1N} 和 I_{2N} 表示。单相变压器 I_{1N} 和 I_{2N} 是指电流的有效值，三相变压器是指线电流的有效值。

3. 额定容量

表示变压器工作时所允许传递的最大功率。单相变压器的额定容量是二次额定电压和额定电流之积；三相变压器的额定容量也是二次额定电压和额定电流之积（应为三相之和）。额定容量用字母 S 表示，单位是 V·A。

4. 温升

温升是指变压器在额定工作时，允许超出周围环境温度的数值。它取决于变压器绝缘材料的耐热等级，见表 1-6。

表 1-6　　　　　　　　　　　　**绝缘材料耐热等级**　　　　　　　　　　　　　　℃

绝缘等级	Y	A	E	B	F	H	C
最高工作温度	90	105	120	130	155	180	大于 180

五、三相异步电动机

三相异步电动机转子的转速低于旋转磁场的转速，转子绕组因与磁场间存在着相对运动而感生电动势和电流，并与磁场相互作用产生电磁转矩，实现能量变换。

与单相异步电动机相比，三相异步电动机运行性能好，并可节省各种材料。按转子结构的不同，三相异步电动机可分为笼型和绕线转子两种。笼型异步电动机结构简单、运行可靠、质量轻、价格低，得到了广泛应用，其主要缺点是调速困难。绕线转子三相异步电动机的转子和定子一样也设置了三相绕组并通过集电环、电刷与外部变阻器连接。调节变阻器的电阻可以改善电动机的起动性能和调节电动机的转速。

（一）工作原理

当电动机的三相定子绕组（各相差 120°电角度）通入三相对称交流电后，将产生一个旋转磁场，该旋转磁场切割转子绕组，从而在转子绕组中产生感应电流（转子绕组是闭合通路），载流的转子导体在定子旋转磁场作用下将产生电磁力，从而在电动机转轴上形成电磁转矩，驱动电动机旋转，并且电动机旋转方向与旋转磁场方向相同。三相异步电动机工作原理如图 1-21 所示。

当导体在磁场内切割磁力线时，在导体内产生感应电流，"感应电动机"的名称由此而来。感应电流和磁场的联合作用向电动机转子施加驱动力。

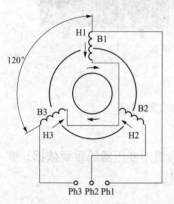

图 1-21　三相异步电动机
工作原理图

让闭合线圈 $ABCD$ 在磁场 B 内绕 xy 轴旋转。如果沿顺时针方向转动磁场，闭合线圈经受可变磁通量，产生感应电动势，该电动势会产生感应电流（法拉第定律）。根据楞次定律，电流的方向：感应电流产生的效果总是要阻碍引起感应电流的原因。因此，每个导体承受相对于感应磁场的运动方向相反的洛仑兹力 F。

确定每个导体力 F 方向的一个简单方法是采用右手三手指定则（磁场对电流作用将拇指置于感应磁场的方向，食指为力的方向，将中指置于感应电流的方向）。这样一来，闭合线圈承受一定的转矩，从而沿与感应子磁场相同方向旋转，该磁场称为旋转磁场。闭合线圈旋转所产生的电动转矩平衡了负载转矩。

（二）三相笼型异步电动机的铭牌数据

1. 型号

现在以 Y132M2-4 为例，介绍铭牌数据。Y 系列电动机型号由 4 部分组成，第一部分汉语拼音字母 Y 表示异步电动机，第二部分数字表示中心高（转轴中心至安装平台表面的高度）；第三部分英文字母表示机座长度代号（S 表示短机座，M 表示中机座，L 表示长机座），字母后的数字为铁心长度代号（1—短铁心，2—长铁心），横线后的数字为电动机的极数；第四部分为特殊环境代号，没标符号者表示电动机只适用于普通环境，W 表示用于户外环境，F 表示用于化工防腐环境。

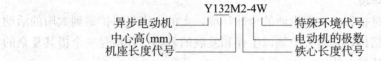

2. 功率

铭牌上所标出的功率是在额定运行情况下，电动机转轴上输出的机械功率，称为容量，通常用 P_N 或 P_2 表示，单位是 W 或 kW。

3. 额定频率

指电动机在额定运行时的电频率，我国规定工频为 50Hz。

4. 额定电压

指电动机额定运行时加在定子绕组上的线电压值，单位是 V。

5. 额定电流

指电动机在额定运行时定子绕组的电流值，单位是 A。

6. 额定转速

指电动机在额定运行时电动机的转速，单位是 r/min。

7. 工作方式

也称为定额，是指电动机的运转状态 H 分连续、短时、断续三种。连续是指电动机在额定运行情况下长期连续使用，用 S_1 表示；短时是指电动机在限定时间内短期运行，用 S_2 表示，断续是指电动机以间歇方式运行，用 S_3 表示。

8. 接线

指定子绕组的连接方式，有星形接法和三角形接法两种。使用时根据铭牌标志正确连接。三相异步电动机实物图如图 1-22 所示。笼型三相异步电动机的接线盒有 6 根引出线，标有 U1、V1、W1、U2、V2、W2，其中，U1、U2 是第一相绕组的两端，V1、V2 是第二相绕组的两端，W1、W2 是第三相绕组的两端。三相异步电动机接线图如图 1-23 所示。

图 1-22 三相异步电动机实物图

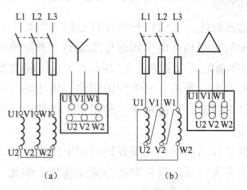

图 1-23 三相异步电动机接线图
(a) 星形（Y）；(b) 三角形（△）

第二章 建 筑 环 境

一、环境与建筑环境

环境从广义上说是指影响我们生活的全球环境，大的方面可以扩展到太阳的活动，小的方面可以微缩到原子结构，它是人类赖以生存和发展的基础。环境是一个极其复杂的、相互影响、相互制约的辩证统一体。

环境一般可分为自然环境和人工环境。自然环境是指与人类生产和生活相关的各种自然因素的总和。人工环境是指人类为了满足生产和生活需要，采用人工方法创造的物理环境。建筑环境是指在自然环境中由人类建造的建筑物和其他建构体，它是人工环境的一种，但它在很大程度上是受自然环境限制和影响的。一个地区建筑环境的特点总是折射出当地自然环境的特点，因此在世界各地的建筑物都是各有特色的，表 2-1 中反映出自然环境中的气候因素对建筑环境造成的影响。

表 2-1 　　　　　　　　　　自然环境和建筑环境的特征关联

自然环境特征	建筑环境特征	自然环境特征	建筑环境特征
干热气候	浅色表面 提供阴凉的屋顶挑檐 通风开口 捕捉冷空气的后院	寒冷气候	高度绝热 密封结构
		降雪	强力负载屋顶 排雪倾斜屋顶
暖湿气候	轻质材料 通风的阁楼	强风	低沉降建筑物
		森林	构造材料为木材
松散的石头或采石场	构造材料为石材	地震区	构造轻质灵活 临时救急的砖石与混凝土建筑
黏土土壤	构造材料为砖块		

二、建筑的演变历程

建筑的演变经历了漫长的过程，几乎贯穿人类诞生和发展的始终。

人类自诞生以来，就择溪而居，这是因为水是各种生物（包括人类）赖以生存的、不可或缺的物质。

远古时代，人们就开始在自己的居留地上寻找自然遮蔽物或者建造人工遮蔽物来抵御自然气候的变幻和其他生物的外来威胁。平原地区的古猿人时代，他们以崖洞、山穴为居。像170 万年前的元谋猿人，80 万～120 万年前的蓝田猿人，40 万～50 万年前的北京猿人都是选择天然的、附近有河水的山洞作为居住场所。在热带雨林、热带草原等湿热地区的人类主要栖息在树上，可避免外界的侵害。炎热或高海拔地区的穴居方式，可获得相对稳定的室内热环境。

到了母系社会，人类开始利用土崖为壁体，建造穴居。再发展为用树木、草泥建造简单的穴居或浅穴居，后来发展为地面建筑，例如：6000～7000 年前的浙江余姚的河姆渡文化、5000～7000 年前的西安半坡文化、4000～6000 年前的山东泰安的大汶口文化。

中国自奴隶社会至封建社会，已经出现了大规模的建筑群，有了完善的供水、排水系统，故宫建筑群、圆明园等皇家园林都是典型的古代建筑群顶峰之作。

近现代以来，随着电的使用，人们的生活越来越便利，如今人们可以尽情地享受现代文明带给我们的各种便利。自来水、电灯、冰箱、空调、天然气所有这些用具，都极大地改变了我们的建筑环境，使之越来越利于人们居住。

三、建筑的功能

建筑的功能是在自然环境不能令人满意的条件下，创造一个微环境来满足人们的安全和健康以及生活和生产过程的需要。随着人类文明的进步，人类社会的发展，人们对建筑的要求也越来越高，除了要满足安全性、功能性、舒适性、美观性以外，还需要进一步营造出一个良好、健康、可持续性发展的生态建筑环境，建筑环境学应运而生。

四、建筑环境学

建筑环境学是指在建筑空间内，在满足使用功能的前提下，如何让人们在使用过程中感到健康和舒适的一门科学。它包括建筑学、物理学（建筑物理）、传热学、流体力学、心理学、生理学、声学、光学、材料学、劳动卫生学、城市气象学等多门学科的内容，是一门跨专业跨学科的综合性学科。建筑环境学的主要内容有建筑外环境、建筑热湿环境、室内空气环境、声环境、光环境等。

第一节　建 筑 外 环 境

建筑物所在地的气候条件会通过围护结构，直接影响室内的环境，为得到良好的室内气候条件以满足人们生活和生产的需要，必须了解当地各主要气候要素的变化规律及其特征。一个地区的气候是在许多因素综合作用下形成的。建筑外环境即影响建筑室内环境的自然和气象环境，主要包括太阳辐射、风场与风速、空气的温/湿度、降水等变化规律与内在联系，探讨建筑环境设计中室外设计参数的取值以及影响室内环境的外部因素等问题。

一、太阳辐射

（一）地球绕日运动规律

一切通过地轴的平面同地球表面相交而成的圆称为经度圈，每个经度圈被南北两极等分成两个180°的半圆，这样的半圆称为经线。全球分为180个经度圈，360条经线。1884年国际会议商定经过英国伦敦格林尼治天文台的子午线为本初子午线。以本初子午线为零度，向东分180°称为东经，向西分180°称为西经。

一切垂直于地轴的平面同地球表面相割而成的圆都是纬线，通过地心的纬线称为赤道，它将地球分为南、北半球。赤道所在的纬线为零度，向北分90°为北纬，向南分90°为南纬。

地球的公转产生了四季交替。地球绕太阳逆时针旋转一周为一年，其运行轨道的平面称为黄道平面。黄道面被等分为24段，每段15天，即为1个节气，全年有24个节气。

地球绕极轴（地轴）自转产生了昼夜交替。地球自转1周为1昼夜，地球每自转1°需要4min。

（二）太阳辐射

太阳辐射是地球上之所以有生命的本质原因，万事万物的出现都依赖于此，它也是气候形成的主要原因。太阳光以电磁波的形式从遥远的外太空传递到地球表面。如果太阳是一个篮球，那距离太阳有一个标准篮球场的地球仅为大头针的针尖大小。地球能接收的太阳辐射能为 1.7×10^{14} kW，占太阳总辐射能的 20 亿分之一。

太阳辐射的程度用辐射照度来表示。辐射照度指 $1m^2$ 黑体表面在太阳辐射下所获得的辐射能通量，W/m^2。太阳辐射到达地球之前的旅程中，由于外太空的物质非常稀薄，近似真空环境，损失值很小，所以在太阳辐射到达大气层外边界时，其值一般为定值。进入大气层后被反射和吸收，光谱成分有所改变，辐射照度有所改变。

（三）太阳波谱

1. 紫外线

波长小于 $0.38\mu m$，占总辐射能的 7%，因受臭氧层被破坏的影响，此比例正逐年上升中。紫外线能提供给我们有效的杀菌消毒功能，也是人体合成维生素 D 促进钙吸收的重要手段，但过多的紫外线照射也会对人体皮肤产生严重伤害，甚至导致皮肤癌变。

2. 可见光

波长 $0.38 \sim 0.76\mu m$，占总辐射能的 45.6%。人类赖以生存的天然光源。虽然有了电灯以来，夜晚的照明问题已经彻底解决，但因长期在人工光源下生活对人眼造成伤害，人们仍喜欢在自然光线沐浴下生活。

3. 红外线

近红外线波长 $0.76 \sim 3\mu m$，占总辐射能的 45.2%。远红外线（长波红外线）波长大于 $3\mu m$，占总辐射能的 2.2%。正是有了红外线，人们才有了热的感觉。

（四）太阳辐射分类

当太阳辐射穿过大气层时，一部分辐射能被大气中的水蒸气、二氧化碳和臭氧等所吸收，一部分辐射能遇到空气分子、尘埃和微小水珠等产生散射现象，另外云层对太阳辐射也有反射作用。最终到达地面的太阳辐射主要由两部分构成，一部分是从太阳直接照射到地面的辐射，称为直射辐射；一部分是经大气中的水蒸气和云层散射后到达地面，称为散射辐射。

地面所接收的太阳辐射照度多少受太阳高度角、大气透明度、地理纬度、云量、海拔、时间早晚等因素影响。

二、气候因素

气候的形成主要是受太阳辐射的影响，并结合当地的地形、地貌形成的。

1. 风

风是指因气压差引起的以水平运动为主的气流运动，可按气流运动的方向和速度来描述。

（1）风的成因。全球范围内的空气迁徙是由赤道和两极温差造成的大气环流。赤道得到太阳辐射大于长波辐射散热，极地正相反。地表温度不同是大气环流的动因，风的流动促进了地球各地能量的平衡。海陆间季节温差造成季风，以年为周期，冬季大陆吹向海洋，夏季海洋吹向大陆。地方风因地方性地貌条件不同造成，以一昼夜为周期，如海陆风、山谷风、庭院风、巷道风等。

（2）风的测量。测量开阔地面 10m 高处的风向和风速作为当地的观测数据。通常，用风玫瑰图来形象地反映一个地方的风速和风向。图 2-1 和图 2-2 分别表示了某地一年内的风向和风速的分布情况。

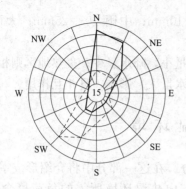

图 2-1 某地的风向频率分布

（实线为全年，虚线为 7 月份）

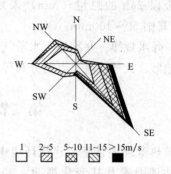

图 2-2 某地一年的风速频率分布

风向玫瑰图在工程设计中应用较多，大到城市的整体规划，城市燃气储备站、汽车加油站等有污染或爆炸隐患的基础设施的选址，小到小区锅炉房的位置选择、空调系统新风口和排风口的设计等，都须考虑当地年主导风向的影响。

2. 室外气温

室外空气在吸收和放射辐射能时具有选择性，对短波辐射几乎是透明体，直接接受太阳辐射而增温极其微弱，空气升温主要靠吸收地表的长波辐射。

（1）室外气温测量。为滤掉地面温度和太阳辐射对测量仪表的影响，测量室外气温主要指距地面 1.5～2m 高背阴位置处的空气温度。

（2）室外气温变化规律。室外气温有明显的日变化和年变化。一日内气温的最高值和最低值之差称为日较差。一天中最高气温一般出现在 14：00～15：00 时，最低气温一般出现在凌晨 4：00～5：00 时。一年内最冷月和最热月的月平均气温之差称为年较差。一年中最热月一般在 7、8 月份，最冷月一般在 1、2 月份。

随纬度的增加，年平均气温向高纬度地区每移动 200～300km 降低 1℃。随海拔的升高，每上升 100m 气温平均递减 0.6℃。

3. 室外空气湿度

室外空气湿度的来源主要依靠水体蒸发和植物自身光合作用蒸发，主要受地面性质、水体分布、季节、阴晴等影响因素制约。

室外空气湿度一般在同一地区而言，冬季较低夏季较高，日变化较小，季节变化较大。空气的相对湿度与气温变化相反，如图 2-3 所示。

4. 降水

降水是指大地蒸发的水分进入大气层，凝结后又回到地面，包括雨、雪、冰雹等。

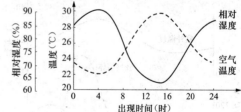

图 2-3 空气温/湿度变化规律

（1）描述降水性质的参数。降水量：指降落到地面的雨、雪、冰雹等融化后，未经蒸发或渗透流失而积累在水平面上的水层厚度，以 mm 为单位。

降水时间：指一次降水过程从开始到结束的持续时间，用 h、min 表示。

降水强度：指单位时间内的降水量。降水量的多少是用雨量筒和雨量计测定的。降水强度的等级以 24h 的总量（mm）来划分：小雨小于 10mm；中雨 10～25mm；大雨 25～50mm；暴雨 50～100mm。

（2）降水规律。寒冷地区水蒸气分压力小，蒸发量小，降水量少；炎热地区则相反。降水还受地形、大气环流、海陆分布等（沿海比内陆降水量大）影响，且相互作用。

第二节 建筑热湿环境

建筑热湿环境是整个建筑环境中最重要的一部分。在这一部分中将介绍形成室内热湿环境的物理因素及其变化规律，并由此讨论维持室内热湿环境所需的负荷概念及计算方法。

建筑热湿环境主要成因是内外扰的影响和建筑本身的热工性能。外扰包括室外气候参数、邻室的空气温/湿度等；内扰包括室内设备、照明、人员等室内热湿源。室外对室内热湿环境影响主要来自太阳辐射和室外气温的共同作用，它们通过建筑物围护结构把热量传入或者传出室内，同时还通过玻璃窗透过太阳辐射能，通过缝隙和渗透热湿空气进入室内从而影响室内热湿环境，这些情况都是外扰作用。室内照明和电器等设备的开启、人体散发的热量和湿量，它们以不同的散热散湿的形式直接影响室内环境，这些情况都是内扰作用。

无论是通过围护结构的传热传湿还是室内产热产湿，其作用形式均包括导热、对流换热和辐射三种形式。

无论是导热、对流还是热辐射，其最终目的都是为了获得热平衡。

一、围护结构的热湿传递

1. 围护结构的热传递

建筑得热包括显热得热和潜热得热两部分。围护结构的热传递主要指显热得热，而潜热得热则是以进入到室内的湿量形式来表述的。通过围护结构的显热得热过程也有两种不同类型，即通过非透光围护结构的导热以及通过透光围护结构的日射得热。

通过围护结构传入室内的热量来源于两部分：室外空气与围护结构外表面的对流换热和太阳辐射通过墙体导热传入的热量。实际由内表面传入室内的热量将以对流换热和长波辐射的形式向室内传播。只有对流换热部分直接进入了空气，形成了进入室内的显热量。

由于热惯性存在，通过围护结构的传热量和温度的波动幅度与外扰波动幅度之间存在衰减和延迟的关系。衰减和滞后的程度取决于围护结构的蓄热能力。图 2-4 给出了传热系数相同的情况下，蓄热能力不同的两种墙体传热量变化与室外气温之间的关系。由于重型墙体的蓄热能力比轻型墙体的蓄热能力强，导致其热量的峰值比轻型墙体的峰值小，出现的时间也延迟。

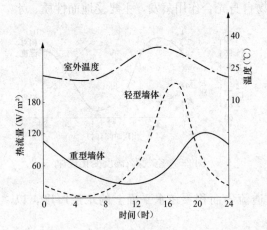

图 2-4 墙体得热与室外温度的关系

通过透光围护结构进入室内的热量，主要取决于玻璃窗的形式。我国民用建筑最常见的是铝合金框或塑钢框配单层或双层普通透明玻璃，双层玻璃间为空气夹层。北方地区以前很多建筑装有两层单玻璃窗，目前已经基本普遍使用双玻璃窗了，有些地方的建筑在北向已开始使用三玻璃窗以加强保温。有些商用建筑采用有色玻璃或反射镀膜玻璃。

发达国家在寒冷地区的住宅多装有充惰性气体的双玻璃窗，商用建筑多采用高绝热性能的低辐射玻璃窗。

通过玻璃窗的得热量主要包括通过玻璃的导热传热量、透过玻璃的日射得热量以及玻璃吸热后对室内的辐射和对流换热量等。该过程的计算非常复杂，在精度允许的情况下，工程上往往采用简化计算。

2. 围护结构的湿传递

一般情况下，通过围护结构进出的水蒸气量非常少，可忽略不计。但对于热湿要求非常严格的室内空间，或者室内温度非常低时，通过围护结构渗透的水蒸气量需要考虑。

通过围护结构进行湿传递的动力是水蒸气分压力差。墙体中水蒸气的传递过程与墙体中的热传递过程类似。当围护结构两侧空气的水蒸气分压力不相同时，水蒸气将从分压力高的一侧墙体通过墙体材料的多孔空间渗透进入分压力低的一侧墙体处。如图 2-5 所示，当墙体内实际水蒸气分压力高于饱和水蒸气分压力时，

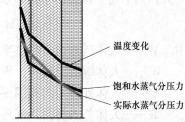

温度变化

饱和水蒸气分压力

实际水蒸气分压力

图 2-5　围护结构内水蒸气凝结示意图

就可能出现凝结或冻结，影响墙体保温能力和强度。必要时设置蒸气隔层或其他结构措施以避免损失。

二、其他形式的热湿传递

室内热湿环境的形成，除了有通过围护结构进出的热湿量以外，还有通过其他途径进出的热湿量，比如室内存在能够产生热量和湿量的来源，室内外空气通过某些途径直接进行的交流等。

1. 室内产生的热湿量

室内产生的热湿量主要包括照明设备、家用电器和炊事设备以及人体的产热产湿量。

（1）照明得热。照明得热一般以显热形式进行散热。通常照明所耗电能一部分转换为光能，一部分直接转换成热能，后者以对流和热辐射的形式向周围环境进行散热。对流部分直接传给空气而立即成为室内空气的负荷，热辐射则通过空气被周围物体吸收，使物体温度升高，然后将吸收的热量随后时间段内以对流换热的形式逐渐传递给室内空气，也有一部分能量会传递给室外空气。转化成光能的那部分能量直接照射室内物体表面，被物体吸收后也转化为热能，在适合的条件下重新以对流换热的形式传给室内空气或室外空气。

照明用电转化为不同形式能量的比例随照明光源类型不同而有所不同。一般白炽灯的发光效率仅为荧光灯的一半左右，且功率越小发光效率越低。

灯具形式直接影响灯具的散热效果。因此照明得热应根据具体照明类型、灯具形式、布置方式、照明灯具数目等因素实测而得。采用光效高的光源、灯具效率高的照明设备以及合理的照明方式是照明节能设计、降低照明负荷的关键。

（2）设备得热。设备散热形成的得热一般也有对流换热和热辐射两种形式。与照明得热形成负荷相似，其中对流换热得热立刻成为室内空气的负荷，而辐射得热将蓄热于内围护结

构表面和室内家具等表面，在随后的时间内热量会陆续释放到室内空气中。由于设备安装功率在工艺设计时按最大可能的使用情况进行设计，电动机功率、设备利用情况、室内各设备的开启时间、设备平均功率损耗等均属于不确定因素，设备的型式不同，散热的形式和效果也不同，所以在设备得热计算时，应根据实际情况在安装功率的基础上加以修正，以保证计算准确。

（3）人体散热散湿。作为建筑环境学的研究重点，人类活动也对室内热湿环境产生了一定的影响。人体靠摄取食物（糖、蛋白质等碳水化合物）获得能量以维持生命。食物在人体新陈代谢过程中被分解氧化，同时释放出能量。其中一部分直接以热能形式维持体温恒定（36.8℃）并散发到体外，其他为机体所利用的能量，最终也都转化为热能散发到体外。人体为维持正常的体温，必须使产热和散热保持平衡，以保持体温恒定。

人体热平衡方程可用下式表示：

$$M - W - C - R - E - S = 0 \tag{2-1}$$

式中　M——人体新陈代谢产热率，W/m^2；

W——人体所做机械功，W/m^2；

C——人体外表面向周围环境通过对流形式散发的热量，W/m^2；

R——人体外表面向周围环境通过辐射形式散发的热量，W/m^2；

E——汗液蒸发和呼出的水蒸气所带走的热量，W/m^2；

S——人体蓄热率，W/m^2。

在稳定的环境条件下，人体的蓄热率 S 值应为零，这时，人体保持了能量平衡。如果周围环境温度（空气温度及围护结构、周围物体表面温度）提高，则人体的对流和辐射散热量将减少，为了保持热平衡，人体会运用自身的自动调节机能来加强汗腺分泌，这样，由于排汗量和消耗在汗分蒸发上热量的增加，在一定程度上会补偿人体对流和辐射散热的减少。当人体余热量难以全部散出时，余热量就会在体内蓄存起来，于是 S 变为正值，导致体温上升，人体会感到很不舒适，体温增到40℃时，出汗停止，如不采取措施，则体温将迅速上升，当体温上升到43.5℃时，人即死亡。

蓄热率大于零会导致人体体温逐步上升，同样，蓄热率小于零会导致人体体温不断下降。在人类长期自然进化过程中，因为面对的外界环境大多数时候是低于人体体温的自然环境，所以人体体表分布的冷感觉神经元数目更多一些，分布更浅层一些，所以往往人体对冷感觉更敏感。若人体比正常热平衡情况多散出87W的热量，则一个睡眠者将被冻醒，这时，人体皮肤平均温度相当于下降了2.8℃，人体感到不舒适，甚至会生病。无论人感知的外界温度是高是低，都会为了调整体表温度适应环境变化而增加新陈代谢量。表2-2中列出了健康的成年男子在不同温度条件、不同活动强度下的人体散热、散湿量。

表 2-2　　　　不同温度和不同活动强度条件下健康成年男子散热、散湿量　　　　W

活动强度	散热散湿	环境温度（℃）										
		20	21	22	23	24	25	26	27	28	29	30
静坐	显热（W）	84	81	78	74	71	67	63	58	53	48	43
	潜热（W）	26	27	30	34	37	41	45	50	55	60	65
	散湿（g/h）	38	40	45	50	56	61	68	75	82	90	97

续表

活动强度	散热散湿	环境温度（℃）										
		20	21	22	23	24	25	26	27	28	29	30
极轻劳动	显热（W）	90	85	79	75	70	65	61	57	51	45	41
	潜热（W）	47	51	56	59	64	69	73	77	83	89	93
	散湿（g/h）	69	76	83	89	96	102	109	115	123	132	139
轻度劳动	显热（W）	93	87	81	76	70	64	58	51	47	40	35
	潜热（W）	90	94	100	106	112	117	123	130	135	142	147
	散湿（g/h）	134	140	150	158	167	175	184	194	203	212	220
中等劳动	显热（W）	117	112	104	97	88	83	74	67	61	52	45
	潜热（W）	118	123	131	138	147	152	161	168	174	183	190
	散湿（g/h）	175	184	196	207	219	227	240	250	260	273	283
重度劳动	显热（W）	169	163	157	151	145	140	134	128	122	116	110
	潜热（W）	238	244	250	256	262	267	273	279	285	291	297
	散湿（g/h）	356	365	373	382	391	400	408	417	425	434	443

空气湿度对人体的散热散湿量也有重要影响。在一定温度下，空气相对湿度的大小，表示空气中水蒸气含量接近饱和程度。即使空气的温度是适宜的，但是湿度过高，空气中水蒸气分压力很大，身上出的汗不易蒸发，人就会觉得闷。在夏季时，即使空气温度不高，这时人也会觉得热。而在秋冬季节，由于湿度过大导致服装受潮，热阻下降，增强了导热和辐射，也会增加人体的冷感。湿度过低，会使皮肤表面汗分蒸发过快，人也会感到不舒适。

此外，周围空气的流通速度是影响人体对流散热和水分蒸发散热的主要因素之一。在空气是静止的，或其流速非常小的环境中，人体产生的热量和湿量得不到正常地散发，使人觉得沉闷；由于提高了对流换热系数及湿交换系数，对流散热和水分蒸发散热随之增强，加剧了人体的冷感，即吹风感。

此外，人体的舒适感还与人的生活习惯、人体的活动量、衣着情况、年龄、性别、健康状况、心理活动等诸多因素有关。

基于以上讨论，对人体产热产湿量的计算变得非常复杂，往往在计算中只能按照平均人体散热散湿量，并结合不同场合、不同时段人员活动数量进行估算。有条件的情况下，应以实测数据为准。

2. 空气渗透带来的热湿量

（1）空气渗透。也就是无组织通风。由于建筑存在各种门、窗缝隙和其他类型的开口，室外空气有可能进入室内，从而给房间空气直接带来热量和湿量，并立即影响室内空气的温/湿度，因此需要考虑这部分室外空气经渗透进入室内带来的影响。

空气之所以能渗透进入室内，根本原因在于缝隙处室内外空气存在着一定的大气压力差。这个压力差由热压与风压共同组成。热压由室内外空气温度差而造成空气密度差，从而产生压差形成热气向上冷气向下的空气流动现象。风压是因迎风面空气压力增高，背风面空气压力降低，从而产生压差形成由迎风面流向背风面的空气流动现象。一般情况下渗入与渗出是同时进行的。

夏季由于室内外温差小，风压成为渗透空气进出室内外的主要动力。如果房间内由空调系统送风造成房间内正压足够大，则室内只有向外渗透空气的过程而无渗入空气的过程，此时可忽略渗透得热得湿量。如果房间内无正压送风，就需要考虑风压引起的室外空气渗透得热得湿量了。

对于冬季采暖房间而言，由于室内外温度差比较大，再加上室内热气流向上引起的烟囱效应，导致建筑物内下部空间压力相对较小，冷空气不断渗入，造成底层房间热负荷偏大，而在建筑物内上部则出现正压现象，热空气由此渗出。在冬季相对风压而言，热压的作用更显著，且建筑物楼层越多，热压的作用越明显。

对于一个建筑而言，计算热压和风压的大小需要考虑到当地该季节的主导风速及风向，外界空气温度，内部空气设计温度，建筑物门窗缝隙的大小、形状、朝向以及建筑物的地理位置，建筑物高度，建筑物内部通道状况等诸多因素。对于既定的建筑物和既定的方位，渗透量只与风速及室内外温差有关。理论上，计算渗透量必须由风速及温差的联合作用来综合考虑。工程上往往采取简化计算，对于多层建筑物，由于房屋高度有限，冷风渗透耗热量主要考虑风压的作用。

（2）空气渗透得热工程计算。空气渗透得热的理论求解方法主要有网络平衡法和数值求解法，计算过程复杂，参数众多，工程上往往难以实现，转而采用降低精度的估算方法，主要采用缝隙法和换气次数法来确定室外空气的渗透量 L。

1）缝隙法。主要以和室外空气直接接触的外门或外窗的缝隙长度作为计算依据，其计算公式为

$$L = kl_a l \tag{2-2}$$

式中 L——室外空气渗透量，m^3/h；

k——不同地区冬季主导风向不同情况下的修正系数，考虑到风向、风速和频率等因素对空气渗透量的影响，见表 2-3；

l_a——单位长度门窗缝隙的渗透量，$m^3/(hm)$，见表 2-4；

l——门窗缝隙总长度，m。

表 2-3　　　　　　　　　不同地区冬季主导风向不同情况下的修正系数

城　　市	朝　　向							
	北	东北	东	东南	南	西南	西	西北
齐齐哈尔	0.9	0.4	0.1	0.15	0.35	0.4	0.7	1.0
哈尔滨	0.25	0.15	0.15	0.45	0.6	1.0	0.8	0.55
沈阳	1.0	0.9	0.45	0.6	0.75	0.65	0.5	0.8
呼和浩特	0.9	0.45	0.35	0.1	0.2	0.3	0.7	1.0
兰州	0.75	1.0	0.95	0.5	0.25	0.25	0.35	0.45
银川	1.0	0.8	0.5	0.35	0.3	0.25	0.3	0.65
西安	0.85	1.0	0.7	0.35	0.65	0.75	0.5	0.3
北京	1.0	0.45	0.2	0.1	0.2	0.15	0.25	0.85

表 2-4　　　　　　　　　单位长度门窗缝隙渗透量 l_a　　　　　　　　　$m^3/(hm)$

门窗种类	室外平均风速（m/s）					
	1	2	3	4	5	6
单层木窗	1.0	2.0	3.1	4.3	5.5	6.7
单层钢窗	0.6	1.5	2.6	3.9	5.2	6.7

续表

门窗种类	室外平均风速（m/s）					
	1	2	3	4	5	6
双层木窗	0.7	1.4	2.2	3.0	3.9	4.7
双层钢窗	0.4	1.1	1.8	2.7	3.6	4.7
推拉铝窗	0.2	0.5	1.0	1.6	2.3	2.9
平开铝窗	0.0	0.1	0.3	0.4	0.6	0.8

注 1. 每米外门的缝隙渗入空气量为表 2-4 中同类外窗的 2 倍。

2. 当有密封条时，表 2-4 中数据可乘以 0.5～0.6 的系数。

2）换气次数法。当缺少足够的门窗缝隙数据时，对于围护结构上门窗数目不同的房间，给出一定室外平均风速范围内的平均换气次数，通过换气次数计算室外空气渗透量

$$L = nV \tag{2-3}$$

式中 n——换气次数，次/h；

V——房间容积，m^3。

表 2-5 给出了不同容积房间的换气次数取值。

表 2-5 渗透空气换气次数

容积（m^3）	换气次数（次/h）	备 注
<500	0.7	
500～1000	0.6	
1000～1500	0.55	
1500～2000	0.5	本表用于一面或两面有门、窗暴露面的房间。
2000～2500	0.45	当房间有三面或四面门、窗暴露面时，表中数值
2500～3000	0.4	应乘以 1.15
>3000	0.35	

美国采用的换气次数估算方法综合考虑了室外风速和室内外空气温差的影响，其计算式为

$$n = a + bv + c(t_{out} - t_{in}) \tag{2-4}$$

式中 t_{out}——室外温度，℃；

t_{in}——室内温度，℃；

v——室外空气平均风速，m/s；

a、b、c——系数，见表 2-6。

表 2-6 换气次数计算系数

建筑气密性	a	b	c
好	0.15	0.01	0.007
一般	0.2	0.015	0.014
差	0.25	0.02	0.022

3. 空气侵入带来的热湿量

由外门开启带来的室外空气侵入量，一般在冬季计算负荷时需考虑该值。空气侵入的热湿量大小主要取决于外门的型式、开启的次数以及室内外的空气温差，工程上的计算也采用

估算法。

三、冷负荷与热负荷

（一）得热量

某时刻在内外扰共同作用下进入房间的总热量称为该时刻的得热量。如果得热量小于 0，意味着房间失去热量，室内空气温度将下降。

（二）冷负荷与热负荷

（1）冷负荷：维持一定室内热湿环境所需要的在单位时间内从室内除去的热量，包括显热负荷和潜热负荷两部分。

如果把潜热负荷表示为单位时间内排除的水分，则又可称为湿负荷。

（2）热负荷：维持一定室内热湿环境所需要的在单位时间内向室内加入的热量，包括显热负荷和潜热负荷两部分。

如果只控制室内温度，则热负荷就只包括显热负荷。

（三）负荷与得热的关系

负荷和得热量之间存在着密切联系，但并不完全相同，这是由于热量传递的形式多样造成的。围护结构传热过程的特点是由于围护结构热惯性的存在，通过围护结构的得热量与外扰之间存在着衰减和延迟的关系。

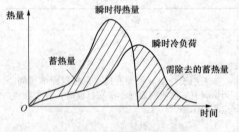

图 2-6　得热量与冷负荷

通过围护结构的潜热得热和渗透空气得热在进入室内后立刻成为室内空气的瞬时冷负荷，而通过围护结构导热、通过玻璃窗日射得热、室内显热源散热进入室内的热量中，对流得热部分立刻成为室内空气的瞬时冷负荷，辐射得热部分先传到围护结构各内表面，再以对流形式进入空气成为瞬时冷负荷。因此，图 2-6 所示负荷与得热在时间上存在延迟，在幅度上存在衰减。同样，热负荷和失热量之间也存在着相似的关系，在此不逐一介绍。

（四）典型负荷计算方法原理介绍

1. 稳态算法

稳态计算方法采用室内外瞬时温差或平均温差，负荷与以往时刻的传热状况无关，简单实用，可手工计算，计算量小。缺点是因为这种算法不考虑建筑蓄热能力，简单地说，就是将负荷和得热做同一认定，所以这种计算方法的结果一般会导致负荷预测值偏大。

一般对于蓄热量小的轻型简易围护结构，由于其热惰性小，采用稳态计算方法较适用。在冬季采暖负荷计算时，由于室内外温差平均值远大于室内外温度的波动值，采用这种算法导致的误差是工程上能接受的，也往往采用此种方法计算热负荷。

2. 动态算法

常用的动态计算方法有谐波反应法和冷负荷系数法。

（1）谐波反应法。将边界条件分解为单元正弦或余弦波之和，因此线性系统对单元正弦波的频率响应也是正弦或余弦的，但对不同频率的输入单元正弦波有不同程度的衰减和延迟。

（2）冷负荷系数法。它是房间反应系数法的一种。房间反应系数是一个百分数，代表着某时刻房间的某种得热量在其作用后随时刻逐渐变成房间负荷的百分率。冷负荷系数法常用于计算空调冷负荷，与谐波反应法不同，冷负荷系数法计算得热或冷负荷不考虑外扰是否为周期性变化，而是用时间序列表示外扰变化，将一天分为 24h，每一个小时都分别进行系数修正。

四、人体对稳态热湿环境的评价体系

建筑热湿环境的好坏，最终是由人来设计和评价的。用来评价热湿环境的指标体系主要有丹麦哥本哈根大学的学者 P. O. Fanger 提出的预测平均评价——预测不满意百分比（PMV-PPD 指标）、美国 ASHRAE 手册收录的有效温度、空气分布特性指标、合成温度、主观温度等。

（一）PMV-PPD 指标

P. O. Fanger 收集了 1396 名美国和丹麦受试者的冷热感觉资料，提出了表征人体热舒适的评价指标——预测平均评价（predicted mean vote，PMV），PMV 指标采用 7 级分度，将人体蓄热率与人体热感觉建立了有机联系，表 2-7 中给出了两者的量化关系。

表 2-7 PMV 指标的 7 级分度

PMV 值	+3	+2	+1	0	1	2	3
热感觉	热	暖	微暖	适中	微凉	凉	冷
客观生理反应	见汗滴	手、颈、额等局部见汗	感觉到热，皮肤发黏、湿润	感觉舒适，皮肤干燥	局部关节感到凉，但可忍受	局部感到不适需加衣服	很冷，可见鸡皮疙瘩和寒战

PMV 指标只代表了同一环境下绝大多数人的感觉，不能代表所有人的感觉，因此增加了预测不满意百分比（predicted percent dissatisfied，PPD）。PPD 是通过概率分析确定某环境条件下人群不满意的百分数。如图 2-7 所示，当 PMV 值为 0 时，仍然有 5% 的人对此环境感到不满意。

注意：PMV-PPD 指标只适用于接近热舒适的状态，所以变量中除由人体活动强度确定的代谢率外，只有外部参数。舒适程度由对热中性的偏移程度确定，与偏移时间的长短没有关系，与人体的热状态变化没有关

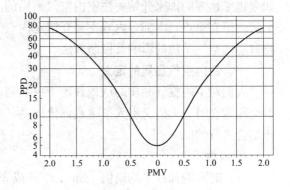

图 2-7 PMV 与 PPD 的关系曲线

系。PMV 的计算是完全客观的，但指标的含义却是由主观感觉统计确定的。

（二）有效温度指标

1. 有效温度 ET

有效温度（effective temperature，ET）是通过与基础对照环境获得同样热舒适感的实验得到的。该指标从 1919 开始研究，1967 前的 ASHRAE 手册广泛用来进行空调设计。有效温度的定义是这是一个将干球温度、湿度、空气流速对人体温暖感或冷感的影响综合成一个单一数值的任意指标，它在数值上等于产生相同感觉的静止饱和空气的温度。

有效温度在低温条件下因湿度的影响而偏离较大，后被废止。

2. 新有效温度 ET*

1971 年 Gagge 等人引入了皮肤润湿度的概念从而提出了新有效温度，ASHRAE 手册 1977 版采用了这一指标。

参考空气环境为身着 0.6clo 服装静坐，空气流速 0.15m/s，相对湿度 50%，干球温度 T_0，如果同样服装和活动的人在某环境中的冷热感与上述参考空气环境中的冷热感相同，则此环境的 $ET^* = T_0$。

该指标只适用于着装轻薄、活动量小、风速低的环境。

3. 标准有效温度 SET*

在原有指标的基础上，引入皮肤温度对热感觉的影响，并结合人体服装热阻、人体运动量和环境参数提出了标准有效温度（standard effective temperature，SET*）。标准有效温度是通过与基础对照环境相同的皮肤温度来定义的，主要考察人体排汗时的不舒适感或者说是人体的热舒适感来判断的。具体定义是某个空气温度等于平均辐射温度的等温环境中的温度，其相对湿度为 50%，空气静止不动，在该环境中身着标准热阻服装的人若与他在实际环境和实际服装热阻条件下的平均皮肤温度和皮肤湿润度相同时，必将具有相同的热损失，这个温度就是上述实际环境的 SET*。

第三节　室内空气品质

随着人们生活水平的提高，一方面是越来越多的人开始选择长期在室内环境中办公和生活，另一方面是近年来室内空气品质（indoor air quality，IAQ）因各种原因而不断下降。如今越来越多的国家开始关注室内空气污染的问题，室内空气品质已经成为建筑环境学的一个新的研究重点。本部分内容主要介绍室内空气品质的概念和评价，进而讨论室内空气污染物对室内空气品质的影响及控制方法。

一、室内空气品质的定义

人们对室内空气品质的认识开始于一系列的纯客观指标，当客观指标不足以对室内空气做全面定义时，人们又引入了主观评价体系，现在的室内空气品质评价往往是主、客观评价相结合进行的。

1. 阈值

（1）时间的加权平均阈值：8h 工作日或 35h 工作周加权平均浓度，在该浓度下日复一日停留的人员几乎均无有害影响。是使用最广泛的阈值。

（2）短期暴露极限阈值：15min 暴露无害。

（3）最高极限阈值：瞬间暴露无害。

一般民用建筑常采用时间加权平均阈值来评价室内空气品质的好坏，但是对其进行确定却是一个复杂的过程。一方面很多种污染物对人体的健康影响难以在短时间内获知，往往对实验的数据要追踪很多年，涉及医学方面的很多知识才能确定。另一方面，室内空气环境中也不是单一的污染物存在，总是有多种有害物质共存，对其影响的评价将面临很多问题。另外，随着工艺的发展，现在新的合成材料不断面世，很多物质对人体的健康是否有长期的隐患，目前还没有权威机构能对此做全面论证。

2. 室内空气品质

丹麦学者 P. O. Fanger 在 1989 年国际室内空气品质讨论会上，最早提出了室内空气品质的主观感受概念，认为品质反映了满足人们要求的程度，如果人们对空气满意，就是高品质；反之，就是低品质。

后来人们将室内空气品质的主观感受和客观评价联系在了一起。美国国家制冷标准定义了良好的室内空气品质的概念：空气中没有已知的污染物达到公认的权威机构所确定的有害浓度指标，并且处于这种空气中的绝大多数人（≥80％）对此没有表示不满意。

美国国家制冷标准中还定义了可接受的室内空气品质和可接受的感知室内空气品质（acceptable perceived indoor air quality）。前者指：空调空间中绝大多数人没有对室内空气表示不满意，并且空气中没有已知的污染物达到了可能对人体产生严重健康威胁的浓度。这一概念反映了主观和客观的结合，在 ASHRAE Standard 62-1999 中给予了继承。后者指：感觉上可以接收的 IAQ 空调空间中绝大多数人没有因为气味或刺激性而表示不满。应该是必要条件而不是充分条件，62-1999 中未出现，因为有些气体无刺激性但对人体的危害非常大，比如 CO、氡气 Rn 等，所以仅仅提到感受到可接受的室内空气品质是不够的。

3. 我国室内空气品质标准

目前，我国有商用建筑的空气品质卫生标准 GB 3095—1996H《公共场所卫生标准》，和 2002 年新颁布的民用建筑的室内空气质量标准，见表 2-8。

表 2-8　　　　　　　　　　**《室内空气质量标准》中主要控制指标**

参数	单位	标准值	备注
温度	℃	22～28	夏季空调
		16～24	冬季采暖
相对湿度	%	40～80	夏季空调
		30～60	冬季采暖
空气流速	m/s	0.3	夏季空调
		0.2	冬季采暖
新风量	$m^3/(h \cdot 人)$	30	1h 均值
二氧化硫（SO_2）	mg/m^3	0.5	1h 均值
二氧化氮（NO_2）	mg/m^3	0.24	1h 均值
一氧化碳（CO）	mg/m^3	10	1h 均值
二氧化碳（CO_2）	mg/m^3	0.10％	日均值
氨气（NH_3）	mg/m^3	0.20	1h 均值
臭氧（O_3）	mg/m^3	0.16	1h 均值
甲醛（HCHO）	mg/m^3	0.10	1h 均值
苯（C_6H_6）	mg/m^3	0.11	1h 均值
甲苯（C_7H_8）	mg/m^3	0.20	1h 均值
二甲苯（C_8H_{10}）	mg/m^3	0.20	1h 均值
苯并[a]芘[B(a)P]	mg/m^3	1.0	日均值
可吸入颗粒（PM_{10}）	mg/m^3	0.15	日均值
总挥发性有机物（TVOC）	mg/m^3	0.60	8h 均值
细菌总数	cfu/m^3	2500	依据仪器定
氡（Rn）	Bq/m^3	400	年平均值（行动水平）

二、室内空气品质的影响因素

1. 人的活动

（1）人对室内环境的依赖。室内空气环境是人们接触最频繁的环境，人的生产、工作和生活都离不开它。据相关调查显示，目前以办公室工作人员为调查对象，人们在室内的活动已经占据了全部活动95％的时间，另外有3％的时间是在各类交通工具上度过的，真正在户外活动时间不足2％。由此可见，室内空气环境如果不利，对人体造成的伤害是非常严重的。

（2）人员密集程度增加。越来越多的摩天大楼、写字间、商场、娱乐场所出现了，包括高密度的住宅小区，把人们的生活环境蜷缩在一个非常狭小的范围内，人员密集程度的增加直接导致室内空气品质下降。

2. 建筑设备设计和运行不当

（1）减小空调、采暖负荷。强调建筑节能，导致建筑物密闭程度增加，新风量往往不足。

（2）各类设备设计、使用不合理。空调系统风机盘管积水导致细菌滋生，除尘过滤设备不定期清洗更换，风口位置（新风口、出风口、回风口）设置不合理等。

（3）气流组织不合理。厨房、卫生间排风不畅，地下停车场、打印室、吸烟室、餐厅等地方散发的污染物流入建筑的其他区域，造成室内气流交叉污染。

3. 各类污染源的存在

（1）建材业发展。新型合成材料在建筑中大量采用，室内污染物增多。

（2）电器产品的大量使用。散发有害污染物的复印机、打印机、计算机、电视机等。

（3）室外大气环境渐趋恶劣。工业排污、汽车等污染严重。

三、污染源分类

1. 物理污染

主要指各类悬浮在空气中的颗粒物质，包括烟尘、大气尘埃、纤维性粒子及花粉颗粒等。其中，直径小于$10\mu m$的微粒称为可吸入颗粒物。按质量计，大气尘中$10\mu m$以下占72％；工业过程产尘中，$10\mu m$以下占30％，可吸入并停留在呼吸道中，造成矽肺和肺癌。

物理污染的主要来源有室外和生产过程。人员活动包括行走、抽烟等都会引起室内地面沉降的颗粒物上扬，室内湿度过低是一次扬尘和二次扬尘产生的主要原因。室内广泛采用的石棉等保温材料，以及生产生活中的燃料不充分燃烧产生的粉尘性颗粒物质也加重了室内颗粒物质浓度。室内避免扬尘、增强过滤、控制湿度等方式以及控制产生源等手段可减少室内物理污染的程度。

2. 化学污染

化学污染的来源特别多。燃料的燃烧过程中产生的有毒气体、刺激性气体如NO_x、SO_x、H_2S、烟雾等，生产工艺过程中产生的各种有机溶剂的蒸气等，交通工具尾气的排放，城市生产、医疗、生活垃圾的堆放，生活污废水的排放等都会造成各种各样化学污染物流出。

3. 生物污染

被污染的不洁水，食物不洁，日化产品细菌滋生，人体生物污染，新陈代谢排放的汗液蒸发、呼吸、有机物排泄，衣服上的灰尘、细菌等，都是生物污染的来源。一般生物污染分为细菌和病毒感染。

4. 放射性和电磁污染

包括各种家用电器使用时产生的电磁辐射，建材中一些天然石材具有放射性物质，地层土壤放射性污染等。目前，对这方面污染的认识和防治还处于初级阶段，有很多误区。

四、污染物的控制方法

1. 源头控制

建筑设计与施工特别是围护结构表层材料的选用中，采用 VOC（可挥发性有机化合物）等有害气体释放量少的材料。

2. 降低浓度

切实保证空调或通风系统的正确设计、严格运行管理和维护，使可能的污染源产污量降到最小程度。

3. 通风稀释

保证足够的新风量或通风换气量，稀释和排除室内气态污染物。这也是改善室内空气质量的基本方法。

4. 设备净化

采用各种物理或化学方法如过滤、吸附、吸收、氧化还原等将空气中的有害物清除或分解掉。

第四节 建 筑 声 环 境

本节主要描述建筑声环境中声音与噪声的基本概念、度量、特性，从人的听觉生理特性出发，讨论人对噪声的反应与评价，从声音的传播与衰减规律出发，讨论控制环境噪声与振动的基本原理与方法。

我们每时每刻都生活在有声世界里，身边充斥着各种各样的声音。有些声音是我们想获得的，比如面对面交流的人、影剧院里上映的精彩电影、演唱会上的美妙音乐。有些声音又是我们极力想避免的，繁忙交通的鸣笛声、小商小贩的叫卖声、工业厂房的轰隆声、建筑工地的嘈杂声，都是损害身心的不利声环境。声音又是关乎心理的一个指标，在烦乱的心情中，再美妙的音乐也成了噪声。所以，对于声环境控制的意义在于创造良好地满足要求的声环境、保证居住者的健康、提高劳动生产率、保证工艺过程要求等。

一、声音的性质和基本物理量

（一）声音的性质

声音是一种因压力的变化而在弹性介质中传播的机械波，并在人耳中有对这种压力波进行变量捕集的构造，从而将信号传递给大脑，人类才有了声音的认知。

空气中的声波可以由振动的固定、液体、气体所产生。比如扬声器、乐器、受迫气流通过人体喉部的声带、风扇、喷气式发动机等都会发出声音。声波必须经过介质才能传递，真空环境是无法听到声音的。

声波一般可以用波长、频率和速度这三个波动的表征量来描述。

1. 波长 λ

波长是指沿着波的传播方向，在波的图形中相对平衡位置的位移时刻相同的两个质点之间的距离，单位为 m。

2. 频率 f

频率是指在每 1s 内机械振动的振动次数，单位为 Hz。

如 1 个物体作为声源，它在 1s 内产生了 200 次的振动，那么这个声音的频率就是 200Hz。不同的频率在人耳中接收到的声音就是不同的音调。

人耳对声音的感知能力有效，普通人只能够听到频率在 $20\sim20\,000$Hz 范围内的声音，20Hz 以下称为次声，$20\,000$Hz 以上称为超声，偶尔也有人能够听到一般人听不到的低频或高频声音。

3. 声速 v

速度是指在一定方向上波动在单位时间内传播的距离，单位为 m/s。

声速与传播介质的弹性、密度和温度有关。声音在固体中的传播速度最快，其次是液体，声音在气体中的传播速度最慢。所以为了尽早发现远处的水源或者马蹄声，人们往往将耳朵贴近地面获取声音。

如将空气当作理想气体，则声音在空气中传播的速度为

$$v = \sqrt{\kappa RT} \tag{2-5}$$

式中　κ——空气的绝热指数，一般取 1.4；

　　　R——气体常数，J/(kg·K)；

　　　T——介质的绝对温度，K。

由式（2-5）可见，在空气中声速是温度的单值函数，对于建筑环境学来说，可近似认为其变化范围很小，约为 340m/s。

（二）声音的度量

1. 声功率 W

声功率是指声源在单位时间内对外辐射的声能，即在全部可听范围所辐射的功率，单位为 W 或者 μW。声源声功率有时也可特指在某个有限频率范围内所辐射的功率，也称频带声功率，此时需注明所指的频率范围。它是声源本身的一种特性，不因环境条件的不同而变化。

声功率是声源的一个基本物理量，但通常很难去直接测量，因为一个声音的最大发射能力也就是大概 1μW，所以我们每天都说很多话，但一般人都不会因为大量的说话而导致体力虚脱、筋疲力尽，只会因用嗓过度而声嘶力竭罢了。大型喷气式飞机的发动机能产生的声功率也就几千瓦。

2. 声强 I

声强是指单位时间内通过垂直于传播方向上单位面积的平均声功率，单位为 W/m²。声强是衡量声波传播过程中声音强弱的物理量。声场中某点的声强是指该点发出的声波在单位时间内，通过垂直于传播方向上单位面积内的声能，计算式为

$$I = \frac{\mathrm{d}W}{\mathrm{d}S} \tag{2-6}$$

式中　$\mathrm{d}S$——声能所通过的面积，m²；

　　　$\mathrm{d}W$——单位时间内通过 $\mathrm{d}S$ 的声功率，W。

声强的物理意义：表示一个给定的表面接收声能的速度。在无反射声波的自由场中，一

个点声源产生振动发出声音，产生的是球面波，距声源中心 r 处球面上的声强为

$$I = \frac{W}{4\pi r^2} \qquad (2-7)$$

因此，在无损耗时，对于球面波，声强与声源的声功率成正比，与到声源距离的平方成反比。对于平面波，声能与距离无关，声强为恒定值。例如：指向性明确的大型扬声器就是利用这一原理设计的，其声音可传播十几千米。实际上，声能在传播过程中总是有损耗的，所以声音会渐远渐弱。

3. 声压 p

声压是指由声音所引起的传播介质压强的平均变化值，即声波的压强与传播介质的静压之差，单位为 Pa。

由于声压是随着振幅在正向量和反向量之间连续变化着的，所以，声压是用均方根来衡量的，这是一种只有正值的平均量。

声强 I 和声压 p 之间的关系式如下：

$$I = \frac{p^2}{\rho v} \qquad (2-8)$$

式中　ρ——传播介质的密度，kg/m³；

　　　v——声音传播的速度，m/s。

（三）声级

1. 听阈和痛阈

普通人耳能够听到的最小的声音是非常小的，人的耳膜只要转动一个比单原子间距还要小的距离，就可以听到声音。听阈就是指普通人耳能够听到的最小声音。

痛阈是指一般的人耳能够忍受的最强声音。过大的声音会破坏人体的听觉系统，甚至造成不可逆的听力损伤。

2. 分贝

对人类而言，听阈和痛阈的大小都存在着个体差异。因此为了简化情况，对于 1000Hz 频率下的声音，规定其听阈声强为 1×10^{-12} W/m²，声压为 20×10^{-6} Pa，痛阈声强为 100W/m²，声压为 200Pa。从这些数据可以看出，人耳对于声音的可接收程度存在着一个非常大的范围，从可感知到产生痛觉的边缘，声强相差 100 万亿倍，声压相差 1000 万倍，数量级差别如此之大，以致使用起来非常不方便，为此引入了"级"的概念，对声压、声强等物理量采用对数标度，单位为 dB。

表 2-9 给出了声级的变化和人耳听力感觉之间的关系。

表 2-9　　　　　　　　　声级的变化和人耳听力感觉之间的关系

声级的变化（dB）	听力的感觉	声级的变化（dB）	听力的感觉
+1	感觉不到	-1	感觉不到
+3	刚刚能够察觉	-3	刚刚能够察觉
+10	2 倍的响亮	-10	1/2 的响亮
+20	4 倍的响亮	-20	1/4 的响亮

3. 声级

通过把声音的各种参数值和基础值对比，可以得到声音的分级。这里常用的有声功率

级、声强级、声压级。计算式如下：

（1）声功率级

$$L_w = 10\lg \frac{W}{W_0} \tag{2-9}$$

式中　W——测试点声功率，W；

　　　W_0——基准点声功率，一般指听阈基础值 1×10^{-12}W；

　　　L_w——测试点声功率级，dB。

（2）声强级

$$L_I = 10\lg \frac{I}{I_0} \tag{2-10}$$

式中　I——测试点声强，W/m²；

　　　I_0——基准点声强，一般指听阈基础值 1×10^{-12}W/m²；

　　　L_I——测试点声强级，dB。

（3）声压级

$$L_p = 20\lg \frac{p}{p_0} \tag{2-11}$$

式中　p——测试点声压，Pa；

　　　p_0——基准点声压，一般指听阈基础值 2×10^{-6}Pa；

　　　L_p——测试点声压级，dB。

在绝大多数实际测量中，对于同一个声音，它的声强级和声压级的分贝值是相同的。

二、噪声的危害

何谓噪声？简单地说，噪声就是指人们在主观上不愿意听到的声音。希望听到轻音乐的人，即使交响乐的乐章再美妙，激昂的乐声依然是困扰人的噪声。噪声所造成的危害，往往不被人们所重视，日积月累，人们身心受到的伤害都是巨大的。

（一）噪声的评价

人们对于噪声的承受能力很显然取决于个人听力的敏感程度和个人的喜好，所以对于某些程度上的噪声，即使它是从同一个声源发出来的，不同的人在反应上还是有巨大差别的。人对于噪声的承受能力还受到一些外界因素的影响。

1. 环境类型

可以接受的环境噪声的声级是和所从事的活动类型以及工作场所类型有关的。比如说，在人潮熙攘的市场买东西的人、在车水马龙的马路上散步的人，都会比较容易接受嘈杂的环境声音，但是在阅览室读书学习的人对于稍大的声音都会产生本能的反感。夜深人静的安睡时间里尤其讨厌万籁俱寂中传来一丁点声音。

2. 频率组成

不同的噪声由不同的频率组成，而有一些频率的声音比别的噪声更加让人难以接受，产生烦躁情绪。一般来说，高频的声音比低频的声音更容易让人产生不耐受感，如尖锐的汽笛声、"噼啪"的爆竹声、汽车发动机的轰鸣声等都比沉闷的雷声更扰人。

3. 持续时间

持续时间越短，噪声对人体听力系统的损害越低，即使这个声音频率很高，也比低频持续时间很长的噪声对人造成的情绪反感度小。

（二）噪声的危害

1. 噪声可引起听力下降和多种疾病

噪声级为 30～40dB 是比较安静的正常环境，超过 50dB 就会影响睡眠和休息。由于休息不足，疲劳不能消除，正常生理功能会受到一定的影响；70dB 以上干扰谈话，造成心烦意乱，精神不集中，影响工作效率，甚至发生事故；长期工作或生活在 90dB 以上的噪声环境，会严重影响听力和导致其他各种慢性疾病。据资料统计表明，3% 的冠心病患者都是由于长期置身于交通噪声环境当中而导致的。噪声制造出的压力荷尔蒙会使人体长期处于警戒状态，即使在睡眠中也不例外，这使心脏和血管产生变化，造成高血压、心脏病或脑中风。

2. 噪声导致工作和生活品质下降

现在人们越来越追求高品质的工作和生活环境，但是噪声成为一个很大的困扰。临近繁华街道、临近飞机场、临近商铺区，都是人们不愿意看到的居家生活模式。在工作中，外界噪声导致的长期分心、无法集中注意力，大大降低了员工的劳动生产率。

三、噪声的控制

1. 设备的选择

在建筑设计阶段和施工阶段考虑对噪声的减小是最关键的，使用替代装置可以排除设备和技术中潜在的噪声。

从工作原理上尽可能选择产生噪声比较小的设备，对于型号的选择也尽可能选择小型设备，在设备的使用中也应注意安装消声、隔声、减振装置，并加强摩擦部件之间的润滑。

2. 距离和位置

由于一个声源在发声时是一个近似的点，比如一个开动的机器，当操作者离开该设备每增加 1 倍的距离，它的噪声声级将下降 3～6dB。所以让操作者尽可能远离噪声源是值得考虑的方法，在无法改变设备所在地的建筑中，多使用远距离可操控和报警的设备是值得鼓励的做法。

3. 声音的掩蔽和屏蔽

在声源附近加设反射或是吸收声波的设备，或者是这样的设备放置在接收者也就是人员附近，起到的降噪效果是很明显的。

4. 个体保护

如果以上各种途径都无法有效避免噪声对人体的伤害，那就只能做好自身的防护工作了。目前，常用的听力保护器主要有置于耳道内的消声耳塞，或者是包裹住整个外耳的耳罩。在听力保护器的使用过程中，主要以能够提供有效的保护级别为首选条件，其次，要考虑到在需要佩戴的时间长度内有足够的舒适度，还要考虑到使用过程中的卫生状况。一般，内置式耳塞对声音的隔绝效果更好，但舒适度没有外罩式耳罩好。另外，长时间佩戴内置式耳塞，耳道内更易滋生细菌。

第五节　建 筑 光 环 境

本节主要描述建筑光环境的基本度量、材料的光学特性，以及人的视觉生理特性等，并讨论室内天然光特性、影响因素、评价方法、设计基础，重点讨论影响人工光环境质量的照明光源与灯具的形式，描述人工光环境的评价方法与工作照明的设计基础。

视觉对人的重要性和听觉一样缺一不可。我们用视觉去感知周围的环境，光源的形式和性质造成了不同的视觉效果，从自然光到人工光源的控制，成为人类舒适生活的又一个指标。减少视觉疲劳，保证视觉健康和身心健康，提高劳动生产率，是我们希望营造的良好光环境的目标所在。

一、光的性质与度量

光波与声波最大的不同是，光是一种不需要媒介物质就能够传播的电磁辐射波。它的波长范围非常大，只有很小的一个范围是人肉眼能够识别出来的，大多数的光对我们来说，是看不到的，但这部分光对我们人类同样意义重大。用来衡量光波的物理量主要有如下几个参数。

1. 光通量 Φ

辐射体单位时间内以电磁辐射的形式向外辐射的能量，称为辐射功率或辐射通量（W）。

光通量的定义是光源的辐射通量中被人眼感觉为光的能量（波长 380～780nm）称为光通量，单位为 lm。光通量的物理意义是说明光源发光能力的基本量。

2. 发光强度 I

光源在某一方向的发光强度定义为光源在该方向上单位立体角内发出的光通量（和距离无关），单位为 cd。发光强度表示光源光通量的空间密度。

若光源在某一方向的一小立体角 $d\Omega$（球面度，单位为 sr）内发出的光通量为 $d\Phi$，则该方向发光强度 I 为

$$I = \frac{d\Phi}{d\Omega} \tag{2-12}$$

3. 照度 E

照度是指落在单位面积被照面上的光通量的数值，单位为 lx。照度的物理意义是表示被照面的照射程度。设被照微元面积 dS 上接收到的光通量为 $d\Phi$，则该处照度为

$$E = \frac{d\Phi}{dS} \tag{2-13}$$

1lx 相当于 1lm 的光通量均匀分布在 $1m^2$ 的被照面上。

照度具有可叠加性。几个光源同时照射被照面时，实际照度为单个光源分别存在时形成照度的代数和。表 2-10 给出了国际照明委员会（CIE）对不同作业和活动类型推荐的照度。

表 2-10　　　　　　　国际照明委员会对不同作业和活动推荐的照度

作业或活动类型	照度范围（lx）	作业或活动类型	照度范围（lx）
室外入口区域	20～30～50	缝纫、绘图、检验室	500～750～1000
短暂停留交通区	50～75～100	辨色、精密加工和装配	750～1000～1500
衣帽间、门厅	100～150～200	手工雕刻、精细检验	1000～1500～2000
讲堂、粗加工	200～300～500	手术室、微电子装配	＞2000
办公室、控制室	300～500～750		

4. 亮度 L

一个物体的外观对其表面能够发射、反射或者投射的光线多少有影响，亮度就是用来度量光源或者反射表面所在区域所能表现出来的光的明亮程度的物理量。

亮度是指发光体在视线方向上单位投影面积发出的发光强度，单位为 cd/m^2。

$$L = \frac{\mathrm{d}I}{\mathrm{d}S\cos\theta} \tag{2-14}$$

式中　θ——物体表面的法线与光线之间的夹角。

亮度是与眼睛感觉有关的量，取决于进入眼睛的光通量在视网膜物像上的密度。比如白纸和黑纸并排放置，同样的光线照射上去，人们总是感觉白纸比黑纸亮，这是因为白纸比黑纸能反射的光线更多，落在人的视网膜上形成的照度大而产生的。再比如能发出同样光强的大小手电筒同时打开，人们往往觉得小手电筒更亮，这是因为大手电筒的发光面积更大，导致亮度下降。

二、视觉与光环境

拥有一个良好的光环境是保证视觉功能舒适有效的基础。人们可以不必通过意识的作用强行将注意力集中到所要看的地方就能不费力气而清楚地看到所有搜索的信息，获得的信息与实际情况相符合，背景中也没有视觉上的误导而干扰注意力，这样的环境就是良好的光环境。

1. 明视觉和暗视觉

人眼对可见光的感知能力和判别能力非常强，人的眼睛是一个构造精良，使用灵活，反应灵敏的器官。人的视网膜上有两种感光细胞。亮度高时主要由锥状细胞发挥作用，这时称为明视觉，锥体细胞对于光强的变化不是特别敏感，它具有辨认细节和分辨颜色的能力，这种能力随亮度增高而增大。所有的室内照明采光设计都是根据明视觉的条件进行设计的。在亮度非常低时人体主要由杆状细胞发挥作用，它能在暗处感知人眼对亮度的最低限阈值，此时称为暗视觉，但杆状细胞不能分辨颜色，有点类似于夜视镜的成像。

2. 视野和视场

当头和眼睛不动时，人眼能观察到的空间范围就是视野。

当头不动，眼睛转动时，人眼能观察到的空间范围就是视场。

3. 对比敏感度

人眼看到的任何视觉都是存在着背景的，粉笔字以黑板为背景，白云以蓝天为背景，图画以画板为背景。我们要观察的事物总是存在着背景，事物与背景之间存在着亮度和颜色上的不同，这就产生了对比。对比敏感度因人而异，也与从事的职业相关，长期用眼过度的人，对比敏感度就会下降。

4. 颜色

通用的颜色度量方法是孟赛尔表色系，它将颜色划分为红、黄、绿、蓝、紫5个主色调和黄红、绿黄、蓝绿、紫蓝、红紫5个中间色调。

颜色的不同对人会产生不同的心理效果和情绪感觉，比如暖色调加上高亮度会给人一种积极向上的心理暗示，称为积极色，而冷色调加上低照度就会造成一种消极厌世的心理暗示，称为消极色。

不同的颜色对人体产生不同的温度感觉，比如人们看到红色就会觉得温暖，看到蓝色就会想起寒冷，主观温差效果可达3~4℃。

颜色也会对我们所观察目标的大小、轻重产生不同的感觉。人们总是会觉得明度比较高的物体更大，质量更轻，而总是认为低明度的物体更小、更重。

5. 眩光

当视野内出现高亮度的光时，眼睛不能完全发挥机能，这种现象就是眩光。在眩光下，人的瞳孔会缩小，以提高视野的适应亮度，也就降低了眼睛的视觉敏感度。眩光分为视力降低眩光和不舒适眩光。

视力降低眩光是指会导致视野中视物不清的眩光，比如白天眼睛正视太阳，太阳光直射工作面、夜间眼睛正视迎面而来的汽车灯光。

不舒适眩光是指一个很大的高亮度光源在接近视线的高度上对眼睛造成的不适，虽不会降低视力，但会引起视觉上的不舒适，如看阳光下的积雪等。

眩光产生的原因很多，不恰当的自然采光口，不合理的光亮度，不恰当的强光方向，都会在室内造成眩光现象。比如玻璃幕墙的反射眩光，不仅会影响司机视力，还会干扰附近建筑的室内光环境。

三、天然采光

天然采光不但能够节能，相比较于人工照明，也拥有更良好的视觉效果，不易导致视觉疲劳，是人眼更喜欢的光源，因此在建筑设计中应尽可能多地采用天然采光的光源对室内进行照明。

连续的单峰值光谱满足人的心理和生理需要难度大，而且天然采光受光气候条件和建筑设计制约。夏季，大量的天然采光导致空调负荷急剧增加，需加设遮阳设施。

四、人工照明

人工照明的特点是不受光气候影响、不受建筑设计影响、控制方便，但需要消耗大量电能才能实现，不利于环保，所以人工照明只能是天然采光的有力补充，在有可能的情况下，尽量少用人工照明。

第三章 建筑给水工程

第一节 建筑给水系统的分类与组成

人类的生存活动必须依赖安全可靠、经济合理地用水。建筑给水系统的任务主要是将城镇（或小区）给水管网或自备水源的水引入室内，经室内配水管网送至生活、生产和消防用水设备处，满足各用水点对水量、水压和水质的要求。

一、给水水质与给水量

1. 给水水质

工业或生产用水的水质因生产性质不同而差异较大，水质优劣直接关系到产品的质量。应严格按照生产工艺要求来确定。各种工业用水对水质的要求由相关工业部门的行业标准确定。消防用水的水质，一般无具体要求。生活饮用水的水质，应符合现行的 GB 5749—2006《生活饮用水卫生标准》的要求。

2. 用水量

建筑物内生产用水量根据工艺过程、设备情况、产品性质、地区条件等确定。计算方法有两种：①按消耗在单位产品上的水量计算；②按单位时间内消耗在某种生产设备上的水量计算。无论哪种算法，生产用水在整个生产班期内都比较均匀而且有规律性。

建筑物内的生活用水是满足生活上各种需要所消耗的用水，其用量是根据建筑物内卫生设备的完善程度、气候、使用者的生活习惯、水价等来确定。生活用水，特别是住宅，一天中用水量的变化较大，而且随气候、生活习惯的不同，各地的差别也很大。一般来说，卫生设备越多，设备越完善，用水的不均匀性越小。

二、建筑给水系统的分类

建筑给水系统，按其用途不同可划分为生活给水系统、生产给水系统和消防给水系统三大类。

1. 生活给水系统

生活给水系统主要为民用建筑和工业建筑内部饮用、烹调、洗浴、洗涤、冲洗等的日常生活用水所设的给水系统。除了水量、水压应满足要求外，生活给水的水质也必须满足国家规定的生活饮用水水质标准。

2. 生产给水系统

生产给水系统主要提供各类产品制造过程中所需用水及生产设备的冷却、产品和原料洗涤、锅炉用水和某些工业的原料用水。生产给水系统的水质、水压、水量及安全方面的要求因为工艺不同，差异较大。

3. 消防给水系统

消防给水系统主要为扑救火灾而设置的给水系统。消防用水对水质要求不高，但必须满足建筑设计和防火规范对水量、水压的要求。

上述三种给水系统，在一幢建筑物内并不一定单独设置，可以按照水质、水压和水量以及室外给水系统情况，考虑技术、经济和安全条件等因素，可以相互组成不同的共用给水系统。例如，生产、消防共用给水系统；生活、生产共用给水系统，生活、消防共用给水系统；生活、生产、消防共用给水系统。当两种或两种以上用水的水质、水压相近时应尽量采用共用给水系统。根据具体情况，也可以将生活给水系统划分为生活饮用水系统和生活杂用水系统。

三、建筑给水系统的组成

建筑给水系统主要由引入管、水表节点、管道系统、给水附件、配水装置和用水设备、升压和贮水设备等组成，如图 3-1 所示。

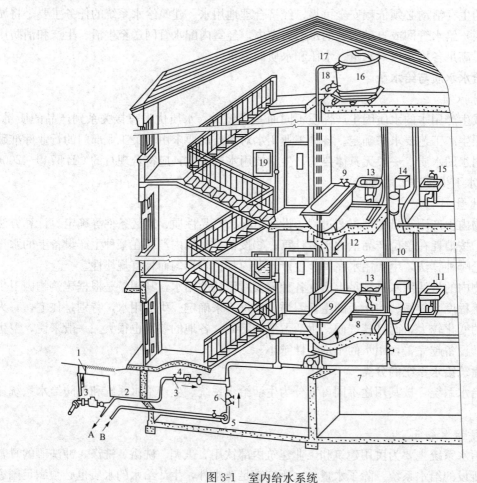

图 3-1　室内给水系统

1—阀门井；2—引入管；3—闸阀；4—水表；5—水泵；6—止回阀；7—干管；8—支管；9—浴盆；
10—立管；11—水嘴；12—淋浴器；13—洗脸盆；14—大便器；15—洗涤盆；16—水箱；
17—进水管；18—出水管；19—消防栓；A—入贮水池；B—来自贮水池

1. 引入管

引入管又称进户管，是将室外给水管的水引入到室内的管段。引入管根据建筑物的性质、用水要求可有几条，但至少应有一条。

2. 水表节点

水表节点是引入管上的水表及其前后设置的阀门和泄水装置等的总称。总水表一般设置在水表井中。计量用水量的仪表，在引入管和每户支管上均应设置。此外，为节约用水，及时发现用水异常情况和漏水现象，在有些高层建筑的给水立管上也要安装水表。水表前后设置的阀门主要用于水表检修、更换时关闭管路。

3. 管道系统

管道系统是为向建筑物各用水点供水而敷设，包括给水干管、立管和支管的系统。干管：是将引入管送来的水输送到各立管中去的水平管道。

立管：是将干管送来的水送到各楼层的垂直管道。

支管：由立管分出，供每一楼层配水装置用水的水平管道。

4. 给水附件

给水附件是指为保证建筑内用水而装设在给水管道上的阀门、减压装置、水流指示器等设备。

5. 配水装置和用水设备

配水装置和用水设备指各类卫生器具的配水龙头和生产、消防等用水设备。

6. 升压和贮水设备

当室外给水管网的水量、水压不能满足建筑供水要求或要求供水压力稳定、确保供水安全可靠时，需要设置水泵、水池、水箱或气压给水装置等升压和贮水设备。

第二节　建筑给水方式

（一）利用外网水压直接给水方式

1. 室外管网直接给水方式

当室外给水管网提供的水量、水压在任何时候均能满足建筑用水时，直接把室外管网的水引到建筑内各用水点，称为直接给水方式，如图 3-2 所示。

2. 单设水箱的给水方式

当室外给水管网提供的水压只是在用水高峰时段出现不足时，或者建筑内要求水压稳定，并且该建筑具备设置高位水箱的条件，可采用这种方式，如图 3-3 所示。该方式在用水低峰时，利用室外给水管网水压直接供水并向水箱进水。用水高峰时，水箱出水供给给水系统，从而达到调节水压和水量的目的。

（二）设有增压与贮水设备的给水方式

1. 单设水泵的给水方式

当室外给水管网的水压经常不足时，可采用这种方式。当建筑内用水量大且较均匀时，可采用恒速水泵供

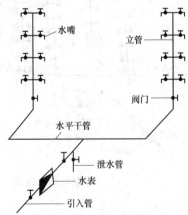

图 3-2　直接给水方式

水，如图 3-4 所示。当建筑内用水不均匀时，宜采用多台水泵联合运行（或采用变速水泵）供水，以提高水泵的效率。

注意：因水泵直接从室外管网中抽水，有可能使外网压力降低，影响外网上其他用户用水，严重时还可能形成外网负压，在管道接口不严密处，有周围的渗水会吸入管内，造成水质污染。因此，采用这种方式，必须征得供水部门的同意，并在管道连接处采取必要的防护措施，以防污染。

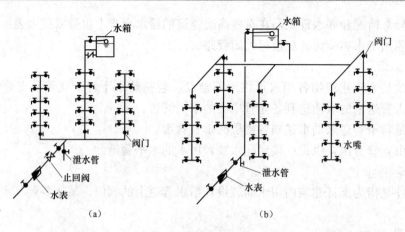

图 3-3　设水箱的给水方式

（a）下分式；（b）上分式

2. 设置贮水池、水泵和水箱的给水方式

当建筑的可用水的可靠性要求高时，室外管网水量、水压经常不足，且不允许直接从外网抽水，或者是用水量较大，外网不能保证建筑的用水高峰，再或是要求贮备一定容积的消防水量时，都应采用这种给水方式，如图 3-5 所示。

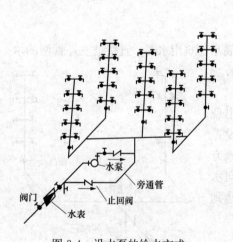

图 3-4　设水泵的给水方式

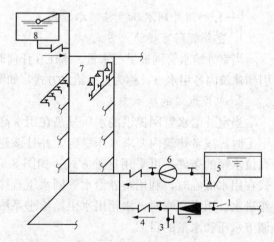

图 3-5　设贮水池、水泵和水箱的给水方式

1—阀门；2—水表；3—水管；4—阀门；5—水池；

6—水泵；7—淋浴喷头；8—水箱

3. 无负压给水方式

无负压供水设备的工作原理：通过微机控制变频调速来实现恒压供水，如图 3-6 所示。首先根据实际情况设定用水点工作压力，并时刻监测市政管网压力，当压力低于用户所需压力时，启动微机自动控制子变频器，调节水泵转速提高，直到管网压力上升到用户所需压力，并控制水泵以一恒定转速运行进行恒压供水。当用水量增加时转速提高，当用水量减少时转速降低，时刻保证用户用水压力恒定。自来水的压力越低，水泵的转速越高；自来水的压力越高，水泵的转速越低。当自来水的压力不小于用户所需的压力时，水泵停止运转。无负压供水设备在运行过程中充分利用自来水的原有压力，又保证了用户供水压力的恒定。设备在运行过程中微机时刻监测市政管网和系统压力，自动控制真空抑制器及稳流补偿器来抑制负压的产生，既充分利用了市政管网的压力，又不产生负压，不对市政管网产生任何不良影响，保证了用水的安全性。无负压供水设备既能利用自来水管网的原有压力，又能动用足够的储存水量满足高峰期用水，且不会对自来水管网产生吸力。

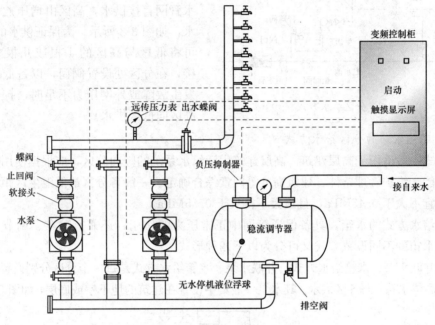

图 3-6　无负压给水方式

4. 设变频调速给水装置的给水方式

当室外供水管网水压经常不足，建筑内用水量较大且不均匀，要求可靠性较高、水压恒定时，或者建筑物顶部不宜设高位水箱时，可以采用变频调速给水装置进行供水。这种供水方式可省去屋顶水箱，水泵效率较高。

水泵的扬程随流量减小而增大，管路水头损失随流量减少而减少，当用水量下降时，水泵扬程在恒速条件下得不到充分利用，为达到节能的目的，可采用图 3-7 所示的变频调速给水方式。变频调速水泵工作原理：当给水系统中流量发生变化时，扬程也随之发生变化，压力传感器不断向微机控制器输入水泵出水管压力信号，当测得的压力值大于设

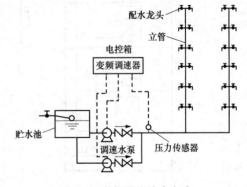

图 3-7　变频调速给水方式

计给水流量对应的压力值时，微机控制器向变频调速器发出降低电流频率的信号，从而使水泵转速降低，水泵出水量减少，水泵出水管压力下降，反之亦然。

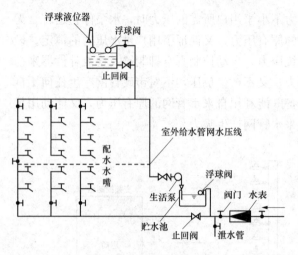

图 3-8 分区给水方式

（三）分区给水方式

分区给水方式适用于多层和高层建筑。

1. 利用外网水压的分区给水方式

对于多层和高层建筑来说，室外给水管网的压力只能满足建筑下部若干层的供水要求。为了节约能源，有效利用外网的水压，常将建筑物的低区设置成由室外给水管网直接供水，高区由增压贮水设备供水，如图 3-8 所示。为保证供水的可靠性，可将低区与高区的 1 根或几根立管相连接，在分区处设置阀门，以备低区进水管发生故障或外网压力不足时，打开阀门由高区向低区供水。

2. 设高位水箱的分区给水方式

此方式一般适用于高层建筑。高层建筑生活给水系统的竖向分区，应根据使用要求、设备材料性能、维护管理条件、建筑高度等因素综合确定。一般各分区最低卫生区距配水点处的静压力宜不大于 0.45MPa，且最大不得大于 0.55MPa。

这种给水方式的水箱，具备保证管网中正常压力的作用，还兼有贮存、调节、减压作用。根据水箱的不同设置方式又可分为以下四种形式。

（1）并联水泵、水箱给水方式。并联水泵、水箱给水方式是每一个分区分别设置一套独立的水泵和高位水箱，向各区供水。其水泵一般集中设置在建筑的地下室或底层，如图 3-9 所示。

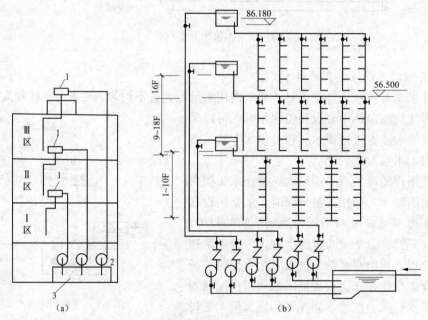

图 3-9 并联水泵、水箱给水方式

（a）并联给水方式；（b）实例

1—水箱；2—水泵；3—水池

并联给水这种方式的优点：各区自成一体，互不影响；水泵集中管理维护方便；运行动力费用较低。缺点：水泵数量多，耗用管材较多，设备费用偏高；分区水箱占用楼房空间多；有高压水泵和高压管道。

（2）串联水泵、水箱给水方式。串联给水方式是水泵分散设置在各区的楼层之中，下一区的高位水箱兼做上一区的贮水池，如图 3-10 所示。

这种方式的优点：无高压水泵和高压管道；运行动力费用经济。其缺点：水泵分散维护，连同水箱所占的楼房平面、空间较大；水泵设在楼层，防振、隔音要求高，且管理维护不方便；若下部发生故障，将影响上部供水。

（3）减压水箱给水方式。减压水箱给水方式是由设置在底层（或地下室）的泵将整幢建筑的用水量提升至屋顶水箱，然后再分送至各个水箱，分区水箱起到减压的作用，如图 3-11 所示。

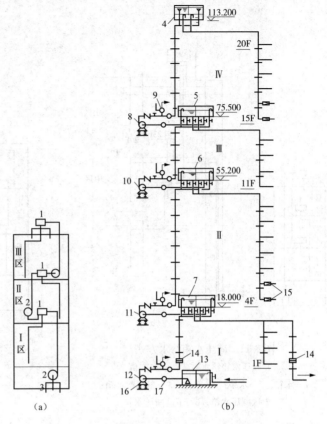

图 3-10 串联水泵、水箱给水方式
（a）串联给水方式；（b）实例

1—水箱；2—水泵；3—水池；4—Ⅳ区水箱；5—Ⅲ区水箱；6—Ⅱ区水箱；
7—Ⅰ区水箱；8—Ⅳ区加压泵；9—水锤消除器；10—Ⅲ区加压泵；
11—Ⅱ区加压泵；12—Ⅰ区加压泵；13—贮水池；14—孔板流量计；
15—减压阀；16—减震台；17—软接头

这种方式的优点：水泵数量少，水泵房面积小，设备费用低，维护管理简单；各分区减压水箱容积小。其缺点：水泵运行动力费用高，屋顶水箱容积大，建筑物高度高、分区较多时，下区减压水箱中的浮球阀承压过大，造成关闭不严现象；上部某些管道部位发生故障时，将影响下部供水。

（4）减压阀给水方式。减压阀给水方式的工作原理与减压水箱的供水方式相同，其不同之处是用减压阀代替减压水箱，如图 3-12 所示。

3. 无水箱的给水方式

（1）多台水泵的组合运行方式。在不设水箱的情况下，为了保证供水量和保持管网中的压力恒定，管网中的水泵必须一直保持运行状态。但是建筑内的用水量在不同时间是不相等的。因此，要达到供需平衡，可以采用同一区内多台水泵组合运行，这种方式的优点是省去了水箱，增加了建筑有效使用面积。其缺点是所用水泵较多，工程造价较高。根据不同组合方式还可分为下面两种形式：

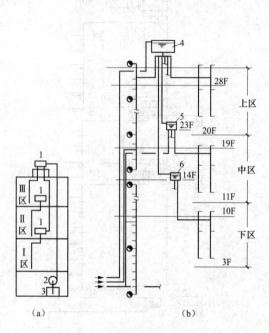

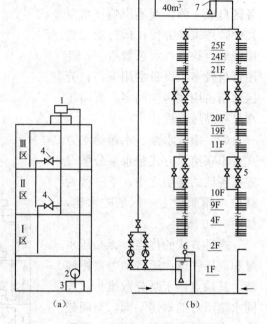

图 3-11　减压水箱给水方式

（a）减压水箱给水方式；（b）实例

1—水箱；2—水泵；3—水池；4—屋顶贮水箱；

5—中区减压水箱；6—下区减压水箱

图 3-12　减压阀给水方式

（a）减压阀给水方式；（b）实例

1—水箱；2—水泵；3—水池；4、5—减压阀；

6—水位控制阀；7—控制水位打孔处

1）并列给水方式。即根据不同高度分区采用不用的水泵机组供水，如图 3-13 所示。这种方式初期投资成本高，但运行费用较少。

2）减压阀给水方式。即整个供水系统共有一组水泵，分区设减压阀，如图 3-14 所示。该方式系统结构简单，但运行费用较高。

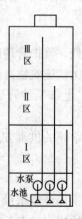

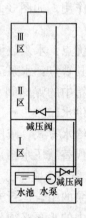

图 3-13　无水箱并列给水方式

图 3-14　无水箱减压阀给水方式

（2）气压给水装置给水方式。气压给水装置给水方式是以气压罐取代了高位水箱，它控制水泵间歇工作，并保证管网中保持一定的水压。这种方式又可分为两种形式：

1）并列气压给水装置给水方式。这种给水方式如图 3-15 所示，其特点是每个分区有一个气压水罐，但初期投资成本较高，气压水罐容积小，水泵启动频繁，耗电较多。

2）气压给水装置与减压阀给水方式。这种方式如图 3-16 所示。它是由一个总的气压水泵控制工作的，水压较高的区采用减压阀控制。优点是投资低，气压水罐的容积较大，水泵启动的次数较少。缺点是整个建筑一个系统，各分区之间将相互影响。

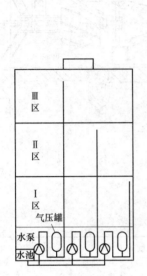

图 3-15　并列气压装置给水方式

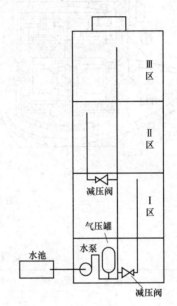

图 3-16　气压装置减压阀给水装置

第三节　建筑给水系统常用设备

一、水表

水表是一种计量用户累计用水量的仪表。它主要由外壳翼轮和减速指示机构组成。目前建筑内给水系统中广泛采用流速式水表。这种水表是根据管径一定时通过水表的水流速度与流量成正比的原理来测量的。水流通过水表时推动翼轮旋转，翼片转轴传动一系列联动齿轮（减速装置），再传递到记录装置，在度盘指针下便可读到流量的累计值。

（一）水表的类型和性能参数

1. 流速式水表

流速式水表按翼轮构造不同分为旋翼式和螺翼式。旋翼式的翼轮转轴与水流方向垂直，水流阻力较大，多为小口径水表，宜用测量小的流量。螺翼式的翼轮转轴与水流方向平行，阻力较小，适用于大流量的大口径水表。

流速式水表按其计数机件所处状态又分为干式和湿式两种。干式水表的计数机件用金属圆盘与水隔开；湿式水表的计数机件浸在水中，在计数度盘上装一块厚玻璃（或钢化玻璃）用以承受水压。湿式水表机件简单、计量准确、密封性能好，但只能用在水中不含杂质的管道上，因为水质浊度高，将降低精度，产生磨损并缩短水表寿命，如图 3-17 所示。水表的规格性能由产品样本提供，见表 3-1 和表 3-2。

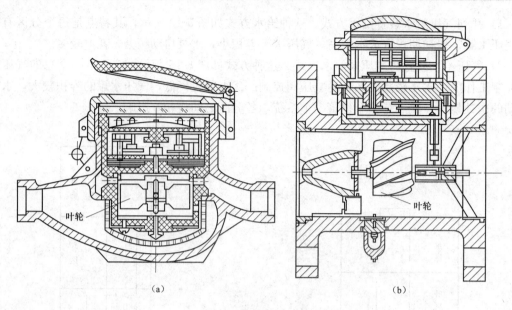

图 3-17　流速式水表

(a) 旋翼式；(b) 螺翼式

表 3-1　　　　　　　　　　　　旋翼湿式水表技术数据

直径（mm）	特性流量	最大流量	额定流量	最小流量	灵敏度（m³/h）	最大示值（m³）
			m³/h			
15	3	1.5	1.0	0.045	0.017	10³
20	5	2.5	1.6	0.075	0.025	10³
25	7	3.5	2.2	0.090	0.030	10³
32	10	5	3.2	0.120	0.040	10³
40	20	10	6.3	0.220	0.070	10⁵
50	30	15	10.0	0.400	0.090	10⁵
80	70	35	22.0	1.100	0.300	10⁶
100	100	50	32.0	1.400	0.400	10⁶
150	200	100	63.0	2.400	0.550	10⁶

表 3-2　　　　　　　　　　　　水平螺翼式水表技术数据

直径（mm）	流通能力	最大流量	额定流量	最小流量	最小示值（m³）	最大示值（m³）
			m³/h			
80	65	100	60	3	0.1	10⁵
100	110	150	100	4.5	0.1	10⁵
150	270	300	200	7	0.1	10⁵
200	500	600	400	12	0.1	10⁷
250	800	950	450	20	0.1	10⁷
300		1500	750	35	0.1	10⁷
400		2800	1400	60	0.1	10⁷

2. 复式水表

复式水表俗称子母水表，由大小两种口径的水表组成。自来水通过水表的计量范围从小口径水表最小流量到大口径水表的最大流量。所以它是目前测量范围最大，流量下限最低的水表，如图 3-18 所示。

图 3-18 复式水表

由流量转换控制阀根据流经水量的大小自动控制水流流过旁路小口径水表或同时流过主路大口径主水表，在用水量小时，流量转换控制阀处于关闭状态，由副表计量，主表不计量，即流量超过一定值时，流量转换控制阀开启，主表、副表同时计量；流量下降到一定值时，流量转换控制阀又关闭，副表计量。这样，通过流量转换控制阀的自动控制，发挥了大小水表的计量功能。水表的计量读数有两个独立的计数器记录给出，也就是说，流经复式水表的水的总体积便是主表（母表）指示器读数与副表（子表）指示器读数相加而得出的体积之和。复式水表最适用于非连续性大流量供水场合，即在大小流量差异较大，用水峰谷变化频繁的计量场所。如住宅小区、机关、部队、学校、矿山、医院、厂区以及农村用水计量。解决了目前大口径水表普遍存在的最小流量以下的低流量和超低流量水资源流失率较高的问题。

（二）水表的选用

1. 水表类型的选择

首先应考虑所计量的用水量及其变化幅度、水温、工作压力、单向或逆向流动、计量范围及水质情况，再来考虑冷水表的类型。一般情况下，$DN \leqslant 50mm$ 时，应采用旋翼式水表；$DN > 50mm$ 时，应采用螺翼式水表；当通过的流量变化幅度较大时，应采用复式水表。

2. 水表公称直径的确定

用水量均匀的给水系统，如工业企业生活间、公共浴室、洗衣房等建筑内部给水系统，给水设计秒流量能在较长时间内出现，因此应以此作为水表的额定流量来确定水表口径。

给水量不均匀的给水系统，如住宅、集体宿舍、旅馆等建筑内部给水系统，给水设计秒流量只能在较短时间内出现，因此应以此作为水表的最大流量来确定水表口径。

3. 水表的水头损失

应按相关公式计算，同时应按表 3-3 规定，符合水表的水头损失。

表 3-3 按最大小时流量选用水表时的允许水头损失值 kPa

类型	正常用水时	消防时
旋翼式	<25	<50
螺翼式	<13	<30

二、贮水池、吸水井

1. 贮水池

贮水池按用途可分为两类：一类是水处理用池，如沉淀池、冷却池、过滤池等；另一类是供水用池，如清水池、高位水池、调节池等。在水源的供水能力可以保证消防或事故时的正常平均小时用水量时，可以不设贮水池，而仅设吸水池（井）。

贮水池的有效容积与水源的供水能力和用水要求有关，应根据调节水量、消防贮备水量和生产事故备用水量确定，并满足下式要求：

$$V_y \geqslant (Q_b - Q_g)T_b + V_x + V_s \tag{3-1}$$

$$Q_g T_t \geqslant (Q_b - Q_g)T_b \tag{3-2}$$

式中　　V_y——贮水池的有效容积，m^3；

　　　　Q_b——水泵出水量，m^3/h；

　　　　Q_g——水源的供水能力，m^3/h；

　　　　T_b——水泵运行时间，h；

　　　　T_t——水泵运行时间隔时间，h；

　　　　V_x——消防贮备水量，m^3；

　　　　V_s——生产事故贮备水量，m^3。

贮水池的容积不宜过大，以防水质腐化，在必须大量贮备（超过全天用水量）时，应有补充加氯措施，以保持一定的余氯量。

当资料不足时，贮水池的调节容积 $(Q_b-Q_g)T_b$ 不得小于全天用水量的 10%。贮水池可布置在室内地下室或室外泵房附近；消防和生产事故贮水池也可兼做喷泉水池、水景池和游泳池等，但不得少于两格；生活用贮水池不得兼做他用；贮水池的设计应保证池内贮水经常流动，防止滞流和死角，以防腐化变质，贮水池至少应分成两格，以便清洗和检修；消防贮水池的贮备量包括室外消防贮水量时，应设有供消防车取水用的吸水口；在消防与生活或生产合用一个贮水池时，应有消防贮水平时不被动用的措施。贮水池应有防水措施，防止贮水渗漏和地下水渗入；贮存生活饮水的贮水池，应有防止生活饮用水被污染的措施。

2. 吸水池（井）

在不需设置贮水池，外部管网又不允许直接抽水时，应设置吸水池（井）。

吸水池（井）的有效容积不得小于最大一台水泵的 $3\min$ 出水量。吸水池（井）的尺寸应能满足吸水管、浮球阀等布置、安装、检修和正常运行的要求。吸水管在池（井）内布置的最小尺寸，如图 3-19 所示。

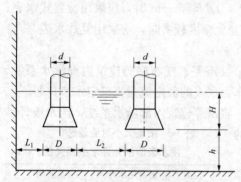

图 3-19　吸水管在池（井）内布置的最小尺寸

吸水池（井）可设置在室内底层或地下室，也可以设置在室外地下室或地上；对于生活饮用水，吸水池（井）应有防止污染的措施。

三、水箱

建筑给水系统中，在需要增压、稳压、减压或需要贮存一定的水量时，均可设置水箱。水箱按材质分为钢制水箱、SMC 玻璃钢水箱、蓝博不锈钢水箱、不锈钢内胆玻璃钢水箱、海水玻璃钢水箱、搪瓷水箱等，外形有圆形和矩形两种，圆形水箱结构较为经济，矩形水箱则便于布置。钢制水箱一般用钢板焊制而成。水箱的内外表面均应防腐，并且要求水箱的内表面涂料不应影响水质，多采用樟丹做水箱内表面涂料。玻璃钢水箱质量轻、强度高、耐腐蚀、造型美观、安装维修方便，而且大容积水箱可现场组装，所以已逐渐被普遍采用。

（一）水箱上通常要设置下列管道（见图 3-20）

1. 进水管

当水箱直接由管网进水时，进水管上应设不少于两个浮球阀或液压水位控制阀，为了检修的需要，在每个阀前设置阀门。进水管距水箱上缘应有 $150\sim200mm$ 的距离。当水箱利用水泵压力进水，并采用水箱液位自动控制水泵启闭时，在进水管出口处可不设浮球阀或液压水位控制阀。进水管管径按水泵流量或室内设计秒流量计算决定。

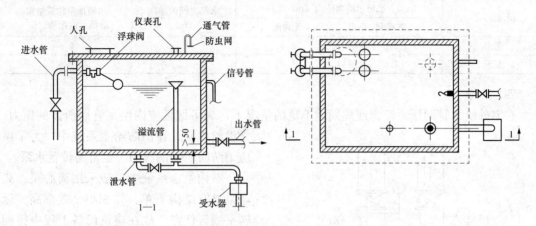

图 3-20 水箱附件示意图

2. 出水管

管口下缘应高出水箱底 50～100mm，以防污物流入配水管网。出水管与进水管可以分别和水箱连接，也可以合用一条管道，合用时出水管上设有止回阀。

3. 溢流管

用以控制水箱的最高水位，溢流管口底应在允许最高水位以上 20mm，距箱顶不小于150mm，管径应比进水管大 1～2 号，但在水箱底以下可与进水管径相同。为了保护水箱中水质不被污染，溢流管不得与污水管道直接连接，必须经过断流水箱，并有水封装置才可接入。水箱装置在平屋顶时溢水可直接断流在屋面上。溢流管上不允许装设阀门。

4. 水位信号管

安装在水箱壁溢流管口标高以下 10mm 处，管径 15～20mm，信号管另一端通到常有值班人员房间的污水地上，以便随时发现水箱浮球设备失灵而能及时修理。

5. 泄水管

为放空水箱和排除冲洗水箱之污水，管口由水箱底部接出连接在溢流管上，管口径40～50mm，在排水管上需装设阀门。

6. 通气管

供生活饮用水的水箱，当储量较大时，宜在箱盖上设通气管，以使箱内空气流通。其管径一般不小于 50mm，管口应朝下并设网罩。

（二）水箱的安装

水箱的安装高度与建筑物高度、配水管长度、管径及设计流量有关。水箱的安装高度应满足建筑物内最不利配水点所需的流出水头，并经管道的水力计算确定。根据构造要求，水箱底距顶层板面的高度最小不得小于 0.4m。

放置水箱的房间应有良好的采光、通风、室温不得低于 5℃，如水箱有结冻和结露可能时，要采取保温措施。

为严格保护水质不受污染，水箱应加盖，上面留有通气孔。设水箱的房间净高不得小于2.2m；水箱之间最小距离应按表 3-4 采用。

表 3-4　　　　　　　　　水箱之间及水箱与建筑物结构之间的最小距离

水箱形式	水箱至墙面距离（m）		水箱之间的净距（m）	水箱顶至建筑结构最低点的距离（m）
	有阀侧	无阀侧		
圆形	0.8	0.5	0.7	0.6
矩形	1.0	0.7	0.7	0.6

四、水泵

在室外给水管网压力经常或周期性不足的情况下，为了保证室内给水管网所需的压力，常设给水泵。在消防给水系统中，为了供应消防时所需的压力，也常需设置水泵。

室内给水系统中一般采用离心泵。离心泵具有结构简单、体积小、效率高、运转平稳等优点，故在建筑设备工程中得到广泛应用。在离心泵中，水靠离心力由径向甩出，从而得到很高的压力，将水输送到需要的地点。图 3-21 所示为离心泵装置。

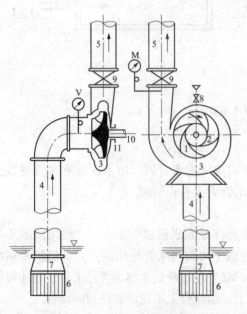

图 3-21　离心泵装置图

1—工作轮；2—叶片；3—泵壳（压水室）；4—吸水管；
5—压水管；6—拦污栅；7—底阀；8—加水漏斗；9—阀门；
10—泵轴；11—填料函；M—压力计；V—真空计

开动水泵前，要使泵壳及吸水管中充满水，以排除泵内空气。当叶轮高速转动时，在离心力的作用下，叶片槽道中的水从叶轮中心被甩向泵壳，使水获得动能与压能。由于泵壳的断面是逐渐扩大的，所以水进入泵壳后流速逐渐减小，部分动能转化为压能，因而泵出口处的水便具有较高的压力，流入压水管。

当水被甩走的同时，水泵进口处形成真空，由于大气压的作用，将吸水池中的水通过吸水管压向水泵进口，进而流入泵体。由于电动机带动叶轮连续供水，即不断将水压送到用水点或高位水箱。

离心式水泵的工作方式有吸入式和灌入式两种：泵轴高于吸水池水面的称为吸入式；吸水池水面高于泵轴的称为灌入式，这时不仅可省掉真空泵等抽气设备，而且也有利于水泵的运行和管理。一般来说，设水泵的室内给水系统多与高位水箱联合工作，为了减小水箱的容积，水泵的开停应采用自动控制，而灌入式最易满足这种要求。

为了正确地选用水泵，必须知道水泵的以下基本工作参数。

流量：在单位时间内通过水泵的水的体积，以符号 Q 表示，单位常用 L/s 或 m³/h 表示。

总扬程：当水流过水泵时，水所获得的比能增值，使用符号 H 表示，单位为 m。

轴功率：水泵从电动机处所得到的全部功率，用符号 N 表示，单位为 kW。

选择水泵时，必须根据水系统最大或最小时的设计流量和相当于该设计流量时系统所需的压力，按水泵性能表确定所选水泵型号。通常使水泵的流量和扬程稍大于设计流量和系统所需的压力，采用 10％～15％ 的附加值。

水泵直接抽水方式可以充分利用城市管网的压力，经济合理，并保证水质不致受到污染。但是在很多情况下，水泵直接从管网抽水会使室外管网压力降低，影响对周围其他用户的正常供水，尤其是由于城市工业的迅速发展，居住建筑不断增加，室内给水管网供水量紧张，为保证室外管网的正常工作，直接抽水方式必须加以限制。只有在室外管网管径较大、压力高、水泵抽水量相对较小时才可采用，同时仍必须征得城市供水部门的同意。

当室内水泵抽水量较大，不允许直接从室外管网抽水时，需要建造贮水池，水泵从贮水池中抽水。从贮水池中抽水的缺点是不能利用城市管网的水压，水泵多消耗电能，而且水池中的水易被污染。高层民用建筑、大型公共建筑及由城市管网供水的工业企业，一般采用这种方式，此时水池即是调节池亦兼做贮水池用。

上述两种抽水加压方式，水泵均宜采用自动开关装置（尤其是自灌式），以使运行管理方便。当无水箱时，水泵的启闭由电力继电器根据室外管网的压力变化来控制；有水箱时，可通过设置在水箱中的浮球式水位继电器控制。

供生活用水水泵，按建筑物的重要性考虑设置备用机组一台，对小型用水建筑允许短时间断水时，可不设置备用机组。生产及消防所需水泵的备用数，应按功能工艺要求及有关防火规定确定。

水泵机组通常设置在水泵房，在供水量较大的情况下，常将水泵并联工作，此时两台或两台以上的水泵同时向压力管路供水。

当水泵机组供水量大于 $200\text{m}^3/\text{h}$，泵房应有一间 $10\sim15\text{m}^2$ 的修理间和一间面积约为 5m^2 的库房。水泵房应有排水措施，光线和通风良好，并不致结冻。在有防振或对安静要求较高的房间的上下和邻接房间内，不得设置水泵，必要时应在水泵房吸水管和压水管上设隔音措施，水泵下面设减震装置，使水泵与建筑结构部分断开。

水泵机组的布置原则：管线最短，弯头最少，管路便于连接，布置力求紧凑，尽量减少泵高度平面尺寸以降低建筑造价，并考虑到扩建和发展，同时注意起吊设备时的方便。

水泵机组并排安装的间距应当使检修时在机组能放置拆下来的电机和泵体。从机组基础的侧面至墙面以及相邻基础的距离宜不小于 0.7m；口径小于或等于 50mm 的小型泵，此距离可适当减小。水泵机组端头到墙壁或相邻机组之间距应比轴的长度多出 0.5m。机组和配电箱间通道不得小于 1.5m。水泵基础至少应高出地面 0.1m。当水泵较小时，为了节省泵房面积，也可两台同型号水泵共用一基础，周围留 0.7m 通道。泵房的高度在无吊车起重设备时，应不小于 3.2m（指室内地面至梁底的距离）。当有吊车起重设备时应按具体情况决定。泵房门的宽度和高度应根据设备运入的方便决定。开窗总面积应不小于泵房地板面积的 1/6，靠近配电箱处不得开窗（可用固定窗）。

第四节　建筑给水系统的管路布置与敷设

一、建筑给水系统的管路布置

建筑物的给水引入管，从配水平衡和供水可靠考虑，宜从建筑用水量最大处和不允许断水处引入（见图 3-22）。当建筑物内卫生用具布置比较均匀时，应在建筑物中央部分引入，以缩短管网向不利点的输水长度，减少管网的水头损失。引入管一般设置一条，当建筑物不允许间

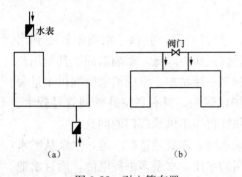

图 3-22　引入管布置

(a) 由不同侧引入；(b) 由同侧引入

断供水或室内消火栓总数在 10 个以上时，需要设置两条，并应由城市环形管网的不同侧引入；如不可能时，也可由同侧引入，但两根引入管间距离不得小于 10m，并应在接点间设置阀门（见图 3-23）。

生活给水引入管与污水排出管管外壁的水平距离不得小于 1.0m。

引入管穿过承重墙或基础时，管顶上部预留净空不得小于建筑物的降尘量，一般不小于 0.1m，并做好防水的技术处理，如图 3-24 所示。

室内给水管道的布置与建筑物性质、外形、结构状况、卫生用具和生产设备布置情况以及所采用的给水方式等有关，并应充分利用室外给水管网的压力。管道布置时应力求长度最短，尽可能呈直线走向，与墙、梁、柱平行敷设，照顾美观，并要考虑施工检修方便。

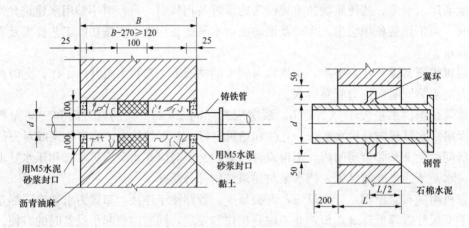

图 3-23　引入管穿过带形基础剖面图

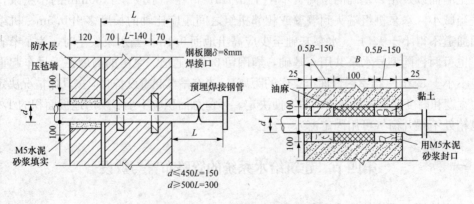

图 3-24　引入管穿过地下室的防水措施

给水干管应尽量靠近用水量最大设备处或不允许间断用水处，以保证供水可靠，并减少管道传输流量，使大口径管道长度最短。

工厂车间内的给水管道架空布置时，应不妨碍生产操作及车间内交通运输；不允许把管道布置在遇水能引起爆炸、燃烧或损坏的原料、产品和设备上面；而且也应尽量不在设备上面通过；在管道直埋地下时，应当避免被重物压坏或被设备振坏；不允许管道穿过设备基础，特殊情况下，应同有关专业协商处理。

室内给水管道不允许敷设在排水沟、烟道和风道内，不允许穿过大小便槽、橱窗、壁柜、木装修，应尽量避免穿过建筑物的沉降缝，如果必须穿过时要采取相应的措施。

二、室内给水系统的管路敷设

室内给水管道的敷设，根据建筑对卫生、美观方面要求不同，分为明装和暗装两类。

1. 明装

即管道在室内沿墙、梁、柱、顶棚下、地板旁暴露敷设。明装管道造价低；施工安装、维护修理均较方便。缺点是由于管道表面积灰、生产凝水等影响环境卫生，而且明装有碍房屋美观。一般民用建筑和大部分生产车间均为明装方式。

2. 暗装

即管道敷设在地下室顶棚下或吊顶中，火灾管井、管槽、管沟中隐蔽敷设。管道暗装时，卫生条件好、房间美观，在标准较高的高层建筑、宾馆等均采用暗装；在工业企业中，某些生产工艺要求，如精密仪器或电子元件车间要求室内洁净无尘时，也采用暗装。暗装的缺点是造价高，施工维护均很不方便。

给水管道除单独敷设外，也可与其他管道一同架设，考虑到安全、施工、维护等要求，当平行或交叉设置时，对管道间的相互位置、距离、固定方法等应按管道的有关要求统一处理。

引入管道的敷设，其室外部分埋深由土壤的冰冻程度及地面荷载情况决定。通常敷设在冰冻线以下 20mm，覆土不小于 0.7～1.0m 的深度。在穿过墙壁进入室内部分，可有下面两种情况（见图 3-23 和图 3-24）：①由基础下面通过；②穿过建筑物基础或地下室墙壁。其中任一情况都必须保护引入管，使其不致因建筑物沉降而受到破坏。为此，在管道穿过基础墙壁部分需预留大于引入管直径 200mm 的孔洞，在管外填充柔性或刚性材料，或者采取预埋管道、砌分压拱或设置过梁等措施。

水表节点一般装设在建筑物的外墙内或室外专门的水表井中。装置水表的地方气温应在 2℃ 以上，并应便于检修、不受污染、不被损坏、查表方便。

管道在穿过建筑物内墙及楼板时，一般均应预留孔洞，待管道装妥后，用水泥砂浆堵塞，以防孔洞影响结构强度。

三、管道的防腐、防冻、防露技术措施

为使室内给水系统能在较长年限内正常工作，除应加强维护管理外，在施工过程中还需要采取如下一系列措施。

1. 防腐

不论明装或暗装的管道和设备，除镀锌钢管、给水塑料管外，都必须做防腐处理。

防腐的方法，最简单的为刷油法，即先将管道及设备表面除锈，明装管道刷防锈漆两道（红丹漆），再刷面漆（如银粉）两道。如管道需要装饰或标志时，可再刷调和漆。暗装管道除锈后，刷防锈漆两道。质量较高的防腐方法是做管道防腐层，层数 3～9 层不等，材料为底漆（冷底子油）、沥青玛蒂脂、防水卷材、牛皮纸等。

埋地钢管除锈后刷冷底子油两道，再刷热沥青两道；埋于地下的铸铁管，外表一律要刷沥青防腐，明露部分可刷红丹漆及银粉（各两道）。

2. 防冻、防露

在温度低于0℃以下地方的设备和管道，应当进行保温防冻，如寒冷地区的屋顶水箱、冬季不采暖的室内和楼阁中的管道以及敷设在受室外冷空气影响的门厅、过道等处的管道，在涂刷底漆后，应采取保暖措施。

在气候温暖潮湿的季节里，卫生间、工作温度较高且空气湿度较大的房间（如厨房、洗衣房、某些生产车间）或管道内水温比室温低时，管道及设备的外壁可能产生凝结水，从而引起管道和设备的腐蚀，影响使用和环境卫生，必须采取防结露措施，即做防潮绝热层。其做法与一般保温做法相同。

第五节　建筑热水供应系统

一、建筑热水供应方式

（一）分类

建筑热水供应系统，按照热水供应范围大小分为区域性热水供应系统、集中热水供应系统和局部热水供应系统。

（1）区域性热水供应系统。区域性热水供应系统是用取自热电站、工业锅炉房等热力网的热媒，经加热设备加热冷水供建筑群生活或生产需要。这种系统热效率最高，每座建筑物热水供应设备也最少，有条件时应优先采用。

（2）集中热水供应系统。集中热水供应系统是设置在锅炉房或热交换间的加热设备集中加热冷水，通过不长的室外热水配水管网或仅设于室内热水管网供应一座或几座建筑物各用水点。

（3）局部热水供应系统。局部热水供应系统是采用各种类型热水器，置于建筑物卫生间、厨房等使用热水的房间，热源可采用电力、蒸汽、燃气及太阳能等。各种系统的选用主要根据要求供应热水建筑物所在地区热力设备完善的程度、建筑物性质、配水点数量、要求水质和水温等因素确定。

目前，应用比较多的还有太阳能热水系统。它是一种使用清洁能源的新型节能系统。太阳能热水系统是利用温室效应原理，将太阳辐射能转变为热能，并将热量传递给工作介质从而获得热水的供应热水系统。太阳能热水系统由太阳能集热器、贮热水箱、泵、循环管道、辅助热源、控制系统和相关附件组成。

太阳能热水系统按运行方式可分为自然循环系统、直流式系统和主动循环系统三种。

1. 自然循环式太阳能热水系统

自然循环系统是利用传热工质内部的温度梯度产生的密度差所形成的自然对流进行循环的热水系统。这种系统结构简单不需要附加动力，在自然循环中，为了保证必要的热虹吸压头，贮水箱应置于集热器上方，如图3-25所示。

2. 直流式太阳能热水系统

直流式太阳能热水系统是传热工质一次流过集热器加热后便进入贮水箱或用水点的非循环热水系统，贮水箱的作用仅为储存集热器所排出的热水，直流式系统有热虹吸型和定温放

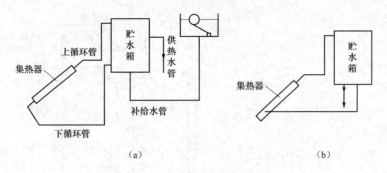

图 3-25 自然循环式热水系统

(a) 有补水箱；(b) 无补水箱

水型两种。其中，热虹吸型直流式太阳能热水系统由集热器、贮水箱、补给水箱和连接管道组成，如图 3-26 所示。定温放水型是为了得到温度符合于用户要求的热水，通常采用定温防水型直流式太阳能热水系统，如图 3-27 所示。

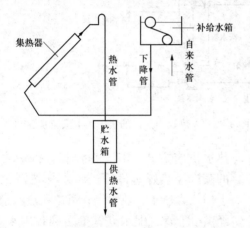

图 3-26 热虹吸型直流式热水系统

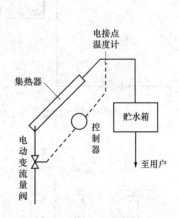

图 3-27 定温放水型直流式热水系统

3. 主动循环式太阳能热水系统

主动循环式太阳能热水系统（又称强制循环太阳能热水系统）是利用机械设备等外部动力迫使传热工质通过集热器或换热器进行循环的热水系统，如图 3-28 所示。

（二）组成

热水供应系统主要组成可分为以下两部分。

（1）发热和加热设备。也称第一循环系统，包括热源、水加热器和热媒管道等，这部分功能主要是制备热水。

（2）室内配水及回水管网。也称第二循环系统，包括热水配水管网、热水回水管网及管网的各种附件等，这部分功能是输配热水到各用水点。

（三）建筑热水供应方式

室内热水供应方式按照加热冷水方法分为直接加热和间接加热，按照管网有无循环管道分为全循环、半循环和无循环方式，按照循环方式分为设循环水泵的机械循环方式和不设水泵的自然循环方式，按照配水干管在建筑内布置位置分为下行上给和上行下给方式。图3-29就是一种以热媒为蒸汽，用容积式水加热器间接加热，配水干管下行上给机械全循环的集中

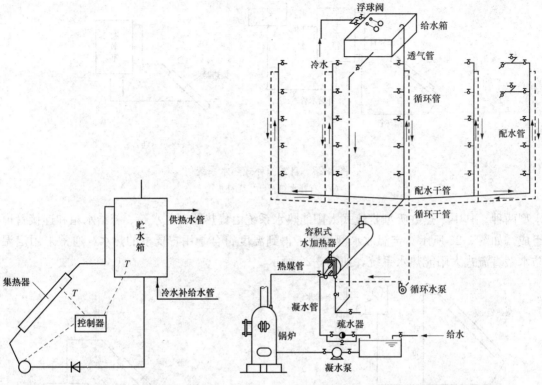

图 3-28　主动循环式太阳能热水系统　　　　图 3-29　以热媒为蒸汽的集中热水供应系统

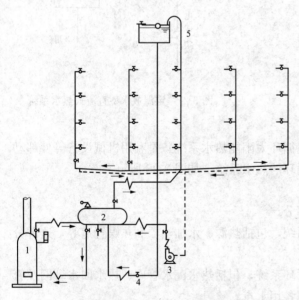

图 3-30　干管下行上给机械半循环热水供应方式
1—热水锅炉；2—热水贮罐；3—循环泵；
4—给水管；5—水箱

热水供应方式。其工作流程：锅炉生产的蒸汽经热媒蒸汽管送入水加热器把冷水加热为热水，热水经管道送入热水箱或经供给干管、配水立管等送到各用水点。蒸汽凝结水由凝水管排至凝水池。锅炉用水由凝水池旁的凝水泵压入。水加热器中所需冷水由给水箱供给。为了保证热水温度不低于需要的水温，回水管和配水管中还循环流动着一定数量的循环热水，用来补偿配水管路在不配水时的散热量。这种方式适用于全天供应热水的大型公共建筑和工业建筑。

图 3-30 为热水锅炉直接加热冷水，下行上给机械半循环热水供应方式。适用于定时供水的公共建筑。图 3-31 为以热媒为蒸汽与冷水混合制备热水，干管上行下给式循环方式。适用于公共浴室

等定时供应热水的建筑。

热水供应系统方式，必须根据建筑物性质、需供应热水的卫生器具种类和数量、热水用

水量标准、热源的情况、冷水供给方式等多种因素来确定。

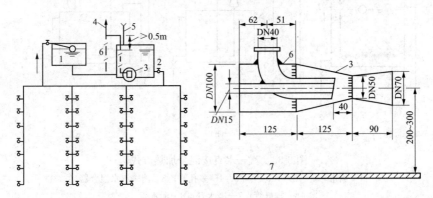

图 3-31　直接加热上行下给方式

1—冷水箱；2—加热水箱；3—消声喷射器；4—排气阀；5—透气管；6—蒸汽管；7—热水箱底

二、热水供应设备

1. 加热冷水的热源

区域性热水供应系统的热源，一般均采用城市热力网作为热源，只有不具备选用上述热源条件或经济技术不合理时，可采用区域性专用锅炉房。集中热水供应优先采用工业余热、废热等。局部热水供应热源应根据资源条件，因地制宜。

2. 加热方式及设备

冷水加热有直接加热和间接加热方式。

（1）直接加热。图 3-32 为直接混合式加热方式。这种方式中设置热水箱或热水罐是为了稳定压力和调节水量。这种方式的优点是设备简单、热效率高、噪声小和工作稳定。缺点是在冷水硬度较大时，锅炉容易结垢。这种方式的热水罐安装高度，应使罐底高出锅炉顶部最小 10cm 的距离。

图 3-33 是以热媒为蒸汽与被加热水直接混合的加热方式。它采用多孔管或蒸汽水射器输送蒸汽与冷水混合。多孔管加热冷水噪声大，水射器的噪声小。这种方式热效率高，设备简单，维修方便，但凝水不能回收。因此要求蒸汽中不能含有危害人体皮肤的杂质，否则不能直接使用。

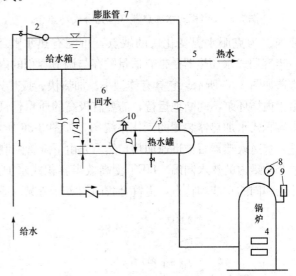

图 3-32　热水锅炉直接混合式加热方式

1—给水管；2—给水箱；3—热水罐；4—锅炉；5—热水；6—回水；
7—膨胀管；8—压力表；9—温度计；10—安全阀

（2）间接加热。间接加热方式的热媒（蒸汽或热水）不与被加热冷水混合，而是借热媒

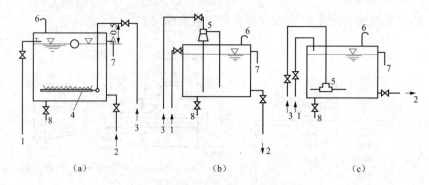

图 3-33　汽—水直接混合加热方式

1—给水；2—热水；3—蒸汽；4—多孔管；5—消声汽水混合器；

6—排气管；7—溢水管；8—泄水管

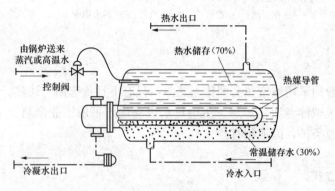

图 3-34　容积式水加热器（管壳卧式）

表面散热把冷水加热。图 3-34 为容积式水加热器间接加热方式。适用于供水温度要求均匀，无噪声的医院、饭店、旅馆、住宅等建筑。容积式加热器有立式和卧式两种类型，按构造又分为管壳式和板式两种。

快速间接加热方式也是一种常用的加热方式，其优点是占地少、热效率高；缺点是水温变化快。适用于有热力网用水量大的工业或公共建筑。为克服水温变化快的缺点，可配有热水贮罐。

半容积式水加热器是带有适量贮存与调节容积的内藏式容积式水加热器，其原装设备的基本构造如图 3-35 所示。它具有体型小、加热快、换热充分、供水温度稳定、节水节能的优点，但由于内循环泵不间断地运行，需要有极高的质量保证。国内专业人员开发了一种 HRT 型高效半容积式水加热器装置的工作系统图，如图 3-36 所示。其特点是取消了内循环泵，被加热水进入快速换热器后被迅速加热，然后先由下降管强制送至贮热水罐的底部，再向上升，以保持整个贮罐内的热水同温。HRT 型高效半容积式水加热器具有与带有内循环泵的半容积式水加热器相同的功能和特点，更符合我国的实际情况，适用于机械循环的热水供应系统。

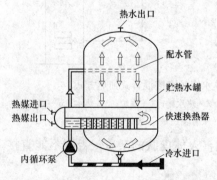

图 3-35　半容积式水加热器构造示意图

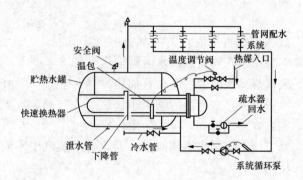

图 3-36　HRT 型高效半容积式水加热器工作系统图

　　半即热式水加热器是带有超前控制，具有少量贮存容积的快速式加热器，其构造如图 3-37 所示。它具有快速加热，浮动盘管自动除垢的优点，其热水出水温度一般能控制在 ±2.2℃以内，且体积小，节省占地面积，适用于各种不同负荷需求的机械循环热水供应系统。

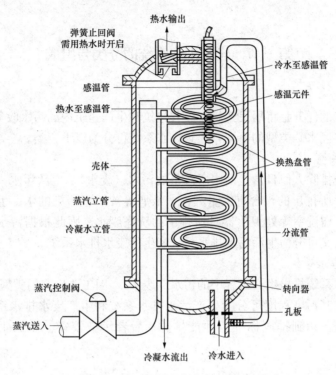

图 3-37　半即热式水加热器构造示意图

第四章 建筑排水工程

第一节 建筑排水系统的分类与组成

一、分类

建筑排水系统的任务是将居民建筑、公共建筑和生产建筑内的污水收集起来及时排到室外。按接纳污水（废水）类型的不同，建筑排水系统可分为以下三类。

1. 生活排水系统

生活排水系统排除人们日常生活中所产生的污水（废水）。生活污水一般指冲洗便器以及类似的卫生设备所排出的，含有大量粪便、纸屑等被严重污染的水。生活废水一般指厨房、食堂、浴室、盥洗室等处卫生器具所排出的洗涤废水。因此根据污水、废水水质的不同，生活排水系统又可分为生活污水排水系统和生活废水排水系统。

2. 工业废水排水系统

工业废水排水系统排出生产过程中的污水（废水）。因工业生产门类繁多，污水（废水）性质极其复杂，按其污染程度可分为生产污水排水系统和生产废水排水系统。前者污染较重，需要经过处理，达到排放标准后才能排放；后者污染较轻，如工业冷却水，可回收利用。

3. 雨水排水系统

雨水排水系统是排除屋面的雨水、雪水的系统。一般建筑雨水排放系统需要单独设置，新建居住小区应采用生活排水与雨水排水分流排水系统，以利于雨水的回收与利用。

建筑内部排水体制可分为合流制和分流制两种。

（1）污废水合流制：建筑物内的污水和废水合流后排出建筑物或排入处理构筑物。

（2）污废水分流制：建筑物内的污水和废水分别设置管道系统，排出建筑物或排入处理构筑物。

上述三种污水是采用合流还是分流排除，要视污水的性质、室外排水系统的设置情况及污水的综合利用和处理情况而定。一般来说，生活粪便污水不与室内雨水道合流，冷却系统的废水则可排入室内雨水管道；被有机杂质污染的生产污水，可与生活粪便污水合流；至于含有大量固体杂质的污水、浓度较大的酸性污水和碱性污水及含有有毒物或油脂的污水，则不仅要考虑设置独立的排水系统，而且要经局部处理达到国家规定的污水排放标准后，才允许排入城市排水管网。

二、组成

建筑排水系统一般由卫生器具、排水横支管、立管、排出管、通气管、清通设备等组成，如图4-1所示。其基本要求是迅速通畅地排除建筑内的污水、废水，并能有效地防止排水管道中的有害气体进入室内。

1. 卫生器具和生产设备受水器

卫生器具和生产设备受水器是建筑内部排水系统的起点。常见的卫生器具有洗脸盆、浴

盆、大便器、小便器、污水盆、洗涤盆、地漏、冲洗
设备等。为了满足卫生清洁的需求，卫生器具的材料
具有表面光滑、耐腐蚀、经久耐用等特点。各种卫生
器具的结构、形式等各不相同，选用时应注意其特点、
与管道系统配套。

2. 排水管道系统

排水管道系统包括器具排水管、存水弯、横支管、
立管、排出管。器具排水管是连接卫生器具与排水横
支管的短管。存水弯是水封装置，防止有害气体进入
室内。排水横支管是汇集卫生器具排水管中的来水，
将其输送到排水立管的管道，应具有一定坡度。排水
立管是收集各排水横支管来水，然后排至排出管。排
出管是收集排水立管中的污水、废水，排到检查井的
管道。

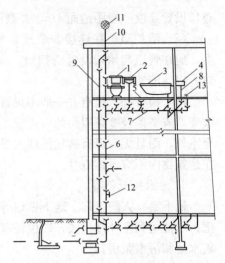

图 4-1 建筑内部排水系统

1—大便器；2—洗脸盆；3—浴盆；4—洗涤盆；
5—地漏；6—立管；7—横支管；8—支管；
9—专用通气管；10—伸顶通气管；
11—网罩；12—检查口；13—清扫口

3. 通气管系统

卫生器具排水时需要向排水管系统补充空气，减
小其内部压力波动，防止水封破坏，使水流畅通增加
泄流能力，因此在建筑排水系统中需要设置通气管系统。其主要作用是：

（1）将室内排水管道中的臭气排到大气中。

（2）使管道内经常有新鲜空气和废气之间对流，减轻管道内废气造成的锈蚀。

（3）保证水封不破坏，有害气体不进入室内。

室内管道与排水管道可以有不同的组合方式。一般楼层不高、卫生器具不多的建筑物，
可仅设伸顶通气管；对于层数较多或卫生器具较多的建筑物，必须设专用通气管。

4. 清通设备

为了保持室内排水管道排水畅通，在室内排水系统中，一般需要设置如下三种清通设
备，如图 4-2 所示。

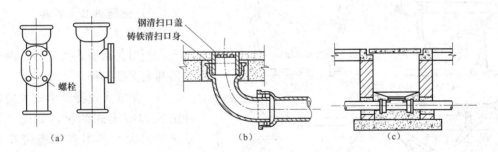

图 4-2 清通设备

（a）检查口；（b）清扫口；（c）室内检查井

（1）检查口。检查口为可以双向清通的管道维修口。设在排水立管或较长的水平管段
上，作检查和清通之用。立管上除建筑最高层和最底层必须设置外，每隔一层设置一个。检

查口设置高度一般距地面 1m，并高于该层卫生器具上边缘 0.15m。

（2）清扫口。在连接 2 个及 2 个以上的大便器或 3 个及 3 个以上卫生器具的污水横管上，应在管道起始端设置清扫口。也可采用带螺栓盖板的弯头、带堵头的三通配件做清扫口，以便清通管道。

（3）检查井。检查井一般不设置在室内，需要设置在埋地排水管道的转弯、变径、坡度改变，或 2 条及 2 条以上的管道交汇处。对于工业废水管道，如厂房很大，排水难以直接排至室外，而且无有毒有害气体或大量蒸汽时，可以在室内设置检查井；生活污水排水管道，在建筑物内不宜设检查井。

5. 污水提升设备

地下室、人防工程、地下铁道等处，污水无法自流到室外，必须设置集水池，通过水泵把污水抽送到室外排出去，以保证室内良好的卫生环境。建筑物内部污水提升需要设置污水集水池和污水泵房。

6. 污水局部处理构筑物

当建筑物排出的污水不允许直接排到排水管道时（如呈强酸性、强碱性、含大量汽油、油脂或大量杂质的污水），则要设置污水局部处理构筑物，使污水水质得到初步改善后，再排入室外排水管道。一般有隔油池、降温池、化粪池等。

第二节　卫生器具和排水管材

一、卫生器具

卫生器具是用来满足日常生活中洗涤等卫生要求以及收集排除生活、生产中产生污水的一种设备。对卫生器具的基本要求：

（1）卫生器具的材质应耐腐蚀、耐摩擦、耐老化，具有一定的机械强度。

（2）卫生器具表面应光滑，不易积污垢。

（3）要便于安装与维修。

（4）卫生器具的材质、色调等要与周围环境协调一致、完美统一。

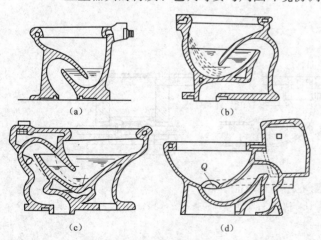

图 4-3　坐式大便器
(a) 冲洗式；(b) 虹吸式；(c) 喷射虹吸式；(d) 旋涡虹吸式

卫生器具主要有以下几类：

（一）便溺用卫生器具

1. 大便器

大便器包括坐式大便器、蹲式大便器和大便槽三种。

（1）坐式大便器。坐式大便器有冲洗式和虹吸式两种，如图 4-3 所示。坐式大便器本身构造带有存水弯，坐式大便器常用在家庭、宾馆、旅馆等高级建筑内。

（2）蹲式大便器。一般用在集体宿舍和公共建筑的公用厕所中，蹲式大便器不与人皮肤直接接触，更适合用于公共厕所中，如图 4-4 所示。

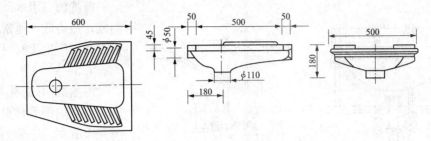

图 4-4 蹲式大便器

（3）大便槽。大便槽卫生条件比较差，造价低，冲洗水耗量少。大便槽较少采用，只用在某些造价较低、一般公共建筑物中的公共厕所。

2. 小便器

小便器设于公共建筑的男厕所内，有挂式、立式和小便槽三种。

（1）挂式小便器。挂式小便器悬挂在墙上，它的冲洗设备可用自动冲洗装置，也可采用阀门冲洗，每只挂式小便器均设存水弯，如图 4-5 所示。

（2）立式小便器。立式小便器装置在对卫生设备要求较高的公共建筑，如展览馆、大剧院、宾馆等男厕所内，常用自动冲洗装置冲洗，如图 4-6 所示。

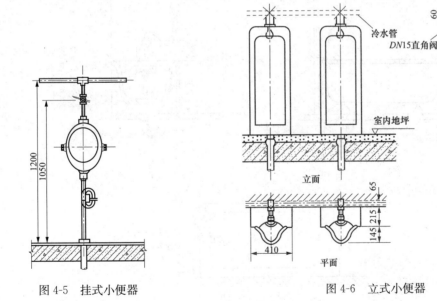

图 4-5 挂式小便器   图 4-6 立式小便器

（3）小便槽。小便槽造价低，构造简单，一般用于工业企业建筑、公共建筑、集体宿舍等场所。小便槽可用普通阀门控制多孔管冲洗或用自动冲洗水箱自动定时冲洗。

（二）盥洗、沐浴用卫生器具

1. 洗脸盆

洗脸盆大多由上釉陶瓷制成，设置在盥洗室、浴室、卫生间及理发室内。其形状主要有半圆形、长方形和三角形，安装方式有墙架式、台式和柱脚式，如图 4-7 所示。

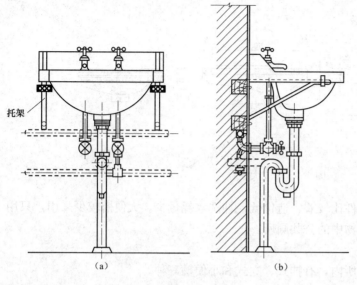

图 4-7　墙架式洗脸盆

（a）正面；（b）侧面

2. 盥洗槽

盥洗槽多用水泥或水磨石制成，造价低，通常用在集体宿舍和工厂生活间内。

3. 浴盆

浴盆常用搪瓷生铁、水磨石、玻璃钢等材料制成，如图 4-8 所示。一般设在住宅、宾馆、医院等建筑物的卫生间或公共浴室内。浴盆一般设有冷、热水龙头或混合龙头，有的还配有淋浴设备。

4. 淋浴器

淋浴器与浴盆比较，具有很多优点：占地少、造价低、清洁卫生、耗水量少等。多用在工厂生活间、集体宿舍及体育馆等公共浴室内，如图 4-9 所示。

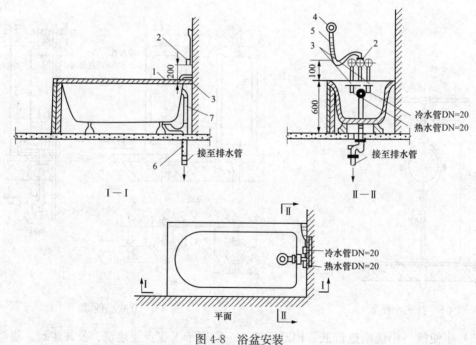

图 4-8　浴盆安装

1—浴盆；2—混合阀门；3—给水管；4—莲蓬头；5—给水软管；6—存水弯；7—排水管

（三）洗涤用卫生器具

洗涤用卫生器具主要有洗涤盆、化验盆、污水盆等。洗涤盆装设在厨房或公共食堂内，用来洗涤碗碟、蔬菜、水果等。化验盆装设在科研、机关、学校的实验室内。污水盆装设在公共建筑的厕所、盥洗室中，供洗涤拖布、倾倒污水及打扫厕所用。

（四）地漏和存水弯

1. 地漏

在卫生间、浴室、洗衣房及工厂车间内，为了排除地面上的积水，需装置地漏。地漏一般用铸铁或塑料制成，本身大都包含水封。地漏有 50、75、100mm 三种规格，厕所及盥洗室一般设置一个直径为 50mm 的地漏。有两个以上淋浴龙头的浴室应设置一个直径为 100mm 的地漏。地漏一般设置在地面最低处，地面做成 0.005～0.01 坡度坡向地漏，地漏篦子顶面，应较该处地面低 5～10mm。

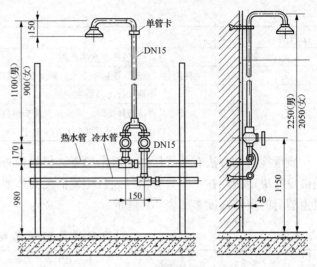

图 4-9 淋浴器安装

2. 存水弯

存水弯是一种弯管，在里面存着一定深度的水，这个深度称为水封深度。水封可以防止排水管网中所产生的臭气、有害气体或可燃气体通过卫生器具进入室内，因此，每个卫生器具的排出管上均需装设存水弯（附设水封的卫生器具除外）。存水弯的水封深度一般不小于 50mm。常用的存水弯有 P 形和 S 形，如图 4-10 所示。

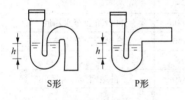

图 4-10 存水弯

二、卫生器具布置及安装

1. 布置原则

卫生器具的布置，应根据厨房、卫生间和公共厕所的平面位置、房间面积大小、建筑质量标准、有无管道竖井或管槽、卫生器具数量及单件尺寸等来布置，既要满足使用方便、容易清洁、占地面积小，还要充分考虑为管道布置提供良好的水力条件，尽量做到管道少转弯、管线短、排水通畅。

2. 卫生器具的安装

卫生器具安装前的质量检验是安装工作的组成部分。质量检验包括器具外形的端正与否、瓷质的细腻程度、色泽的一致性、有无损伤，各部分的几何尺寸是否超过表 4-1 所允许的偏差值。

表 4-1 卫生器具允许偏差值

序号	项目		单位	偏差值
1	外形尺寸		mm	±3
2	肥皂、手纸盒外观尺寸		mm	−3
3	安装尺寸	孔径小于等于 15	mm	2
		孔径 16～29		±2
		孔径 30～80		±3
		孔径大于 80		±5

续表

序号	项目	单位	偏差值
4	洗脸盆水嘴孔距	mm	±2
5	洗脸盆、水箱、洗涤槽下水口圆度变形直径	mm	3
6	小便器排出口圆度变形直径	mm	5
7	大便器及存水弯排出口、连接口圆度变形直径	mm	8
8	排出口中心距边缘尺寸公差小于等于300	mm	±10

质量检查的方法有外观检查、敲击检查、尺量检查和通球检查等。卫生器具的安装位置是由设计决定的，在一些只有器具大致位置而无具体要求的设计中，常常要现场定位。各种卫生器具的安装高度参照表4-2选定。

表4-2　　　　　　　卫生器具安装高度

编号	卫生器具名称		卫生器具边缘离地高度（mm）		备　注
			居住建筑和公共建筑	幼儿园	
1	污水盆（池）	架空式	800	800	
		落地式	500	500	
2	洗涤盆		800	800	
3	洗脸盆和洗手盆（有塞、无塞）		800	500	自地面至上边缘
4	盥洗槽		800	500	
5	浴盆		480		
6	蹲式大便器	高水箱	1800	1800	自台阶面至水箱底
		低水箱	900	900	自台阶面至水箱底
7	坐式大便器	外露排出管式	510	—	
	水箱	虹吸喷射式	470	370	自地面至水箱底
		冲落式	510	—	
		旋涡连体式	360		
8	小便器	立式	100	—	自地面至受水部分上边缘
		挂式	600	450	
9	小便槽		200	150	自地面至台阶面
10	妇女卫生盆		360		自地面至上边缘
11	饮水器		900		
12	化验盆		800	—	

三、排水管材

按照污水性质和成分、管道的设置地点和条件，建筑内部的排水管材主要有塑料管、铸铁管、钢管和带釉陶土管。

1. 塑料管

为了节约能源、保护环境，提高建筑物的使用功能，扩大化学建材的使用领域，目前在建筑内使用的排水管大多是塑料管。塑料管以合成树脂为主要成分，加入填充剂、稳定剂、增塑剂等填料制成。常用塑料管有聚氯乙烯（UPVC）管、聚丙烯（PP-R）管、聚乙烯（PE）管等。目前，在建筑内使用的排水塑料管是硬聚氯乙烯（UPVC）管，它具有质量轻、不结垢、不腐蚀、外表光滑、容易切割、便于安装等优点。但塑料管强度低、耐温性差、立管产生噪声、易老化、防火性能差等缺点。适用于建筑物内连续排放温度不大于40℃、瞬时排放温度不大于80℃的排水管道。排水塑料管的规格见表4-3。

表 4-3   建筑排水用硬聚氯乙烯塑料管规格

公称直径（mm）	40	50	75	100	150
外径（mm）	40	50	75	110	160
壁厚（mm）	2.0	2.0	2.3	3.2	4.0

塑料管通过各种管件来连接，图4-11为常用的几种塑料排水管件。

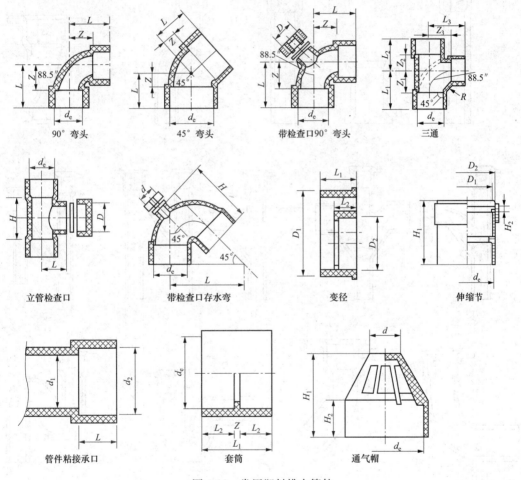

图 4-11   常用塑料排水管件

2. 铸铁管

按铸铁管所用材质不同，分为灰铸铁管、球墨铸铁管、高硅铸铁管；按其工作压力不同，可分为低压管、中压管、高压管。铸铁管具有耐腐蚀性能强、使用寿命长、价格低等优点，其缺点是脆性、质量大、长度小。排水铸铁直管包括排水铸铁承插直管和排水铸铁双承插口直管。排水铸铁承插口直管的规格见表4-4。

表 4-4　　　　　　　　　　　　　排水铸铁承插口直管的规格

内径（mm）	壁厚（mm）	管长（mm）	质量（kg/根）	内径（mm）	壁厚（mm）	管长（mm）	质量（kg/根）
50	5	1500	10.3	125	6	1500	29.4
75	5	1500	14.9	150	6	1500	34.9
100	5	1500	19.6	200	7	1500	53.7

　　对于建筑排水系统，铸铁管正逐渐被硬聚氯乙烯塑料管所取代，但在高层建筑中，柔性抗震铸铁管逐步得到应用，图 4-12 为柔性接口机制排水铸铁管管件。

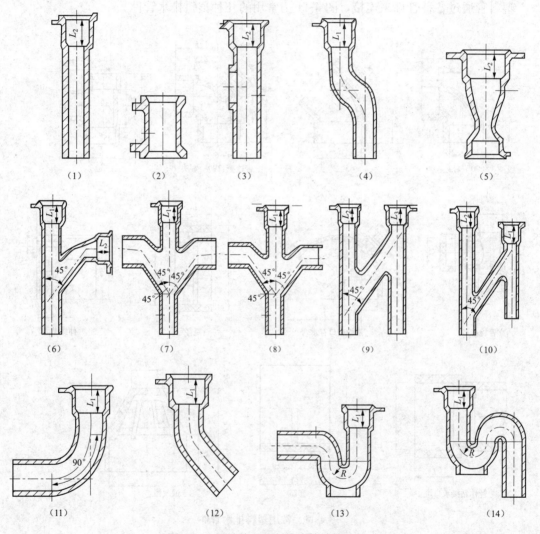

图 4-12　柔性接口机制排水铸铁管管件
（1）承插口式直管；（2）双承插口式直管；（3）双承插口式套管；（4）立管检查口；（5）弯曲管；
（6）TY 异径三通；（7）TY 四通；（8）TY 异径四通；（9）H 透气管；（10）H 异径透气管；
（11）90°弯头；（12）45°弯头；（13）P 形存水弯；（14）S 形存水弯

　　高层建筑和建筑高度超过 100m 的超高层建筑内，排水立管应采用柔性接口。近年来，国内生产的 GP-1 型柔性抗震排水铸铁管是当前较为广泛采用的一种，它采用橡胶圈密封，螺栓紧固，在内水压下具有曲挠性、伸缩性、密封性、抗震性等特点，施工方便。柔性抗震排水铸铁管的技术性能见表4-5。

表 4-5　　　　　　　　　　　柔性抗震排水铸铁管的技术性能

性能	条件及参数	效果
承受内压	内水压力不小于 0.4MPa，持续时间不小于 15min	无渗漏
轴向位移	内水压力不小于 0.4MPa，轴向位移不小于 20mm	无渗漏
横向振动曲挠	长度 2m 内水压不小于 0.15MPa，振动频率 1Hz，持续时间 5min 横向曲挠不小于±30mm	无渗漏
轴向振动	内水压力不小于 0.04MPa，振动频率不小于 1.6Hz，持续时间不小于 3min，轴向振动位移不小于±30mm	无渗漏

3. 钢管

钢管主要用作洗脸盆、小便器、浴盆等卫生器具与横支管间的连接短管，管径一般为 32、40、50mm。钢管可用于微酸性排水和高度大于 30m 的生活污水立管，也可用在机器振动比较大的地方。

钢管的连接方法有螺纹连接、法兰连接和焊接。

4. 带釉陶土管

陶土管是由塑性黏土按照一定比例加入耐火黏土和石英砂等焙烧而成，可根据需要制成无釉或单面釉陶土。带釉陶土管耐酸碱性、耐腐蚀，主要用于腐蚀性工业废水排放。

第三节　建筑排水管道的布置与敷设

室内排水管道的布置与敷设力求维修管理方便、水力条件好、使用可靠、经济美观、有利生产、管道经久耐用等。在设计过程中，应首先保证室内排水通畅和良好生活环境的前提下，兼顾给水管道、燃气管道、电力照明线路、通风空调等管线的布置和敷设要求。

一、排水管道的布置

排水管道所排泄的水，一般是使用后受污染的水，含有大量悬浮物，尤其是生活污水排水管道中会有纤维类和其他大块杂物进入，容易引起管道堵塞。在布置管道时要予以充分注意。排水管一般比较粗大，又由于所排的水温度较低，在夏天管壁外侧会产生凝结水。排水管随着塑料工业的发展，塑料管的强度、耐高温性能不断提高，且塑料管表面光滑，阻力小、耐腐蚀、施工方便，近年来被普遍采用。

1. 排水横支管的布置

横支管的布置位置，在底层可以埋设在地下，在楼层可以沿墙明装在地板上，或吊装在楼板下。若考虑美观要求，横支管可敷设在吊顶内，但必须考虑满足安装和维修的要求。横支管不宜过长，以免落差太大，一般不得超过 10m，尽量少转弯，一根支管连接的卫生器具不宜太多，以免阻塞。

2. 排水立管的布置

排水立管不得穿越对卫生和安静要求较高的房间，例如办公室、病房、卧室等，不宜靠近与卧室相邻的内墙。排水立管应布置在排水量大、水中杂质多、最脏的排水点处。立管一般布置在墙角明装。当建筑有较高要求时，排水立管一般暗设在专门的管井中。暗装时需考虑维修的方便，在检查口处设检修门。

3. 排出管的布置

布置排出管时应选取最短距离，以避免因管道过长而造成堵塞和加大管道埋深；在层数较多的建筑内底层的生活污水管可考虑单设排出管，防止底层卫生器具因受底部立管内出现过大正压等原因而造成污水外溢情况；排出管与给水引入管相邻布置时，其外壁水平间距不得小于 1.0m，以便于检修和防止对给水管道的污染。排出管可埋设在底层地下或悬吊在地下室的顶板下面。排出管的长度取决于室外排水检查井的位置，尽量避免在室内转弯，检查井的中心距建筑物外墙面不宜小于 3m。此外，所有的排水管道都应注意以下几个问题：

（1）排水管不得布置在遇水引起燃烧、爆炸或损坏的原料、产品和设备的上面。

（2）架空管道不得敷设在生产工艺或卫生有特殊要求的生产厂房内以及食品和贵重商品仓库、通风小室和变配电室内。

（3）排水管道不得布置在食堂、饮食业的主副食操作烹调的上方。当受条件限制不能避免时，应采取防护措施。

（4）排水管道不得穿过沉降缝、烟道和风道，并不得穿过伸缩缝。当受条件限制必须穿过时，应采取相应的技术措施。

（5）排水埋地管道不得布置在可能受重物压坏处或穿越生产设备基础。在特殊情况下，应与有关专业协商处理。

4. 通气管的布置

常见的通气管可分为伸顶通气管、专用通气管、环形通气管和器具通气管等。通气管与污水管的连接要求应遵循以下规定。

（1）伸顶通气管设置和连接方式。生活污水管道和散发有害气体的生产污水管道，均应设置伸顶通气管。具体做法：

污水排水立管的顶端延伸出屋顶，立管顶端设有通气帽，防止杂物进入排水管，堵塞管道，可以使排水管道中的有害气体排出室外，又可以向排水立管中补气。为了更好地发挥通气管的作用，伸顶通气管也不断被改进，如在伸顶通气管顶部装设负压进气装置，管道正压时，管内外空气不相通，当管道内出现负压时，从管外向管道内补气，以避免顶部出现负压，产生抽吸作用，破坏水封。

伸顶通气管适用于卫生器具不多、排水量小的十层以下的多层或低层建筑。有些建筑物不允许多根立管伸出屋顶，破坏美观，可以将伸顶通气管汇合在一起，在一处伸出屋顶，汇合后的管道为汇合通气管。

伸顶通气管不得与建筑物的风道或烟道连接；通气管高出屋面不得小于 0.3m，且必须大于该地区最大积雪厚度。在通气管口周围 4m 以内有门窗时，通气管口应高出窗顶 0.6m 或引向无门窗一侧。在经常有人停留的平屋面上，通气管口应高出屋面 2.0m，并应根据防雷要求考虑防雷装置。

污水立管上部的伸顶通气管管径可与污水管相同，但在最冷月平均气温低于 $-13℃$ 的地区，应在室内平顶或吊顶以下 0.3m 处将管径放大一级。

（2）专用通气管。专用通气管是与污水排水立管连接，为使污水排水立管内空气流通、增加排水立管的排水能力而设置的垂直通气管道。其作用是立管总负荷超过允许排水负荷时平衡立管内的压力。实践证明，这种做法对于高层民用建筑的排水支管承接少量卫生器具时，能起到保护水封的作用。

采用专用通气立管后，污水立管的排水能力可增加一倍。专用通气立管与排水立管并列设置，专用通气立管和排水立管的上端可在最高层卫生器具上边缘或检查口以上与排水立管通气部分以斜三通连接，下端应在最低排水横支管以下并与排水立管以斜三通连接，如图 4-13 所示。

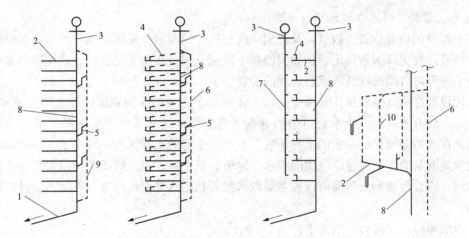

图 4-13 几种典型的通气形式
1—排出管；2—污水横支管；3—伸顶通气管；4—环形通气管；5—结合通气管；6—主通气立管；
7—副通气立管；8—污水立管；9—专用通气管；10—器具通气管

（3）环形通气管。环形通气管应在横支管上最始端的两个卫生器具之间接出，并应在排水支管中心线以上与排水支管成垂直或 45°连接，然后将环形通气管逐层与主通气立管或副通气立管连接，如图 4-13 所示。当排水横支管连接 6 个以上大便器，同时排水几率较大时，或接纳 4 个以上卫生器具，且管长大于 12m 时应设环形通气管。凡有环形通气管的场合都有通气立管。靠近排水立管处的为主通气立管，靠近横支管始端的为副通气立管。

（4）器具通气管。在卫生器具存水弯出口端高于卫生器具上边缘不小于 0.15m，按不小于 0.01 的坡度向上与通气立管相连的通气管段，可以防止卫生器具产生虹吸现象和噪声。适用于高级宾馆和要求较高的建筑。

（5）结合通气管。结合通气管是连接排水立管与通气立管的管段。其作用是当横支管排水时，排入立管时是正压区，正压区的气体可以通过结合通气管泄压，如排水管堵塞，污水可以通过卫生器具上边缘溢流，而不会进入通气管，不会影响通气管的功能。

结合通气管下端宜在排水横支管以下与排水立管以斜三通连接，上端可在卫生器具上边缘以上不少于 0.15m 处与主通气立管以斜三通连接。

通气管的管径应根据排水管负荷、管道长度确定，一般不小于排水管管径的 1/2。其最小管径可按表 4-6 确定。

表 4-6　　　　　　　　　　　　　　**通 气 管 最 小 管 径**

通气管名称	排水管管径（mm）						
	32	40	50	75	100	125	150
器具通气管	32	32	32	—	50	50	
环形通气管	—	—	32	40	50	50	
通气立管	—	—	40	50	75	100	100

通气管的管材可以采用塑料管、钢管等。一般的多层建筑，可以采用硬聚氯乙烯管；高层建筑的排水管可以采用钢管，对于大于 100m 的高层建筑，如采用铸铁管，则必须采用柔性接口。

5. 卫生器具、存水弯和地漏的设置

卫生器具的设置位置、数量以及选型，应根据使用要求、建筑标准、节约用水原则，以及相关的设计规定等因素确定。例如大便器一般应选用节水型大便器；公共场所设置小便器时，应采用延时自闭式冲洗阀或自动冲洗装置。

正确设置存水弯是建筑排水系统正常工作和安全卫生的重要保证。存水弯以及水封盒、水封井等，应有效地隔断排水管道中的有毒和有害气体进入室内，从而保证室内的环境卫生。因此存水弯必须保证一定的水封深度，一般存水弯的水封深度不得小于 50～100mm。

设置地漏是为了及时排除地面的积水。厕所、盥洗室、卫生间及其他需要经常从地面排水的房间，应设置地漏。地漏应设置在易溅水的器具附近地面最低处，地漏不宜设在排水支管顶端。

选择地漏时，应符合下列要求：

(1) 应优先选择直通式地漏。

(2) 卫生标准要求高或非经常使用地漏排水场所，应设置密闭地漏。

(3) 食堂、厨房和公共浴室等排水宜设置网框式地漏。

二、排水管道的敷设

1. 排水管道的敷设方式

排水管道根据建筑物性质与要求可采用明装与暗装。

(1) 明装。车间厂房、民用建筑等多以明装为主。明装方式施工维护检修方便、造价低，但存在不美观、不卫生、易集尘和结露等缺点。

(2) 暗装。宾馆、饭店、博物馆、展览馆等建筑对室内卫生要求高，并且从美观的角度考虑，一般采用暗装方式。立管设于管槽、管井内，或用装饰材料包装。横支管嵌设在管槽、楼板中或吊装在吊顶内。干管敷设于天花板内。暗装可增加建筑内的美观，但提高了建筑物的造价，维护检修也不方便。

2. 排水管道的敷设要求

(1) 埋深。为防止排水管受机械损坏，在一般厂房内，排水管的最小埋深应按表 4-7 执行。

表 4-7　　　　　　　　　　　　　　**排水管道的最小埋设深度**

管材	地面至管顶的距离（m）	
	素土夯实、缸砖、木砖地面	水泥、混凝土、沥青混凝土、菱苦地面
排水铸铁管	0.70	0.40
混凝土管	0.70	0.50

管材	地面至管顶的距离（m）	
	素土夯实、缸砖、木砖地面	水泥、混凝土、沥青混凝土、菱苦地面
带釉陶土管	1.00	0.60
硬聚氯乙烯管	1.00	0.60

（2）管道固定。排水管道的固定措施比较简单，排水立管用管卡固定，其间距不得超过3m；在承接管接头处必须设管卡。横管一般用箍吊在楼板下，间距视具体情况不得大于1.0m。

（3）管道敷设间距。从安装、维修、卫生考虑，排水立管管壁与墙面净距为25～35mm，以保证管道的安装与维修。

（4）穿楼板及基础。排水立管穿越楼层时，需预留孔洞，其尺寸一般比通过的管径大50～100mm，并且在通过楼板的立管外加一段套管，现浇楼板可预先埋入套管。室内排水管道穿过承重墙或基础时，应预留孔洞，使管道顶部与孔洞间的缝隙尺寸不得小于建筑物的沉降量，一般不宜小于0.15m。

具体尺寸见表4-8。

表4-8　预留孔洞尺寸

一、排水立管穿楼板预留孔洞尺寸				
管径（mm）	50	75～100	125～150	200～300
孔洞尺寸（mm）	100×100	200×200	300×300	400×400
二、排出管穿基础预留孔洞尺寸				
管径D（mm）	50～75		>100	
孔洞尺寸（mm）	300×300		$(D+300)×(D+200)$	

第四节　污废水提升和局部处理构筑物

一、污废水提升

在工业与民用建筑的地下室、人防地道和地下铁道等地下建筑物中，卫生器具的污水不能自流排至室外排水管道时，需设水泵和集水池等局部抽升设备，将污水抽送到室外排水管道中。

1. 污水泵及污水泵房

污水泵在选择时应优先选用潜水泵或液下污水泵，水泵应尽量设计成自灌式。公共建筑应以每个生活污水池为单元设置一台备用泵。地下室、设备机房、车库等清洗地面的排水，如有两台以上排水泵时，可不设备用泵。多台水泵可并联运行，优先采用自动控制装置。污水泵、阀门、管道等应选择耐腐蚀、大流量、不易堵塞的设备器材。

对污水泵房的位置及内部要求：

（1）不得设置在有特殊卫生要求的生产厂房和公共建筑内。

（2）不得设在有安静和防振要求的房间下面和临近地点。

（3）对上述建筑内设置污水泵时，必须在管道与水泵基础上设隔振措施。

（4）一般设在地下室或底层，应保证下列条件：通风良好，光线充足，干燥，不冰冻。

（5）对生活粪便污水与可能散发大量蒸汽或有害气体的工业废水，集水池必须与泵房分设在不同房间内。

（6）应考虑泵房地面因检修、冲洗的排水，设集水坑，并采用手摇泵等设备措施予以排除。

2. 集水池

集水池的有效容积，应按地下室内污水量大小、污水泵启闭方式和现场场地条件等因素确定。污水量大并采用自动启闭（不大于 6 次/h），可按略大于污水泵中最大一台水泵 5min 出水量作为其有效容积。对于污水量很小，集水池有效容积可取不大于 6h 的平均小时污水量，但应考虑所取小时数污水不发生腐化。

二、局部处理构筑物

当室内污水未经处理不允许直接排入城市排水系统或水体时需要设置局部水处理构筑物。常用的局部处理构筑物有化粪池、隔油池和降温池。

1. 化粪池

化粪池是一种利用沉淀和厌氧发酵原理去除生活污水中悬浮性有机物的最初级处理构筑物，由于目前我国许多小城镇还没有生活污水处理厂，所以建筑物卫生间内所排出的生活污水必须经过化粪池处理后才能排入合流制排水管道。化粪池的形状一般采用矩形，在污水量较少或地盘较小时，可采用圆形。为了改善处理条件，较大的化粪池往往用带空的间壁分为 2~3 隔间，化粪池的构造如图 4-14 所示。化粪池一般设置在庭院内建筑物背面靠近卫生间的地方，由于化粪池在运行过程中会产生可燃性有害气体，在清淘时会散发臭气，并且其埋

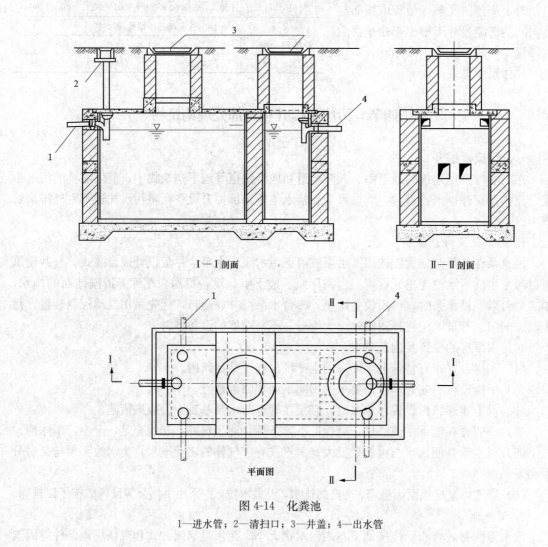

Ⅰ—Ⅰ剖面　　　　　　　　　Ⅱ—Ⅱ剖面

平面图

图 4-14　化粪池
1—进水管；2—清扫口；3—井盖；4—出水管

深较深，距离过近对建筑物基础有影响，故化粪池距地下取水构筑物不得小于30m，离建筑物净距不得小于5m。

化粪池容量的大小与建筑物的性质、使用人数、污水在化粪池中停留的时间等因素有关，通常经过计算确定。如估算所需化粪池容积时，可参照表4-9选择。

表 4-9　　　　　　　　　　　　　　化粪池的最大使用人数

序号	有效容积（m³）	建筑物性质及最大使用人数			
		医院、疗养院、幼儿园	住宅、集体宿舍、旅馆	办公楼、教学楼、工业企业生活间	公共食堂、影剧院、体育馆
1	3.75	25	45	120	470
2	6.25	45	80	200	780
3	12.50	90	155	400	1600
4	20.00	140	250	650	2500
5	30.00	210	370	950	3700
6	40.00	280	500	1300	5000
7	50.00	350	650	1600	6500

2. 隔油池

餐饮业厨房、食品加工车间的排水中含有较多的油脂，油脂会凝固在排水管壁面上，堵塞管道。因此在排入城市管网前，需要设置隔油池，去除污水中的浮油。汽车修理厂、汽车库以及其他类似场所排放的污水中含有汽油、煤油等，进入管道仍挥发并聚集于检查井，达到一定浓度会发生爆炸，在排放前也应设置隔油池。隔油池如图4-15所示。隔油池应有活动盖板，进水管应考虑清通方便。

为了便于利用积留油脂，粪便污水和其他污水不应排入隔油池内。对夹带杂质的含油污水，应在排入隔油池前，经沉淀处理或在隔油池内考虑沉淀部分所需的容积。

3. 降温池

一般城市排水管道允许排入的污水温度规定不大于40℃，所以当室内排水温度高于40℃时，

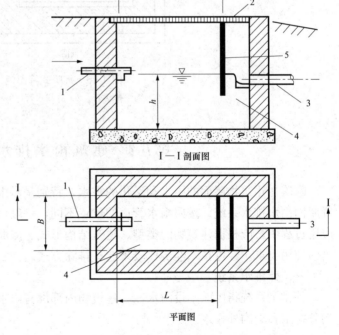

I—I 剖面图

平面图

图4-15　隔油池示意图

1—进水管；2—盖板；3—出水管；4—出水间；5—隔板

首先应尽可能将其热量回收利用。如不可能回收时，在排入城市管道前，应采取降温措施。一般在室外设降温池，用冷水加以混合，冷却至40℃以下排入城市管网。降温池一般设在

室外，设置成敞开式以利于降温。虹吸式降温池如图 4-16 所示。

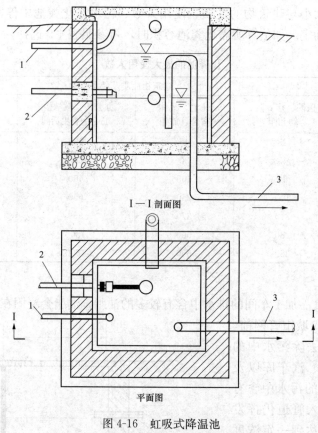

I—I 剖面图

平面图

图 4-16　虹吸式降温池
1—锅炉排污管；2—冷却水管；3—排水管

第五节　建筑雨水排水系统

　　降落在建筑物屋面的雨水和融化的雪水，特别是暴雨，在短时间内会形成积水，需要设置屋面雨水排水系统。按照雨水管道的位置不同，一般可分为内排水和外排水两种。在实际应用过程中，应根据建筑物的类型、建筑结构形式、屋面面积大小、当地气候条件及生产和生活使用要求，经过技术经济比较来选择排除方式。

　　一、外排水系统

　　外排水系统指屋面不设雨水斗，建筑物内部没有雨水管道的雨水排放方式。一般分为檐沟外排水和天沟外排水。

　　1. 檐沟外排水

　　对一般的居住建筑、屋面面积较小的公共建筑及单跨的工业建筑，雨水多采用屋面檐沟汇集，然后流入外墙的雨落管排至屋墙边地面或明沟内。若排入明沟，再经雨水口、连接管引到雨水检查井，如图 4-17 所示。雨落管多采用排水塑料管或镀锌铁皮制成，截面为矩形或半圆形，其断面尺寸约为 100mm×80mm 或 120mm×80mm，塑料管管径一般为 75mm

或 100mm；也有用石棉水泥管的，但其下段极易因碰撞而破裂，故使用时，其下部距地 1m 高应考虑保护措施（多有用水泥砂浆抹面）。工业建筑的雨落管也用铸铁管。水落管的间距：民用建筑间距为 12～16m；工业建筑间距为 18～24m。目前，UPVC 雨落管正在被广泛采用。

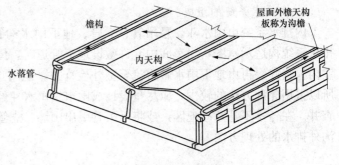

图 4-17　屋檐外排水

2. 天沟外排水

在多跨的工业厂房，中间跨屋面雨水的排除，过去常设计为内排水系统，这样在经济上增加了投资，在使用过程中常有检查井冒水现象。因此，近年来国内对多跨厂房常采用天沟外排水方式。天沟外排水系统由天沟、雨水斗和排水立管组成，如图 4-18 所示。这种排水方式的优点是可消除厂房内部检查井冒水问题，而且具有节约投资、节省金属材料、施工简便以及为厂区雨水系统提供明沟排水或减少管道埋深等优点。但若设计不善或施工质量不佳，将会发生天沟渗漏问题。

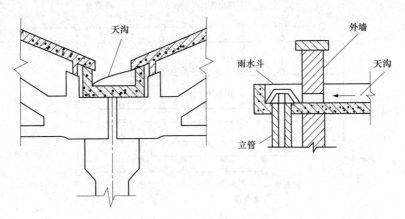

图 4-18　天沟外排水系统

天沟是指在屋面构造上形成的排水沟，图 4-19 是天沟布置示意图。天沟以伸缩缝为分水线坡向两端，其坡度不小于 0.005，天沟伸出山墙 0.4m。雨水斗沿外墙布置，降落到屋面上的雨水沿屋面汇集到天沟，沿天沟流至建筑物两端，入雨水斗，然后流入雨落管，排泄到地面、明沟、地下管沟或雨水管道。天沟流水长度应根据暴雨强度、建筑物跨度、屋面结构形式等综合因素确定，一般以 40～50m 为宜。

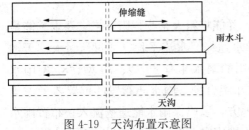

图 4-19　天沟布置示意图

二、雨水内排水系统

内排水系统指屋面设雨水斗，通过建筑物内部设置雨水管道的雨水排水系统。

1. 内排水系统的组成

内排水系统由雨水斗、悬吊管、立管、地下雨水沟管及清通设备等组成。图 4-20 为内排水系统构造示意图。当车间内允许敷设地下管道时，屋面雨水可由雨水斗经立管直接流入室内检查井，再由地下雨水管道流至室外检查井。但因这种系统可能造成检查井冒水现象，所以采用此种方法的较少，应尽量设计成雨水由雨水斗经悬吊管、立管、排出管流至室外检查井。在冬季不甚寒冷地区，或将悬吊管引出山墙，立管设在室外，固定在山墙上，类似天沟外排水的处理方法。

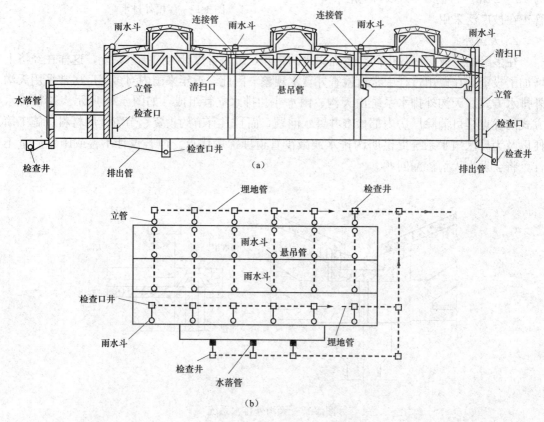

图 4-20　内排水系统构造示意图

2. 系统的布置和安装

(1) 雨水斗。雨水斗的作用是排除屋面雨雪水，并能将粗大杂物拦阻下来。要求其能最大限度和迅速排除屋面雨水（雪水）。因此，选用导水通畅、水流平稳、通过流量大、天沟水位低、水流中掺气量小的雨水斗。目前，我国常用的雨水斗有 65 型、79 型、87 型雨水斗、平箅雨水斗、虹吸式雨水斗等，图 4-21 为雨水斗组合图。雨水斗布置的位置要考虑集水面积比较均匀和便于与悬吊管及雨水立管连接的地方，以确保雨水能通畅流入。布置雨水斗时，应以伸缩缝或沉降缝作为屋面排水分水线，否则应在该缝的两侧各设一个雨水斗。雨水斗的位置不要太靠近变形缝，以免遇到暴雨时，天沟水位涨高，从变形缝上部流入车间内。常用雨水斗的基本性能见表 4-10。

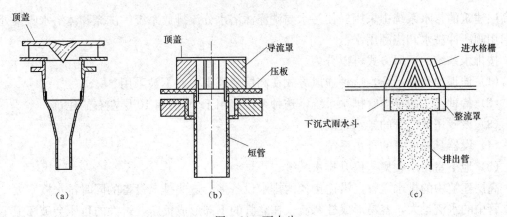

图 4-21 雨水斗

(a) 65 型雨水斗；(b) 79 型雨水斗；(c) 虹吸式雨水斗

表 4-10 常用雨水斗的基本性能

斗型	出水管直径 (mm)	进出口面积比	水力性能			材料
			斗前水深	稳定性	掺气量	
65	100	1.5：1	浅	稳定	较少	铸铁（塑料）
79	75、100、150、200	2.0：1	较浅	稳定	少	钢板（塑料）
87	75、100、150、200、250	2.5～3.0：1	较深	稳定	少	铸铁、钢（塑料）

（2）悬吊管。悬吊管是连接雨水斗和排水立管的管道，是内排水雨水系统中架空布置的横向管道。在工业厂房中，悬吊管常固定在厂房的桁架上，方便于经常性的维修清通，悬吊管需有不小于 0.003 的管坡，坡向立管。悬吊管管径不得小于雨水斗连接管的管径。当管径小于或等于 150mm，长度超过 15m 时，或管径为 200mm，长度超过 20m 时均应设置检查口。悬吊管应避免从不允许有滴水的生产设备的上方通过。悬吊管管材一般采用内壁较光滑的带内衬的承压铸铁管、承压塑料管、钢塑复合管等。

（3）立管。雨水立管接纳悬吊管或雨水斗流来的雨水，通常沿墙或柱子明装。立管上应装设检查口，检查口中心至地面的高度一般为 1m。立管管径应由计算确定，但不得小于与其连接的悬吊管的管径。一根立管连接的悬吊管根数不多于 2 根。

（4）地下雨水管道。地下雨水管道接纳各立管流来的雨水及较洁净的生产废水并将其排至室外雨水管道中去。其管径不得小于与其连接的雨水立管管径，也不得大于 600mm，因为管径太大时，埋深会增加，与旁支管连接也困难。埋地管常用混凝土或钢筋混凝土管，也可采用陶土管或石棉水泥管、塑料管等。

第六节 高层建筑排水系统

高层建筑排水设施的特点是其服务人数多、使用频繁、负荷大，特别是排水管道，一根立管负担的排水量大，流速快。因此要求排水设施必须可靠、安全，并尽可能少占用空间。

高层建筑的排水系统按排水体制分，有合流制和分流制。由于缺水，在一些缺水城市如北京、深圳，规定在面积超过 2 万 m^2 的建筑和建筑群中，要求建立中水系统。因此，在一些高层建筑的排水系统中采用粪便污水与洗涤沐浴水分流排放系统，洗涤和沐浴水收集处理后回用厕所冲洗水和浇洒用水。

按排水系统的通风方式可以分为

（1）伸顶通气管系统，这种通风方式在高层建筑中一般不被采用。

（2）特种接头的单立管排水系统，这种系统多用于 10 层和 10 层左右的建筑。

（3）设专用通气管的排水系统。

（4）设器具通气管的排水系统。

（5）地下室污水收集与提升排水系统。

高层建筑中的排水立管，沿途接入的排水设备多，这些排水设备的同时排水概率大，因此立管中的水流量大，容易形成柱塞流。在立管的下部形成负压，过大的负压会破坏卫生设备的水封，这是高层建筑排水系统中需要注意的问题。国外一些国家先后研制成功了多种新型的排水系统，如苏维托排水系统、旋流排水系统和芯型排水系统等。

一、苏维托排水系统

苏维托排水系统又称混流式排水系统，该系统是 1961 年瑞士苏玛研制成功的，它包括混合器和放气器两个管件。混合器装设在各楼层横排水支管接入立管的地方。由于混合器的特殊构造，它有一个"乙"字弯；在混合器内，对着横支管接入口，有一个隔板，并有一个扩大的小空间，如图 4-22 所示。

"乙"字弯是用来降低上游立管中水流速度的，上游水流经隔板处，可用隔板的缝隙吸入混合器空腔中的空气与排水横支管中的空气混合，使其成为气水混合体，以减轻其密度，减小其下落速度，从而减轻对水流上方的抽吸作用，同样也减小了对水流下方的增压作用。

混合器隔板的另一个作用是挡住排水横支管内入流的水流，使其只能沿着隔板的一侧引入立管，有引导水流附壁流的作用。这样在一定程度上改善了立管中的通气条件，使气压稳定。

放气器是装在立管底部的管件，其构造：正对立管轴线有个突块，用以撞击立管上部下来的水流。水流被撞击后，水中夹带的气体在分离室被分离，分离室就在突块的对面，分离室上方有个跑气口，被分离出来的空气通过分离室上的跑气口跑出，并被导入排出管排走，如图 4-23 所示。

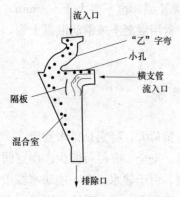

图 4-22　汽水混合接头配件

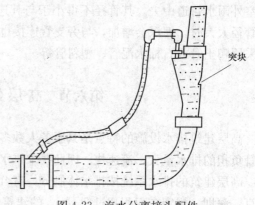

图 4-23　汽水分离接头配件

　　苏维托排水系统（见图 4-24）改善了排水立管中的水流状态，使气流通畅，使用水设备上的水封不被破坏，这种系统可用于一般的高层住宅，具有节省材料和节省投资的优点。

二、旋流单立管排水系统

　　旋流单立管排水系统也称塞克斯蒂阿排水系统，是法国科学技术中心于 1967 年提出的一项新技术。旋流单立管排水系统也是由两个管件起作用。一是安装于横支管与立管相接处的旋流器；二是立管底部与排出管相接处的大曲率导向弯头，如图 4-25 所示。

　　旋流器由主室和侧室组成。主侧室之间有一个侧壁，用于消除立管流水下落时对横支管的负压吸引。立管下端装有满流叶片，能将水流整理成沿立管纵轴旋流状态向下流动，这有利于保证立管内的空气芯，维持立管中压力稳定，能有效地控制排水噪声。

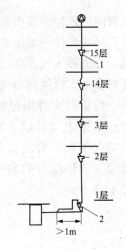

图 4-24　苏维托排水系统
1—汽水混合器；2—汽水分离器

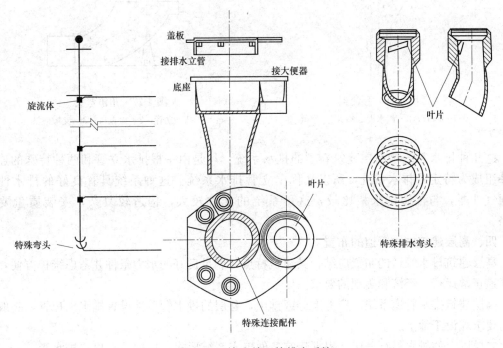

图 4-25　旋流单立管排水系统

　　大曲率导向弯头是在弯头凸岸设一导向叶片，叶片迫使水流贴向凹岸一边流动，减缓水流对弯头的撞击，消除部分水流能量，避免立管底部气压的太大变化，理顺水流。

三、芯型排水系统

　　芯型排水系统又称高奇马排水系统，是日本小岛德原在 1973 年开发的。它是由在各层排水横支管与立管连接处设的环流器及在排水主立管底部设的角笛弯头组成。

　　环流器外形呈倒圆锥形，平面上有 2～4 个横支管接入口的特殊配件，如图 4-26 所示。

立管向下延伸一段内管，不仅可以防止水舌割断，而且可使横支管出流"反弹"而沿壁面流动。环状配件下端呈 60°斜度的漏斗形状，其具有下列优点：立管中水流因扩散而减缓流动，并加强水气混合；水流沿漏斗面以水膜状下落，自然形成空气芯进入下段立管；加强立管与多个支管间的通气。

角笛弯头外形似犀牛角，大口径端承接立管，小口径端连接横干管，如图 4-27 所示。由于大口径以下有足够的空间，对立管下落水流起减速作用，并将污水中所夹带的空气集聚、释放。角笛弯头的小口径端与横干管端面上部也连通，能减少管中正压强度。这种配件的曲率半径较大，水流能量损失比普通配件小，从而增加了横干管的排水能力。

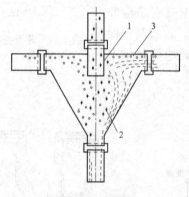

图 4-26　环流器
1—内管；2—汽水混合物；3—空气

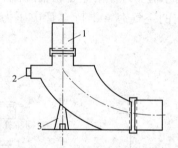

图 4-27　角笛弯头
1—立管；2—检查口；3—支墩

这几种排水系统是高层建筑新型的排水系统，均是由一根排水立管和两种特殊的连接配件组成为特定的排水系统，所以又称单立管排水系统。这种系统具有良好的排水性能和通气性能，与普通排水相比较，这种系统的配件较大，构造较复杂，安装质量要求严格。

四、高层建筑排水管道的布置

高层建筑排水管道的布置应结合其建筑特点，满足良好的水力条件并考虑维护方便，保证管道正常运行、经济和美观的要求。

高层建筑排水管道系统，应考虑分区排出，首层的排水管单独设置排水出户管，一般按坡度要求埋设于地下。

二层以上的排水另行分区，根据建筑条件确定系统形式，单独设立出户排水管。

地下室以下排水无法直接排入室外管道时应设置地下排水泵房，由污水泵提升排出。

高层建筑排出管应考虑采取防沉陷措施，即将出墙至第一个排水检查井的排水管段布置在管沟内，并用弹性支架支撑。

高层建筑由于管道数量多，常将立管设在管井中，管井上下贯穿各层，要求管井有足够的面积，保证管道安装间距和检修空间。管井的位置应设置在便于立管以最简捷的途径与各用水设备相连接的地方。

第七节　建筑给水排水工程施工图识读

一、建筑给水排水工程施工图的组成和内容

建筑给水排水工程施工图设计文件是以单项工程为单位编制的。文件由设计图（包括图纸目录、设计说明、平面图、剖面图、平面放大图、系统图、详图等）、主要设备材料表、预算书和计算书等组成。

1. 图纸目录

图纸目录的内容主要有序号、编号、图纸名称、张数等。一般先列出新绘制的图纸，后列出本工程选用的标准图，最后列出重复使用图。

2. 设计说明与图例表

设计说明主要说明那些在图纸上不易表达的，或可以用文字统一说明的问题，如工程概况、设计依据、设计范围、设计水量、水池容量、水箱容量、管道材料、设备选型、安装方法以及套用的标准图集、施工安装要求和其他注意事项等。图例表罗列本工程常用图例。

3. 建筑给水排水工程总平面图

建筑给水排水工程总平面图主要反应各建筑物的平面位置、名称、外形、层数、标高；全部给水排水管网位置（或坐标）、管径、埋设深度（敷设的标高）、管道长度；构筑物、检查井、化粪池的位置；管道接口处市政管网的位置、标高、管径、水流坡向等。

建筑给水排水工程总平面图可以全部绘制在一张图纸上，也可以根据需要和工程的复杂程度分别绘制，但必须处理好它们之间的相互关系。

4. 建筑给水排水工程平面图

建筑给水排水工程平面图是结合建筑平面图，反应各种管道、设备的布置情况，如平面位置、规格尺寸等，内容包括：①主要轴线编号、房间名称、用水点位置、各种管道系统编号（或图例）；②底层平面图包括引入管、排出管、水泵接合器、建筑物的定位尺寸、穿建筑外墙管道的标高、防水套管形式等，还应绘出指北针；③楼层建筑平面标高；④对于给水排水设备及管道较多时，如泵房、水池、水箱间、热交换器站、饮水间、卫生间、水处理间、报警阀门、气体消防储瓶间等，因比例问题，一般应另绘局部放大平面图（即大样图）。

5. 建筑给水排水工程系统图

建筑给水排水工程系统图主要反映立管和横管的管径、立管编号、楼层标高、层数、仪表及阀门、各系统编号、各楼层卫生设备和工艺用水设备的连接、室内外建筑平面高差、排水立管检查口、通风帽等距地（板）高度等。

建筑给水排水工程系统图有系统轴测图和展开系统原理图两种表达方式。展开系统原理图具有简洁、清晰等优点，工程中用得比较多。展开系统原理图一般不按比例绘制，系统轴测图一般按比例绘制。无论是系统轴测图还是展开系统原理图，复杂的连接点可以通过局部放大体现，如常见卫生间管道放大轴测图。

6. 安装详图

安装详图是用来详细表示设备安装方法的图纸，是进行安装施工和编制工程材料计划时的重要参考图纸。安装详图有两种：①标准图集，包括国家标准图集、各设计单位自编的图集等；②具体工程设计的详图（安装大样图）。详图的比例一般较大，且一定要结合现场情

况，结合设备、构件尺寸详细绘制，有时配合建筑给水排水剖面图表示。

7. 计算书

计算书包括设计计算依据、计算过程及计算结果，计算书由设计单位作为技术文件归档，不外发。

8. 主要设备材料表及预算

建筑给水排水工程施工图设备材料表中的内容包括所需主要设备、材料的名称、型号、规格、数量等。它可以单独成图，也可以置于图中某一位置。根据给水排水工程施工图编制的预算，也是施工图设计文件的内容之一。

二、建筑给水排水工程施工图识图的一般程序

识读建筑给水排水施工图的方法没有统一规定。通常是先浏览整个设计文件，了解整个工程概况，然后反复阅读重点内容，掌握设计要求。阅读时要把平面图、系统图和大样图联系在一起，一些技术要求要查规范。一开始接触施工图纸时，一般多按以下顺序阅读。

1. 阅读图纸目录以及标题栏

了解工程名称，项目内容，设计日期及图纸组成、数量和内容等。

2. 阅读设计说明和图例表

在阅读工程图纸前，要先阅读设计说明和图例表。通过阅读设计说明和图例表，可以了解工程概况、设计范围、设计依据、各种系统用（排）水标准与用（排）水量、各种系统设计概况、管材的选型及接口的做法、卫生器具选型与套用图集、阀门与阀件的选型、管道的敷设要求、防腐与防锈等处理方法、管道及其设备保温与防结露技术措施、消防设备选型与套用安装图集、污水处理情况、施工时应注意的事项等。阅读时要注意补充使用的非国家标准图形符号。常用建筑给排水图例见表 4-11、表 4-12。

表 4-11　　　　　　　　　　　　**常用建筑给水系统图例**

序号	名　称	图　例	备　注	序号	名　称	图　例	备　注
1	生活给水管	—— J ——	—	7	混合水嘴		—
2	管道立管	XL-1 平面　XL-1 系统	X 为管道类别 L 为立管 1 为编号	8	旋转水嘴		—
3	水嘴	平面　系统	—	9	浴盆带喷头混合水嘴		—
4	化验龙头		—	10	蝶阀		—
5	肘式龙头		—	11	卧式水泵	平面　系统 或	—
6	脚踏开关水嘴		—	12	潜水泵		—

序号	名 称	图 例	备 注	序号	名 称	图 例	备 注
13	淋浴喷头		—	16	法兰连接		—
14	管道泵		—	17	防护套管		—
15	浮球阀	平面　系统	—	18	止回阀		—

表 4-12 　　　　　　　　常用建筑排水系统图例

序号	名 称	图 例	序号	名 称	图 例
1	洗脸盆		11	小便槽	
2	透气帽	成品　蘑菇形	12	化粪池	HC
3	浴盆		13	隔油池	YC
4	化验盆、洗涤盆		14	水封井	
5	盥洗盆		15	阀门井、检查井	J-×× W-×× V-〜〜　J-×× W-×× V-〜〜
6	污水盆		16	水表井	
7	立式小便器		17	雨水口（单算）	
8	壁挂式小便器		18	排水明沟	坡向
9	蹲式大便器		19	排水暗沟	坡向
10	坐式大便器		20	清扫口	平面　系统

续表

序号	名　称	图　例	序号	名　称	图　例
21	雨水斗	YD-　　YD- 平面　　系统	23	方形地漏	平面　　系统
22	圆形地漏	平面　　系统	24	存水管	

3. 阅读建筑给水排水工程总平面图

通过阅读建筑给水排水工程总平面图，可以了解工程内所有建筑物的名称、位置、外形、标高、指北针（或风玫瑰图）；了解工程所有给水排水管道的位置、管径、埋深和长度等；了解工程给水、污水、雨水等接口的位置、管径和标高等情况；了解水泵房、水池、化粪池等构筑物的位置。阅读建筑给水排水工程总平面图必须紧密结合各建筑物建筑给水排水工程平面图。

4. 阅读建筑给水排水工程图

通过阅读建筑给水排水工程平面图，可以了解各层给水排水管道、平面卫生器具和设备等布置情况，以及它们之间的相互关系。阅读时要重点注意地下室给水排水平面图、一层给水排水平面图、中间层给水排水平面图、屋面层给水排水平面图等。同时要注意各楼层平面变化、地面标高等。

5. 阅读建筑给水排水系统图

通过阅读建筑给水排水工程系统图，可以掌握立管和横管的管径、立管编号、楼层标高、层数、仪表及阀门、各系统编号、各楼层卫生设备和工艺用水设备的连接，以及排水管的立管检查口、通风帽等距地（板）高度等。阅读建筑给水排水工程系统图必须结合各层管道布置平面图，注意它们之间的相互关系。

6. 阅读安装详图

通过阅读安装详图，可以了解设备安装方法，在安装施工前应认真阅读。阅读安装详图时应与建筑给水排水剖面图对照阅读。

7. 阅读主要设备材料表

通过阅读主要设备材料表，可以了解该工程所使用的设备，材料的型号、规格和数量，在编制购置设备、材料计划前要认真阅读主要设备材料表。

三、建筑给水排水工程平面图的识读方法

（一）建筑给水工程平面图的识读

1. 建筑给水工程平面图的识读方法

建筑给水工程平面图是以建筑平面图为基础（建筑平面以细线画出）表明给水管道、卫生器具、管道附件等的平面布置图样。

建筑给水工程平面布置图主要反映以下内容：①表明房屋的平面形状及尺寸、用水房间在建筑中的平面位置；②表明室外水源接口位置、底层引入管位置以及管道直径等；③表明给水管道的主管位置、编号、管径，支管的平面走向、管径及有关平面尺寸等；④表明用水器材和设备的位置、型号及安装方式等。

图 4-28 为某建筑底层给水管道平面布置图。从图 4-28 中可以看出，室外引入管自①、E 轴线相交处的墙角东面进入室内，通过底层水平干管分三路送水：第一路通过 JL1 送入女厕所的高位水箱和墩布池，第二路通过 JL2 送入男厕所的高位水箱和墩布池，第三路通过 JL3 送入男厕所小便槽的多孔冲洗管。

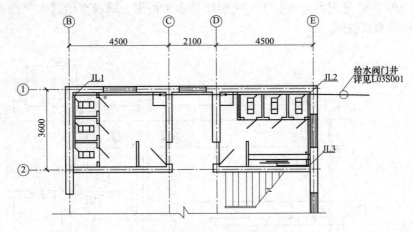

图 4-28 底层给水管道平面布置图

建筑给排水管道平面图是施工图纸中最基本和最重要的图纸，常用的比例是 1：100 和 1：50 两种。它主要表明建筑物内给排水管道、卫生器具和用水设备的平面布置。图上的线条都是示意性的，同时管配件如活接头、补心、管箍等画不出来。因此在识读图纸时还必须熟悉给排水管道的施工工艺。

在识读管道平面图时，先从目录入手，了解设计说明，根据给水系统的编号，依照室外管网——引入管——水表井——干管——支管——配水龙头（或其他用水设备）的顺序认真细读。然后要将平面图和系统图结合起来，相互对照识图。识图时应该掌握的主要内容和注意事项如下。

（1）表明用水设备（开水炉、水加热器等）和升压设备（水泵、水箱等）的类型、数量、安装位置、定位尺寸。各种设备通常是用图例画出来的，它只能说明器具和设备的类型，不能具体表示各部分的尺寸及构造，因此在识图时必须结合有关详图或技术资料，清楚这些器具和设备的构造、接管方式和尺寸。

（2）弄清给水引入管的平面位置、走向、定位尺寸，与室外给水管网的连接形式、管径等。

给水引入管通常都注上系统编号，编号和管道种类分别写在直径为 8～10mm 的圆圈内，圆圈通过圆心画一条水平线，线上面标注管道种类，如给水系统写"给"或写汉语拼音字母"J"表示，线下面标注编号，用阿拉伯数字书写。

（3）消防给水管道要查明消防栓的布置、口径大小及消防箱的形式与位置，消火栓一般装在消防箱内，但也可以装在消防箱外面。当装在消防箱外面时，消防栓应靠近消防箱安装。消防箱底距地面 1.10m，有明装、暗装、单门、双门之分，识图时都要注意弄清楚。

除了普通消防系统外，在物资仓库、厂房和公共建筑等重要部位，往往设有自动喷洒灭火系统或水幕灭火系统，如果遇到这类系统，除了弄清管路布置、管径、连接方法外，还要查明喷头及其他设备的型号、构造和安装要求。

（4）在给水管道上设置水表时，必须查明水表的型号、安装位置，以及水表前后阀门的设置情况。

2. 建筑给水工程平面图的识图实例

图 4-29～图 4-32 分别为某 6 层住宅底层给排水平面图、标准层给排水平面图、屋顶给排水平面图和给水系统图。

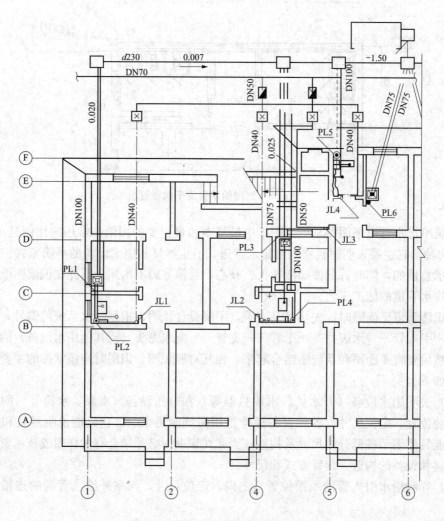

图 4-29 某住宅底层给排水平面图

从图 4-29 中可以看出，给水的相关内容：室外给水管为 DN70 塑料管，分两路引入，左边 DN50 引入管进入水表井后分开三支，分别送到左边户 JL1（1～3 层）、中间户 JL2（1～3 层）和右边户 JL4（1～3 层）。右边 DN50 引入管进入水表井，送到位于楼梯一侧的 JL3 户内供水情况以左边户为例加以说明。左边户用水由立管 JL1（JL'1）接出 DN25 支管，经截止阀、水表，首先供给水头，再给蹲便器供水，再拐弯穿墙，供给洗涤池水龙头。有关管径及标高在图中已注明。就屋顶给水平面而言，从图 4-30 和图 4-31 可见，水经 JL3，

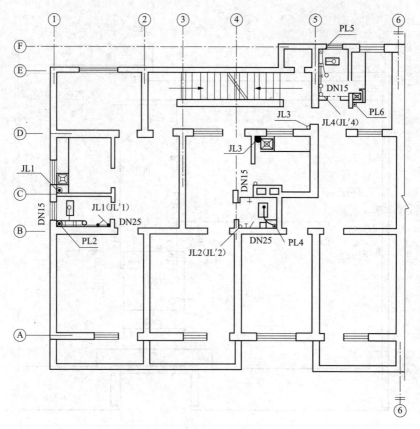

图 4-30 某住宅标准层给排水平面图

送到层面水箱内（端部设有两个浮球阀），水箱放空和溢流连成一体排出，从水箱底接出供
水主管，分别供给 JL′1、JL′2 和 JL′4。

（二）建筑排水工程平面图的识读

1. 建筑排水工程平面图的识读方法

建筑排水施工图主要包括排水平面图、排水系统图、节点详图及说明等。

对于内容简单的建筑，其给排水可以画在相同的建筑平面图上，可用不同线条、符号、
图例表示两者有别。

建筑排水平面图是以建筑平面图为基础画出的，其主要表示排水管道、排水管材、器
材、地漏、卫生洁具的平面布置、管径以及安装坡度要求等内容。

图 4-33 是某建筑室内排水平面图。从图 4-33 中可以看出，女厕所的污水是通过排水立
管 PL1、PL2 以及排水横管排出室外，男厕所的污水是通过排水立管 PL3、PL4 以及排水横
管排出室外的。

建筑排水平面图的排出管通常都注上系统编号，编号和管道种类分别写在直径为 8～
10mm 的圆圈内，圆圈内通过圆心画一水平线，线上面标注管道种类，排水系统写"排"或
写汉语拼音字母"P"或"W"；线下面标注编号，用阿拉伯数字书写。

识读建筑排水平面图时，在同类系统中按管道编号依次阅读，某一编号的系统按水流方
向顺序识图。排水系统可以依卫生洁具——洁具排水管（常设有存水弯）——排水横管——

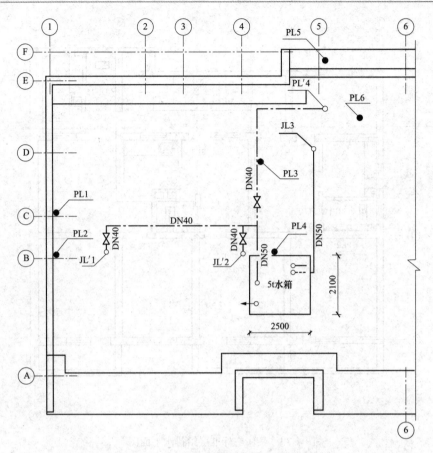

图 4-31　某住宅屋顶给排水平面图

排水立管——检查并逐步识图。识图时要注意以下几点。

（1）要表明卫生器具的类型、数量、安装位置、定位尺寸，查明给排水干管、立管、支管的平面位置与走向、管径尺寸及立管编号。从平面图上可以清楚地查明是明装还是暗装，以确定施工方法。

（2）有时为了便于清扫，在适当的位置设有清扫口的弯头和三通，在识图时也要加以考虑。对于大型厂房，特别要注意是否有检查井，检查井进出管的连接方式也要清楚。

（3）对于雨水管道，要查明雨水斗的型号及布置情况，并结合详图弄清雨水斗与天沟的连接方式。

（4）室内排出管与室外排水总管的连接是通过检查井来实现的，要了解排出管的长度，即外墙与检查井的距离。排出管在检查井内通常采用管顶平接。

（5）对于建筑排水管道，还要查明清通设备的布置情况、清扫口和检查口的型号和位置。

2. 建筑排水工程平面图的识读实例

图 4-34 为某三层办公楼给排水平面图，办公楼的三层中均在卫生间设有给排水设施。

从图 4-34 可以看出，一层排出管位置从左上角处通向室外，并在卫生间内设通向二层的排水立管。卫生间分前后室，前室设有盥洗槽和一个污水池，后室有三个蹲式大便器和小

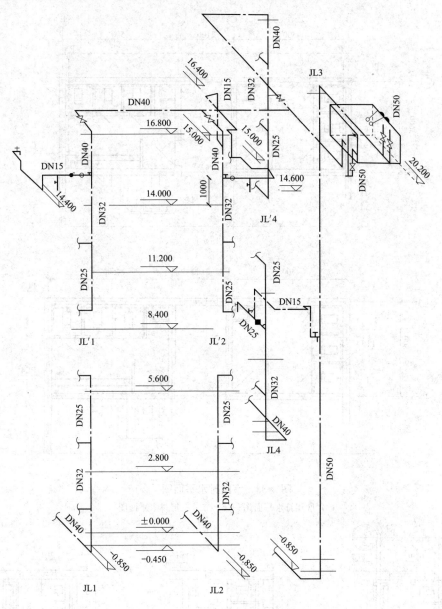

图 4-32 某住宅给水系统图

便池，左边排水横管连接大便池和污水池，右边排水横管连接小便池和盥洗槽。看二层平面图，二层与一层的区别是未表示排出管，而且二层卫生间后室没有设小便池，可知应该是女厕，其他均同一层平面图。三层与一层的区别是未表示出排出管，其他均同一层平面图。由图 4-34 可以看到，一层卫生间地面标高为 −0.020m，二层标高为 3.580m，三层标高为 7.180m。从管道标号可知，给水引入管有⊕⊕，给水立管有 JL1、JL2；排水排出管有⊕⊕，立管有 PL1、PL2。

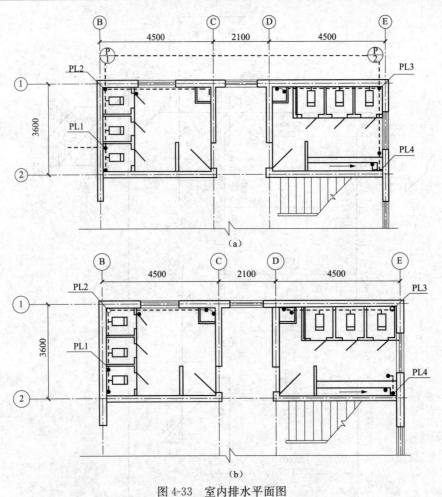

图 4-33　室内排水平面图

（a）底层排水平面图；（b）二、三层排水平面图

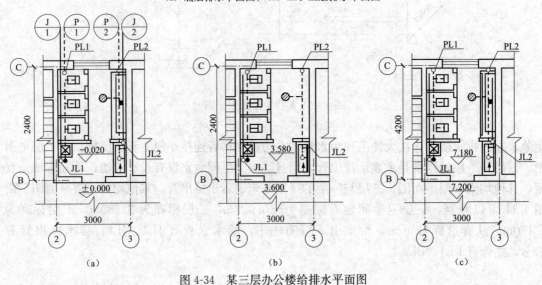

图 4-34　某三层办公楼给排水平面图

（a）一层给排水平面图；（b）二层给排水平面图；（c）三层给排水平面图

第五章 建筑消防工程

在水、泡沫、干粉、卤代烷、二氧化碳等灭火剂中，水具有使用方便、灭火效果好、来源广泛、价格便宜、器材简单等优点，是目前建筑消防的重要灭火剂。以水作为灭火剂的消防给水系统，根据工作范围不同，可分为市政消防给水系统、室外消防给水系统和室内消防给水系统，按压力和流量是否满足系统要求，可分为高压消防给水系统、临时高压消防给水系统和低压消防给水系统。根据灭火方式的不同，可分为消火栓给水系统和自动喷水灭火系统。本章介绍室内消火栓给水系统和自动喷水灭火系统。

第一节 室内消火栓系统及设置场所

一、消火栓给水系统的组成

室内消火栓给水系统一般由水枪、水带、消火栓、消防管道、消防水源、高位水箱、水泵接合器、增压设备及附件等组成。

1. 消火栓设备

消火栓设备是由消火栓、水带、水枪、消防按钮和玻璃门组成。消防按钮一般用于向消防中心报警，当系统为干式消火栓给水系统时，可用作启动消防水泵。

室内消火栓为 SN65 型，均为内扣式接口的球形阀式龙头，有单出口和双出口之分。SN65 的消火栓应配置公称直径 65 有衬里的消防水带。水带长度有 15、20、25、30m 四种规格，长度应根据计算后确定。建筑内消防水带长度不宜超过 25m。SN65 的消火栓宜配当量喷嘴直径 16mm 或 19mm 的消防水枪，但当消火栓设计流量为 2.5L/S 时，宜配当量喷嘴直径 11mm 或 13mm 的水枪。

消防软管卷盘和轻便消防水龙，如图 5-1 所示。火灾现场人员可用消防软管卷盘或轻便消防水龙扑灭初期火灾并减少水渍损失。消火栓可与消防软管卷盘或轻便水龙设置在同一箱

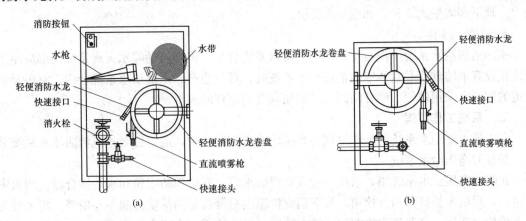

图 5-1 消防软管卷盘及轻便消防水龙示意图

（a）消防软管卷盘示意图；（b）轻便消防水龙示意图

体内。消防软管卷盘应配内径不小于 $\phi19$ 的消防软管，其长度宜为 30m；轻便水龙应配置公称直径 25 有内衬里的消防水带，长度宜为 30m。消防软管卷盘和轻便水龙的栓口直径为 25mm，应配置当量直径 6mm 的消防水枪。

2. 消防水源

消防水源包括市政给水、消防水池和天然水源。另外，雨水清水池、中水清水池、水景和游泳池宜作为备用消防水源。作为备用水源时，应保证在任何情况下均能满足消防给水系统所需的水量、水质的技术措施要求。

（1）市政给水。当市政给水管网连续供水时，消防给水系统可采用市政给水管网直接供水。市政给水管网应为环状管网，市政给水厂应至少有 2 条输水干管向市政给水管网输水，并且不同市政给水干管应有上不少于 2 条引入管向消防给水系统供水。

（2）消防水池。当城市给水管网或引入管不能满足消防用水量时，应设消防水池。消防水池用于无室外消防水源情况下，储存火灾持续时间内的消防水量。消防水池可设于室外地面下或地面上，也可设于地下室。消防水池应设有水位控制阀的进水管、溢水管、通气管、泄水管、出水管及水位指示器等装置。

（3）天然水源。井水等地下水源可作为消防水源，当井水作为消防水源向消防给水系统直接供水时，深井泵应能自动启动。在江、河、湖、海等水库天然水源丰富的地区，邻近的水源可作为城乡市政消防和建筑室外消防永久性天然消防水源。天然水源作为消防水源应采取防止冰凌、漂浮物堵塞水泵的措施。

3. 高位消防水箱

高位消防水箱对扑救初期火灾起着重要作用，水箱应设置在建筑物最高位置，采用重力流向管网供水，经常保持消防给水系统管网中有一定压力。消防用水与其他用水合并的水箱，应有消防用水不做他用的技术措施。水箱进出管应位于高位消防水箱最低水位以下，并应设置防止消防用水进入水箱的止回阀。

4. 水泵接合器

水泵接合器一端由室内消火栓给水管网底层干管引出，另一端接至室外，便于消防车使用的地点。当室内消防水泵发生故障或室内消防用水量不足时，消防车从室外消火栓、消防水池或天然水源取水，通过水泵接合器将水送至室内管网，供室内火场灭火。水泵接合器有地上、地下和墙壁式 3 种，如图 5-2 所示。

5. 管道、附件

室内消防给水系统不应与生产、生活给水系统合用，但当自动喷水灭火系统局部应用系统或仅设有消防软管卷盘和室内消防给水系统时，可与生产、生活给水系统合用。室内架空管道的阀门宜采用蝶阀、明杆闸阀或带启闭刻度的暗杆闸阀等。

二、系统工作原理

室内消火栓给水系统的工作原理与系统的给水方式有关，通常针对建筑消防给水系统采用的是临时高压给水系统。

在临时高压给水系统中，系统一般设有消防水泵、高位消防水箱和水泵接合器。当火灾发生后，现场人员打开消火栓箱，按下消火栓箱内报警按钮向消防控制中心报警，将水带与消火栓栓口连接，打开消火栓阀门，消火栓即可投入使用。在灭火初期，由高位消防水箱供水（水箱储存约 10min 消防水量）。消防水泵一般由水泵出水干管上设置的低压压力开关，

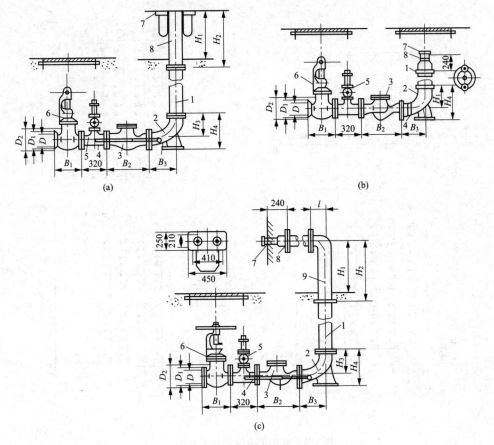

图 5-2 水泵接合器示意图

(a) SQ 型地上式；(b) SQ 型地下式；(c) SQ 型墙壁式

1—法兰接管；2—弯管；3—升降式单向阀；4—放水阀；5—安全阀；6—闸阀；7—进水接口；8—本体；9—法兰弯管

或高位消防水箱出水管的流量开关等，直接启动消防水泵。消防水泵从接到启泵信号应在 2min 内正常运转工作，消防水泵一旦起泵不得自动停泵，停泵应由具有管理权限的工作人员根据火灾扑救情况确定。另外，消防水泵还可以通过消防控制中心手动启动，或者通过消防控制柜紧急手动启动。当室内消防水量不足时，通过水泵接合器将消防车的供水输送到室内消火栓系统。

三、室内消火栓给水系统分类

1. 高压消防给水系统和临时高压消防给水系统

高压消防给水系统是指给水系统始终保持满足水灭火设施所需的系统工作压力和流量，火灾时无需消防水泵直接加压供水的系统。高压消防给水系统又可分为管网高压系统和重力高压系统。

临时高压消防给水系统是指平时不能满足水灭火设备所需的系统工作压力和流量，火灾时能直接自动启动消防水泵以满足水灭火设施所需压力和流量的系统。高压消防给水系统和临时高压消防给水系统如图 5-3（a）、（b）所示。

2. 独立消防给水系统和区域消防给水系统

独立室内消防给水系统是指每幢建筑设一个单独加压的室内消防给水系统。这种系统安

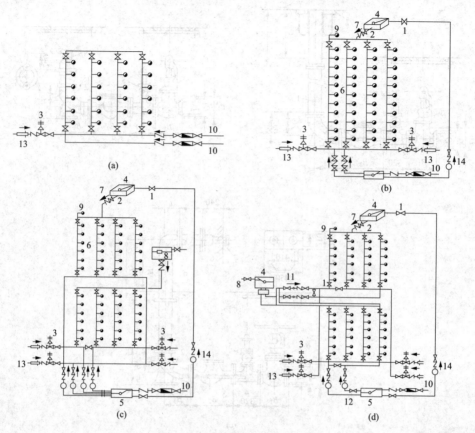

图 5-3　室内消火栓系统示意图

（a）常高压；（b）临时高压；（c）分区并联；（d）分区串联

1—阀门；2—止回阀；3—安全阀；4—浮球阀；5—水池；6—消火栓；7—高位水箱；8—低位水箱；9—屋顶试验用消火栓；
10—来自城市管网；11—高区消防水泵；12—低区消防水泵；13—消防水泵接合器；14—生活水泵

全性较高，但管理比较分散，投资也较大。在地震区人防要求较高的建筑物及重要建筑物，宜采用独立的室内消防给水系统。

区域消防给水系统是指 2 幢及以上建筑共用一套加压泵的室内消防给水系统。临时高压区域消防给水系统，工矿企业消防供水半径不宜大于 1200m，或占地不宜大于 200km²；居住小区消防供水保护面积不宜超过 50 万 m²；公共建筑宜为同一物业管理单位。

3. 不分区消防给水系统和分区消防给水系统

不分区消防给水系统是指整栋大楼采用一个供水系统。系统简单，设备少。当建筑消防系统压力较低时可采用此种给水方式。

分区消防给水系统应根据系统压力、建筑特征、综合技术经济和安全可靠性等因素确定。如图 5-3（c）、（d）所示。消火栓栓口处最大工作压力大于 1.2MPa 时，或系统的最高压力大于 2.4MPa 时，消防给水系统应分区供水。

四、消火栓设置场所

（1）下列建筑或场所应设置室内消火栓系统：

1）建筑占地面积大于 300m² 的厂房和仓库。

2）高层公共建筑和建筑高度大于 21m 的住宅建筑。

3）体积大于 5000m³ 的车站、码头、机场的候车（船、机）建筑、展览建筑、商店建筑、旅馆建筑、医疗建筑和图书馆建筑等单、多层建筑。

4）特等、甲等剧场，超过 800 个座位的其他等级的剧场和电影院等，以及超过 1200 个座位的礼堂、体育馆等单、多层建筑。

5）建筑高度大于 15m 或体积大于 10000m³ 的办公建筑、教学建筑和其他单、多层民用建筑。

（2）国家级文物保护单位的重点砖木或木结构的古建筑，宜设置室内消火栓系统。

（3）人员密集的公共建筑、建筑高度大于 100m 的建筑和建筑面积大于 200m² 的商业服务网点内，应设置消防软管卷盘或轻便消防水龙。高层住宅建筑户内宜配置轻便消防水龙。

（4）下列建筑或场所可不设置室内消防消火栓系统，但宜设置消防软管卷盘或轻便消防水龙：

1）耐火等级为一、二级且可燃物较少的单、多层丁、戊类厂房（仓库）。

2）耐火等级为三、四级且建筑体积不大于 3000m³ 的丁类厂房；耐火等级为三、四级且建筑体积不大于 5000m³ 的戊类厂房（仓库）。

3）粮食仓库、金库，远离城镇且无人值班的独立建筑。

4）存有与水接触能引起燃烧爆炸的物品仓库。

5）室内无生产、生活给水管道，室外消防用水取自储水池且面积不大于 5000m³ 的其他建筑。

第二节　自动喷水灭火系统的分类和组成

自动喷水灭火系统是一种发生火灾时，能自动打开喷头喷水灭火并同时发生火警信号的喷水灭火系统。自动喷水灭火系统具有安全可靠、经济实用、灭火成功率高的优点。据资料统计，在安装自动喷水灭火系统的建筑中，控、灭火的成功率高达 96% 以上，是当今世界上公认的最为有效的自救灭火设施之一。基于我国的发展现状，自动喷水灭火系统应在人员密集、不易疏散，外部增援灭火与救生较困难，以及重要或火灾危险性较大的场所中设置。

一、自动喷水灭火系统的分类

自动喷水灭火系统按喷头的开启形式，可分为闭式系统和开式系统；按报警阀的形式，可分为湿式系统、干式系统、干湿两用系统、预作用系统和雨淋系统等；按对保护对象的功能，可分为暴露防护型（水幕或冷却等）和控灭火型；按喷头的形式可分为传统型（普通）喷头，特殊应用喷头，快速响应喷头和早期抑制快速响应喷头等；还可以分为泡沫系统和泡沫喷淋联用系统等。

采用闭式洒水喷头的湿式系统、干式系统、干湿两用系统和预作用系统称为闭式系统。采用开式洒水喷头的雨淋系统和水幕系统称为开式系统。

二、自动喷水灭火系统的组成及特点

1. 湿式自动喷水灭火系统

湿式自动喷水灭火系统由闭式喷头、湿式报警阀组、水流指示器、压力开关、末端试水装置、管道和供水设施等组成，如图 5-4 所示。

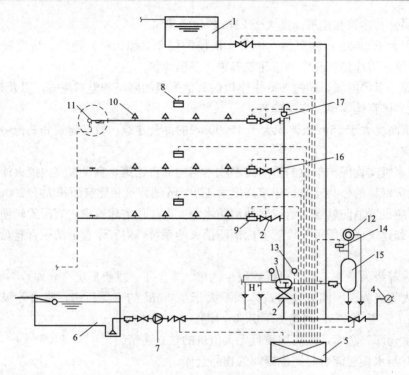

图 5-4　湿式自动喷水灭火系统

1—高位水箱；2—消防安全信号阀；3—湿式报警阀；4—水泵接合器；5—控制箱；6—储水池；7—消防水泵；
8—感烟探测器；9—水流指示器；10—闭式喷头；11—末端试水装置；12—水力警铃；13—压力表；14—压力开关；
15—延迟器；16—节流孔板；17—自动排气阀

　　湿式自动喷水灭火系统在准工作状态时，由高位水箱、稳压泵或气压给水设备等稳压设施维持管道内的充水压力。发生火灾时，在火灾温度的作用下，闭式喷头的热敏元件启动，喷头开启并喷水。此时，管道中水流通过水流指示器引起桨片随水流运动，电路接通，向消防控制器发出信号并显示喷头开启的位置。持续的喷水泄压，湿式报警阀上部的水压低于下部的水压，原来关闭的湿式报警阀在压差的作用下自动开启，压力水流向管网。

　　湿式自动喷水灭火系统为喷头常闭的灭火系统，平时管道中充满用于启动系统的有压水，具有灭火及时、扑救效率高的优点。管网中充满压力，当渗漏时会损坏建筑装饰和影响建筑使用。低温场所有使管内充水冰冻的危险和高温场所有使管内充水汽化破坏的危险，因此，该系统适用于环境温度 4～70℃的场所。

　　2. 干式自动喷水灭火系统

　　干式自动喷水灭火系统由闭式喷头、干式报警阀组、水流指示器、压力开关、管道、充气设备和供水设施组成，如图 5-5 所示。

　　在准工作状态时，由高位水箱、稳压泵或气压给水设备等稳压设施维持干式报警阀前（水源侧）管道内的充水压力，干式报警阀后（系统侧）充以有压气体，报警阀处于关闭状态。发生火灾时，闭式喷头受热启动，喷头开启，管道中的有压气体从喷头喷出，系统侧压力下降，造成干式报警阀水源侧压力大于系统侧压力，干式报警阀自动打开。压力水进入供水管道，将剩余的压缩空气从已打开的喷头喷出，加速排气阀打开将加速压缩气体排出，然后喷水灭火。

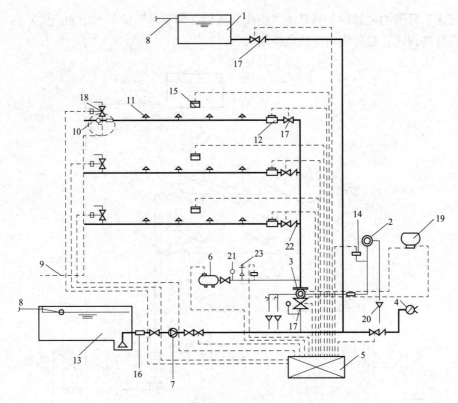

图 5-5　干式自动喷水灭火系统

1—高位水箱；2—水力警铃；3—干式报警阀；4—消防水泵接合器；5—控制箱；6—空压机；7—消防水泵；
8—水箱、水池进水管；9—排水管；10—末端试水装置；11—闭式喷头；12—水流指示器；13—水池；14—压力开关；
15—火灾探测器；16—过滤器；17—消防安全信号阀；18—排气阀；19—加速器；20—排水漏斗；21—压力表；
22—节流孔板；23—安全阀

干式系统与湿式系统的区别在于干式系统采用干式报警阀组，准工作状态时配水管道内充以空气等有压气体，为保持气压，需要配套补气设备。该系统的干式报警阀后平时不充水，对建筑装饰无影响，对环境温度也无要求。干式系统的闭式喷头开放后，配水管道有一个排气充水过程，系统开始喷水的时间将因排气充水过程而产生滞后，因此削弱了系统的控火、灭火能力。

3. 预作用自动喷水灭火系统

预作用自动喷水灭火系统由闭式喷头、预作用阀组、水流指示器、压力开关、管道及供水设施等组成，如图 5-6 所示。

在准工作状态时，由高位消防水箱（或稳压装置）维持预作用阀入口前（水源侧）管道内充水压力，预作用阀后（系统侧）的管道内平时无水的空管或充以有压气体。对于准工作状态时严禁误喷的场所，发生火灾时，由火灾自动报警系统自动开启预作用阀，配水管网开始排气充水，使系统在闭式喷头动作前转换成湿式系统，并在闭式喷头开启后立即喷水。报警阀启动同时，系统压力开关启动，自动启动消防水泵。

预作用系统适用于不允许误喷而造成水渍损失的一些重要等级建筑物内，也可用于替代干式系统。而对于严重危险级和仓库危险级场所不宜选用，原因是"火灾自动报警系统和配水管道充水"环节的可靠性，对系统"喷头开放后立即喷水"的基本功能产生影响，而且随着危险等级的提高，这种影响将使危险增大。

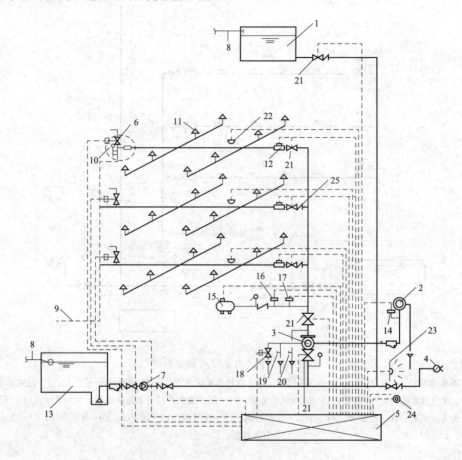

图 5-6　预作用自动喷水灭火系统

1—高位水箱；2—水力警铃；3—预作用阀；4—消防水泵接合器；5—控制箱；6—排气阀；7—消防水泵；
8—水箱、水池进水管；9—排水管；10—末端试水装置；11—闭式喷头；12—水流指示器；13—水池；14—压力开关；
15—空压机；16—低压报警压力开关；17—控制空压机压力开关；18—电磁阀；19—手动启动阀；20—泄放阀；
21—消防安全信号阀；22—探测器；23—电警铃；24—应急按钮；25—节流孔板

4. 雨淋喷水灭火系统

雨淋喷水灭火系统由开式洒水喷头、雨淋阀、压力开关、火灾探测传动系统或火灾探测报警设备、控制阀、管道及供水设施等组成，如图 5-7 所示。

系统处于准工作状态时，由高位消防水箱（或稳压设备）维持雨淋阀进口前（水源侧）管道内的充水压力。发生火灾时，由火灾自动报警系统或传动管自动控制开启雨淋阀向管网系统供水，使该雨淋阀控制的管道上所有开式喷头同时喷水。同时，通向水力警铃通道打开，声音报警，压力开关报警并自动启动消防泵。

雨淋阀的自动控制有三种方法：

（1）湿式控制法，通过湿式先导管的闭式喷头受热爆破，喷头出水泄压，雨淋阀控制室压力下降，雨淋阀打开。

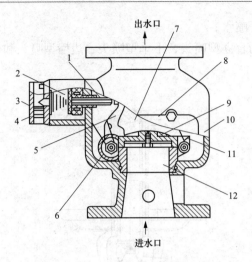

图 5-7　雨淋阀的构造

1—驱动杆总成；2—侧腔；3—固锥弹簧；4—节流孔；5—锁止机构；6—复位手轮；7—上腔；8—检修盖板；
9—阀瓣总成；10—阀体总成；11—复位扭簧；12—下腔

（2）干式控制法，通过充有有压气体的先导管上的闭式喷头受热爆破，喷头排气泄压，控制室压力下降，雨淋阀开启。

（3）电气控制法，保护区内火灾自动报警系统探测到火灾后，发出信号，打开电磁阀放水，控制室压力下降，雨淋阀打开。

雨淋系统具有出水量大、灭火及时的优点，因此，雨淋系统主要适应火灾水平蔓延速度快，闭式喷头的开放不能及时使喷水有效覆盖着火区域；室内净空超过一定高度，且必须迅速扑救初期火灾的建筑；以及火灾危险等级为严重危险Ⅱ级的区域。

5. 水幕系统

水幕系统由开式洒水喷头或水幕喷头、雨淋报警阀或感温雨淋阀、水流报警装置（压力开关等）、管道及供水设施组成。

水幕系统同属雨淋报警阀组（或感温雨淋阀）的开式系统，系统控制原理与喷淋系统基本一致，但与雨淋系统的不同之处在于水幕系统不具备直接灭火能力，而是用于挡烟阻火和冷却分隔物。

防火分隔水幕系统利用密集喷洒形成的水墙或多层水幕封堵防火分区处的开口，阻挡烟气和火灾的蔓延。防火冷却水幕则利用喷水在防卷帘、防火玻璃等防火分隔设施表面形成冷却水膜，保护防火分隔设施的完整性和隔热性。

第三节　自动喷水灭火系统主要组件

一、洒水喷头

1. 喷头类型

（1）闭式喷头。根据感温元件可分为玻璃球洒水喷头和易燃金属洒水喷头。闭式喷头具有释放机构，由内设彩色膨胀液体的玻璃球或易熔材料制成的易熔元件和密封垫组成。平时闭式喷头的出水口由释放机构封闭，发生火灾后达到喷头的开启温度时，玻璃球破裂或易熔元件熔化脱落，喷头打开喷水。

　　按照安装方式可分为直立型喷头、下垂型喷头、边墙型喷头和吊顶型喷头。干式下垂型喷头如图 5-8 所示。

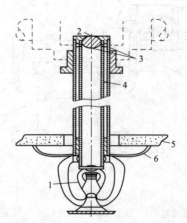

图 5-8　干式下垂型喷头

1—热敏感元件；2—钢球；3—钢球密封圈；4—套筒；5—吊顶；6—装饰罩

　　闭式喷头公称动作温度和色标，见表 5-1。

表 5-1　　　　　　　　　　闭式喷头公称动作温度和色标

名称	公称动作温度（℃）	色标	名称	公称动作温度（℃）	色标
易熔合金喷头	57～77	本色	玻璃球喷头	57	橙
	79～107	白		68	红
	121～149	蓝		79	黄
	163～191	红		93	绿
	204～246	绿		141	蓝
				227	黑

　　响应时间指数（RTI）是闭式喷头的热敏性能指标。根据热敏性能指标可分为标准响应喷头、特殊响应喷头、快速响应喷头和早期抑制快速响应喷头（ESFR）。

　　（2）开式喷头。开式喷头根据用途可分为开启式和水幕式，如图 5-9 所示。

　　2. 喷头选择

　　（1）湿式自动喷水灭火系统，在无吊顶的场所应采用直立型喷头，在有吊顶的场所应采用下垂型喷头或吊顶型喷头。顶板为水平的轻危险级、中危险级住宅建筑和其他类的居住场所及办公室，可采用边墙型喷头。

　　（2）干式和预作用自动喷水灭火系统，应采用直立型喷头或干式下垂型喷头。

　　（3）水幕系统：防火水幕应采用开式洒水喷头或水幕喷头；防护冷却水幕应采用水幕喷头。

　　（4）雨淋系统的防护区内应采用相同的喷头。

　　（5）闭式系统的喷头，其均匀动作温度应高于环境最高温度 30℃。同一间隔内应采用相同热敏性能的喷头。

　　（6）公共娱乐场所，中庭环廊，医院、疗养院的病房及治疗区域；老年、少儿、残疾人的集体活动场所；超出消防水泵接合器供水高度的楼层；地下商业场所，宜采用快速响应喷头。

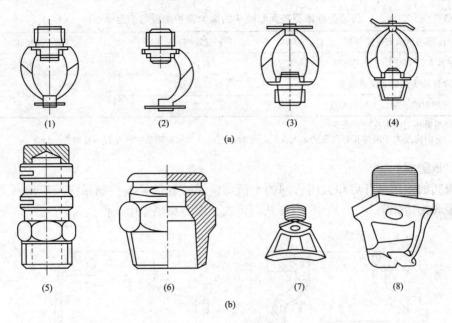

图 5-9 开式喷头

（a）开启式洒水喷头：（1）双臂下垂型；（2）单臂下垂型；（3）双臂上垂型；（4）双臂边墙型；

（b）水幕喷头：（5）双隙式；（6）单隙式；（7）窗口式；（8）檐口式

3. 喷头设置要求

（1）直立型、下垂型标准覆盖面积喷头的布置应根据设置场所的火灾危险等级、喷头类型和工作压力确定，并不应大于表 5-2 的规定，且不应小于 1.8m。

表 5-2　　　　　　　　直立型、下垂型标准覆盖面积喷头的布置间距

火灾危险等级	正方形布置的边长（m）	矩形或平行四边形布置的长边边长（m）	一只喷头的最大保护面积（m²）	喷头与端墙的距离（m）	
				最大	最小
轻危险级	4.4	4.5	20.0	2.2	
中危险级Ⅰ级	3.6	4.0	12.5	1.8	
中危险级Ⅱ级	3.4	3.6	11.5	1.7	0.1
严重危险级、仓库危险级	3.0	3.6	9.0	1.5	

注　1. 设置单排喷头的闭式系统，其喷头间距应按地面不留漏喷空白点确定。
　　2. 严重危险级或仓库危险级场所宜采用 $K > 80$ 的喷头。

（2）直立型、下垂型扩大覆盖面积喷头的布置间距不应大于 4.8m，且不应小于 2.4m；与末端长的最大距离不应大于 2.4m，且不应小于 100mm。

（3）直立型、下垂型喷头的溅水盘与顶板的距离不应小于 75mm，不应大于 150mm。

（4）边墙型标准覆盖面积喷头的最大保护跨度与间距，应符合表 5-2 的规定。

（5）边墙型扩大覆盖面积喷头的最大保护跨度和配水支管上喷头间距，应按喷头工作压力下能够喷湿对面墙和邻近墙距测水盘 1.2m 高度下的墙面确定，且保护面积内的喷水强度应符合表 5-3 的规定。

表 5-3　　　　　　　　　　　　边墙型标准覆盖面积喷头的最大保护跨度与间距（m）

设置场所火灾危险等级	轻危险级	中危险级Ⅰ级
配水支管上喷头的最大间距	3.6	3.0
单排喷头的最大保护跨度	3.6	3.0
两排相对喷头的最大保护跨度	7.2	6.0

注　1. 两排相对喷头应交错布置。
　　2. 室内跨度大于两排相对喷头的最大保护跨度时，应在两排相对喷头中间增设一排喷头。

二、报警阀

报警阀的作用是开启和关闭管网的水流，传递控制信号至控制系统并启动水力警铃报警。报警阀构造如图 5-10 所示。有湿式、干式、雨淋和预作用 4 种。

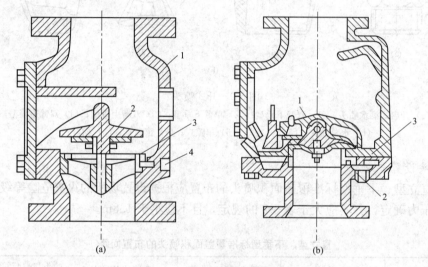

图 5-10　报警阀构造示意图
(a) 座圈型湿式阀：1—阀体；2—阀瓣；3—沟槽；4—水力警铃接口
(b) 差动式干式阀：1—阀瓣；2—水力警铃接口；3—弹性隔膜

1. 报警阀选择和工作原理

（1）湿式报警阀用于湿式自动喷水灭火系统。平时阀片前后水压相同，靠阀片重力关闭阀门。喷头喷水后阀片上部（系统侧）水压下降，阀片向上移动，阀门开启通水。此时，被阀片关闭的环形槽打开，水沿着槽内的管孔流向延时器、压力开关和水力警铃，发生火警信号并启动消防水泵。

（2）干式报警阀用于干式自动喷水灭火系统。报警阀的阀瓣将阀门分成两部分，出口侧与系统管路相连，内充压缩空气，进口侧与水源相连，配水管道中的气压抵住阀瓣，使配水管道始终保持干管状态。喷头开启后，配水管内的压力迅速降低，干式报警阀自动开启，水流进配水管网。其后续的一系列动作类似于湿式报警阀。

（3）雨淋阀用于雨淋系统，水幕系统等。雨淋阀的阀腔分成上腔、下腔和控制腔三部分。控制腔与供水管道相通，中间设限流传压孔板，平时靠供水压力为锁定机构提供力矩，把阀瓣锁定在阀座上，阀瓣使下腔的水不能进入上腔。控制腔泄压时，作用在锁定机构上的力矩低于供水压力作用在阀瓣上的力矩，于是阀瓣开启，供水进入喷水管网。同时，压力开关、水力警铃发出报警信号并启动消防水泵。雨淋阀是水力控制阀，可以通过电动、液体、气压和机械方式开启。

（4）预作用阀。预作用阀用于预作用自动喷水灭火系统。预作用阀是由雨淋阀和湿式报警阀上下串接而成，雨淋阀位于供水侧，湿式报警阀位于系统侧。发生火灾后，常以探测系统启动雨淋阀，并打开快速排气阀，系统排气充水，管网系统变成湿式系统。

2. 报警阀的设置

自动喷水灭火系统应根据不同的系统选用相应的报警阀。保护室内钢屋架等建筑构件的闭式系统，应设独立的报警阀，水幕系统应设独立的报警阀或感温雨淋报警阀。

一个报警阀控制的喷头数，对于湿式系统、预作用系统不宜超过 800 只，对于干式系统不宜超过 500 只。串联接入湿式系统配水干管的其他自动喷水系统，应分别设置独立的报警阀，其控制的喷头数计入湿式报警阀控制的喷头总数。每个报警阀供水的最低喷头高差不宜大于 50m。

报警阀宜设在安全及易于操作的地点，报警阀距地面的高度宜为 1.2m。水力警铃的工作压力不应小于 0.05MPa，且与报警阀连接的管道管径应为 20mm，总长不宜大于 20m。

控制阀安装在报警阀的入口，处于常开状态。控制阀应采用信号阀，当不采用信号阀时，控制阀应设锁定阀位的锁具。

预作用系统、雨淋系统和自动控制的水幕系统应同时具备下列三种启动方式：自动控制；消防控制室（盘）手动远程控制；水泵控制柜或报警阀现场应急操作。

三、延迟器

延迟器是一个容器罐，用于湿式自动喷水灭火系统，具有防止系统误报警的功能。安装在报警阀与报警装置之间的管道上，当配水管网渗漏，有可能引起报警阀微小开启，则水从报警管孔流入延迟器，然后从延迟器下部的排水孔排出，延迟器不充满水，避免误报警。当报警阀持续开启，水流才源源不断流入延迟器，罐内有一个阀芯，在水的重力作用下，阀芯下降堵死排水口，20~30s 充满延迟器，并从其顶部的出水管流向压力开关和水力警铃，发生报警信号。

四、水流指示器

水流指示器是用于自动喷水灭火系统中，将水流信号转换成电信号的一种水流报警装置，一般用于湿式、干式和预作用系统，如图 5-11 所示。

平时水流指示器的叶片与水流方向垂直，喷头开启引起管道内水的流动，当叶片在水流的作用下偏转，开启微型开关，接通延时线路，延时线路开始计时。达到延时设定的时间后，叶片仍向水流方向偏转无法复位，电触点闭合发出信号。

水流指示器的功能是及时报出火灾发生的位置信息。在没有闭式系统的建筑中，每个楼层和每个防火分区均应分别设水流指示器。仓库内顶板下喷头与货架内喷头应分别设水流指示器。当水流指示器入口前设控制阀时，应采用信号阀。

五、末端试水装置

末端试水装置应用于湿式系统、干式系统和预作用系统，测试水流指示器、报警阀、压力开关、水力警铃的动作是否正常，配水管道是否畅通，以及最不利点处的喷头工作压力等。主要由试水阀、压力表和试水接头组成，如图 5-12 所示。

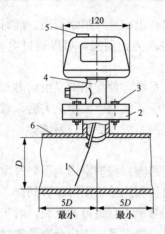

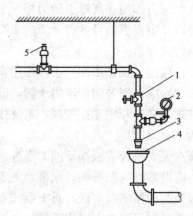

图 5-11　螺纹式和法兰式水流指示器　　　　　图 5-12　末端试水装置
1—桨片；2—法兰底座；3—螺栓；　　　　　　1—截止阀；2—压力表；3—试水接头；
4—本体；5—接线孔；6—管道　　　　　　　　4—排水漏斗；5—最不利点处喷头

　　每个报警阀组控制的最不利点喷头处应设末端试水装置，其他防火分区楼层均应设直径为 25mm 的试水阀。试水接头流量系数，应等同于同楼层或防火分区内的最小流量系数喷头。末端试水装置的出水，应采取孔口出流的方式排入排水管道，排水立管宜设伸顶通气管，且管径不应小于 75mm。

六、管道

　　配水管道应采用内外壁热镀锌钢管或涂覆钢管，以及铜管、不锈钢管和氯化聚氯乙烯（PVC-C）消防专用管。涂覆钢管和氯化聚氯乙烯消防专用管仅用于湿式系统。镀锌钢管、涂覆钢管应采用沟槽式连接件（卡箍）、丝扣或法兰连接。配水管道的工作压力不应大于 1.2MPa。

　　配水管两侧每根配水支管控制的标准流量喷头数，轻危险级、中危险级场所不应超过 8 只，严重危险级及仓库危险级场所均不应超过 6 只。短立管及末端试水装置连接管的管径不应小于 25mm。

　　水平安装的管道宜有坡度，并应坡向泄水阀。充水管道的坡度不宜小于 2‰，准工作状态不充水管道的坡度不宜小于 4‰。

第六章　供　暖　工　程

建筑供暖系统是为了维持建筑物室内所需的空气温度而向其供给热量设置的管道、设备和附件等工程设施，其主要目的和任务就是满足人们日常生活和生产所需要的大量热能。

第一节　供暖系统的分类与组成

一、分类

（1）按供暖系统使用热媒不同，可分为热水供暖和蒸汽供暖系统。

以热水做热媒的供暖系统，称为热水供暖系统；以蒸汽做热媒的供暖系统，称为蒸汽供暖系统。

（2）按供暖系统中使用的散热设备不同，可分为散热器供暖系统、热风供暖系统、地板辐射供暖系统等。

以各种对流散热器或辐射对流散热器设备的热水或蒸汽供暖系统，称为散热器供暖系统。对流散热器是指全部或主要靠对流传热方式而使周围空气受热的散热器；辐射对流散热器是以辐射传热为主的散热设备。以热空气作为传热媒介的供暖系统，称为热风供暖系统。一般指用暖风机、空气加热器等散热设备将室内循环空气加热或与室外空气混合再加热，向室内供给热量的供暖系统；地板辐射供暖系统是指利用建筑物内部地面作为辐射面进行供暖的系统。地面除以对流换热方式加热周围空气外，还与周围的围护结构进行辐射换热，辐射换热量通常占总换热量的 50% 以上。低温热水地板辐射供暖是一种优良的房间加热方式，在世界各地拥有众多用户。

（3）按供暖系统中散热方式的不同，分为对流供暖系统和辐射供暖系统。

利用对流换热或以对流换热为主散热给室内的供暖系统，称为对流供暖系统。热风供暖系统是以热空气作为传热媒介的对流供暖系统。以辐射传热为主散热给室内的供暖系统，称为辐射供暖系统。利用建筑物内部顶棚、地板、墙壁或其他表面作为辐射散热面进行供暖是典型的辐射供暖系统。

（4）按供暖范围的不同，分为局部供暖、集中供暖和区域供热。

局部供暖是指供暖系统的 3 个主要组成部分，即热源、输热管道和散热设备，在构造上连成一个整体，供暖分散在各个房间里的供暖方式，如火炉供暖、电热供暖等。集中供暖是指由一个锅炉产生蒸汽或热水，通过管路供给 1 栋或几栋建筑物内的各个房间所需热能。区域供热是由一个大型热源产生蒸汽或热水，通过区域性的供热管网，供给整个区域以至于整个城市的许多建筑物生活和生产等用热。

二、组成

一般来说，供暖系统由热源、管网和散热设备三部分组成，如图 6-1 所示。

1. 热源

热源是供暖热媒（传递热能的媒介物）的来源，通常指锅炉房、电或热电厂等。作为热

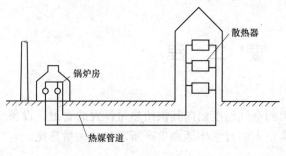

图 6-1　集中供暖系统示意图

能的发生器，在热能发生器中燃料燃烧经载热体热能转化，形成热水或蒸汽。也可以利用工业余热、太阳能、地热、核能等作为供暖系统的热源。

2. 管网

管网是指由热源转送热媒至用户，散热冷却后返回热源的循环管道系统。

3. 散热设备

将热量传至所需空间的设备，如散热器等。

供暖系统常用的热媒是热水和蒸汽，民用建筑应供用热水作热媒。工业建筑、当厂区只有供暖用热或以供暖用热为主时，易供用高温水作热媒；当厂区供热以工艺用蒸汽为主时，可供用蒸汽作热媒。

第二节　热水供暖系统

热水供暖系统，可按下述方法分类：

（1）按系统循环动力的不同，可分为自然（重力）循环系统和机械循环系统。靠水的密度差进行循环的系统，称为自然循环系统；靠机械（水泵）力进行循环的系统，称为机械循环系统。

（2）按供、回水方式的不同，可分为单管系统和双管系统。热水经立管或水平供水管顺序流过多组散热器，并顺序地在各散热器中冷却的系统，称为单管系统。热水经供水立管或水平供水管平行地分配给多组散热器，冷却后的回水自每个散热器直接沿回水立管或水平回水管流回热源的系统，称为双管系统。

（3）按系统管道敷设方式的不同，可分为垂直式和水平式系统。

（4）按热媒温度的不同，可分为低温水供暖系统和高温水供暖系统。

在我国，习惯认为：水温低于或等于 100℃ 的热水，称为低温水，水温超过 100℃ 的热水，称为高温水。

一、自然循环热水采暖系统

1. 自然循环热水供暖的工作原理

图 6-2 是自然循环热水采暖系统的工作原理图。图中假设整个系统只有一个放热中心 1（散热器）和一个加热中心 2（锅炉）。锅炉与散热器用供水管和回水管相连接。在系统的最高处连接一个膨胀水箱，用它容纳水在受热后膨胀而增加的体积。在系统工作之前，先将系统中充满冷水。当水在锅炉内被加热后，密度减小，同时受着从散热器流回来密度较大回水的驱动，使热水沿供水干管上升，流入散热器。在散热器内水被冷却，再沿回水干管流回锅炉。

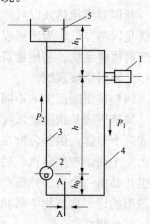

图 6-2　重力循环热水采暖
系统的工作原理图

1—散热器；2—热水锅炉；3—供水管路；4—回水管路；5—膨胀水箱

由此可见，在自然循环热水供暖系统中不设水泵，依靠锅炉加热和散热器冷却造成的供、回水温度差来维持系统中水的循环。自然循环热水供暖系统的循环作用压力的大小取决于水温（水的密度）在循环环路的变化状况。这种水的循环作用压力称为自然压头。

在分析自然压头时，为了简化分析，先不考虑水在沿管路流动时因管壁散热而使水不断冷却的因素，认为在图 6-2 中的循环环路内，水温只在锅炉（加热中心）和散热器（冷却中心）两处发生变化，以此来计算循环作用压力的大小。如假设图的循环环路最低点的断面 A—A 处有一个假想阀门。若突然将阀门关闭，则在断面 A—A 两侧受到不同的水柱压力。这两方所受到的水柱压力差就是驱使水在系统内进行循环流动的作用压力。

设 P_1 和 P_2 分别表示 A—A 断面右侧和左侧的水柱压力，则

$$P_1 = g(h_0\rho_h + h\rho_h + h_1\rho_g)$$
$$P_2 = g(h_0\rho_h + h\rho_g + h_1\rho_g)$$

断面 A—A 两侧的差值，即系统的循环作用压力为

$$\Delta P = P_1 - P_2 = gh(\rho_h - \rho_g) \tag{6-1}$$

式中　ΔP——重力循环系统的作用压力，Pa；

g——重力加速度，m/s^2；

h——冷却中心至加热中心的垂直距离，m；

ρ_h——回水密度，kg/m^3；

ρ_g——供水密度，kg/m^3。

2. 重力循环热水供暖系统的主要类型

重力循环热水供暖系统主要分双管和单管两种类型。图 6-3（a）为双管上供下回式系统，图 6-3（b）为单管上供下回顺流式系统。上供下回式重力循环热水供暖系统管道布置的一个主要特点：系统的供水干管必须有向膨胀水箱方向上升的流向。其反向的坡度为 0.005～0.01；散热器支管的坡度一般取 0.01。这是为了系统内的空气能顺利排除，防止形成气塞，影响水的正常循环。在自然循环热水供暖系统中，热水受热后体积会膨胀，系统压力会升高，需在系统的最高点设置膨胀水箱，以容纳水受热后膨胀的体积，同时，可以利用膨胀水箱排除系统中的空气。

由于自然循环热水供暖系统的作用压力很小，为了避免系统管径过大，要求锅炉中心与最低散热器中心的垂直距离由供暖系统方式确定，一般不宜小于 2.5～3.0m。自然循环热水供暖系统由于不设水泵，工作时不消耗电能，无噪声而且管理比较简单，但它的作用半径较小，一般不宜超过 40～50m。因此，只有建筑物占地面积较小，且有可能在地下室、半地下室或就近较低处设置锅炉时，才可以采用自然循环热水供暖系统。

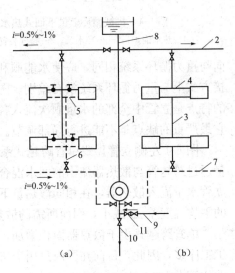

图 6-3　重力循环热水供暖系统
（a）双管上供下回式系统；
（b）单管上供下回顺流式系统
1—总立管；2—供水干管；3—供水立管；
4—散热器供水支管；5—散热器回水支管；
6—回水立管；7—回水干管；8—膨胀水箱
连接管；9—冲水管；10—泄水管；11—止回阀

二、机械循环热水供暖系统

机械循环热水供暖系统设置了循环水泵，靠水泵的机械能，使水在系统中强制循环。在机械循环系统中，由于设置了循环水泵系统作用压力大，因此作用半径大，供热范围广。但系统运行耗电量大，设备维修量也大。机械循环热水供暖系统不仅可以用于单幢建筑物，也可以用于多幢建筑物，甚至发展为区域热水供暖系统。机械循环热水供暖系统的主要类型如下。

（一）垂直式系统

垂直式系统，按供、回水干管布置位置不同，有下列几种类型。

1. 上供下回式双管和单管热水供暖系统

图 6-4 为机械循环上供下回式热水供暖系统。图左侧为双管式系统，图右侧为单管式系

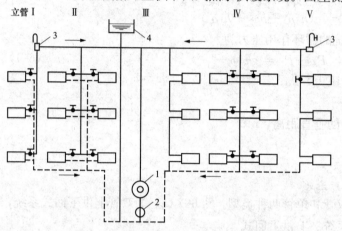

图 6-4　机械循环上供下回式热水供暖系统
1—热水锅炉；2—循环水泵；3—排气装置；4—膨胀水箱

统。机械循环系统除膨胀水箱的连接位置与重力循环系统不同外，还增加了循环水泵和排气装置。

在机械循环系统中，水流速度往往超过自水中分离出来的空气气泡的浮升速度，为了使气泡不致被带入立管，供水干管应按水流方向设上升坡度，使气泡随水流方向流动汇集到系统的最高点，通过在最高点设置排气装置3，将空气排出系统外。供水及回水干管的坡度，宜采用 0.003，不得小于 0.002。回水干管的坡向与重力循环系统相同，应使水能顺利循环。图 6-4 左侧的双管式系统，在管路与散热器连接方式上与重力循环系统没有差别。图 6-4 右侧立管Ⅲ式单管顺流式系统。单管顺流式系统的特点是立管中全部的水量顺次流入各散热器。顺流式系统型式简单、施工方便、造价低，它最严重的缺点是不能进行局部调节。

图 6-4 左侧立管Ⅳ式单管跨越式系统。立管的一部分水量流进散热器，另一部分立管水量通过跨越管与散热器流出的回水混合，再流入下层散热器。与顺流式相比，由于只有部分立管水量流入散热器，在相同散热量下，散热器的出水温度降低，散热器中热媒和室内空气的平均温度差 Δt 减小，因而所需的散热器面积比顺流式系统大。

单管跨越式由于散热器面积增加，同时在散热器支管上安装阀门，使系统造价增高，施工工序多，因此，目前在国内只用于房间温度要求较严格，需要进行局部调节散热器散热量的建筑上。

在高层建筑（通常超过六层）中，近年国内出现一种跨越式与顺流式相结合的系统型式——上部几层采用跨越式，下部采用顺流式（图 6-4 右侧立管Ⅴ）。通过调节设置在上层跨越管段上的阀门开启度，在系统试运转或运行时，调节进入上层散热器的流量，可适当地减轻供暖系统中经常会出现的上热下冷的现象。但这种折中形式并不能从设计角度有效地解决垂直失调和散热器的可调节性能。

对一些要求室温波动很小的建筑（如高级旅馆），可在双管和单管跨越式系统散热器支管上设置室温调节阀，以代替手动阀门。

图 6-4 所示的上供下回式机械循环热水供暖系统的几种型式，也可用于重力循环系统上。

2. 下供下回式双管热水供暖系统

图 6-5 为机械循环下供下回式双管热水供暖系统原理图。系统的供水和回水干管都敷设在底层散热器下面。在设有地下室的建筑物，或在平屋顶建筑顶棚下难以布置供水干管的场合，常用下供下回式系统。与上供下回式

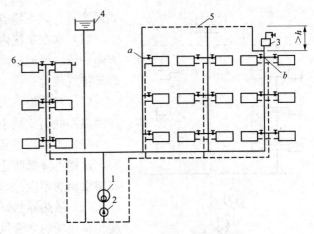

图 6-5 机械循环下供下回式双管热水供暖系统
1—热水锅炉；2—循环水泵；3—集气罐；
4—膨胀水箱；5—空气管；6—冷风阀

系统相比，它有如下特点：在地下室布置供水干管，管路直接散热给地下室，无效热损失小；在施工中，每安装好一层散热器即可开始供暖，给冬季施工带来很大方便；排出系统中的空气较困难。

下供下回式双管热水供暖系统排除空气的方式主要有两种：通过顶层散热器的冷风阀门手动分散排气，或通过专设的空气管手动或自动集中排气。从散热器和立管排出的空气，沿空气管送到集气装置，定期排出系统外。这种系统的垂直失调现象比上供下回式双管热水供暖系统要弱一些。虽然第一层的自然作用压力最小，但流经第一层的散热器的循环环路也最短；当楼层越高时，自然作用压力越大，但楼层越高，管路越长，阻力越大，这样，各层环路阻力平衡起来比较容易。

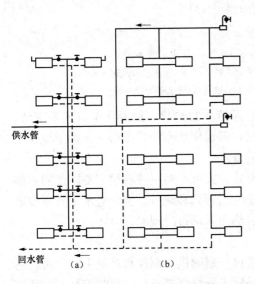

图 6-6 机械循环中供式热水供暖系统
(a) 上部系统—下供下回式双管系统；
(b) 下部系统—上供下回式单管系统

3. 中供式热水供暖系统

图 6-6 为机械循环中供式热水供暖系统原理图。从系统总立管引出的水平供水干管敷设在系统的中部。下部系统呈上供下回式。上部系统可采用下供下回式，也可采用上供下回式。中供式系统可避免由于顶层梁底标高过低，致使供水干管挡住顶层窗户的不合理布置，并减轻了上供下回式楼层过多，易出现垂直失调的现象；但上部系统要增加排气装置。中供式系统可用于加建楼层的原有建筑物或"品"字形建筑（上部建筑面积少于下部建筑的面积）供暖上。

4. 下供上回式热水供暖系统

图 6-7 机械循环下供上回式（倒流式）热水供暖系统原理图。该系统的供水干管敷设所有散热器下面，而回水干管设在上部，膨胀水箱连接在回水干管上。立管布置主要采用顺流式，倒流

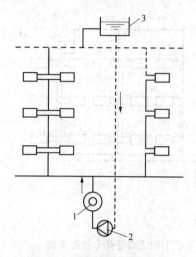

图 6-7　机械循环下供上回式
热水供暖系统原理图
1—热水锅炉；2—循环
水泵；3—膨胀水箱

式系统具有如下特点：

（1）水在系统内的流动方向是自下而上的，与空气流动方向一致，可通过顺流式膨胀水箱排出空气，无需设置集气罐等排气装置。

（2）对热损失大的底层房间，由于底层供水温度高，底层散热器的面积减小，便于布置。

（3）当采用高温水供暖系统时，由于供水干管设在底层，这样可降低防止高温水汽化所需的水箱标高，减少布置高架水箱的难度。

（4）散热器热媒的平均温度几乎等于散热器的出水温度。在相同的立管供水温度下，散热器的面积要比上供下回顺流式系统的面积增大。

（二）水平式系统

水平式系统按供水管与散热器的连接方式，可分为顺流式和跨越式两类，如图 6-8 所示。这些连接图式，在机械循环系统和自然循环系统中都可应用。顺流式系统的最大优点是节省管材，但散热器不能进行局部调节。而跨越式系统可以进行局部调节，并能提高散热器的平均温度。

水平式系统的排气方式要比垂直式上供下回系统复杂。它需要在散热器上设置手动放气阀分散排气，或在同一层散热器上部串联一根空气管集中排气。对较小的系统，可用分散排气方式。对散热器较多的系统，宜用集中排气方法。

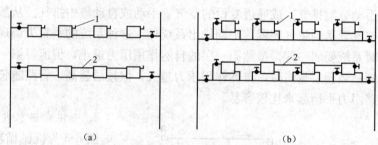

（a）　　　　　　　　（b）

图 6-8　水平串联式采暖系统
（a）水平单管顺流式系统；（b）水平单管跨越式系统
1—手动放气阀；2—空气管

水平式系统与垂直式系统相比，具有如下优点：系统的总造价一般要比垂直式系统低；管路简单，施工方便；有可能利用最高层的辅助空间，架设膨胀水箱，不必在顶棚上专设安装膨胀水箱的房间；沿路没有立管，不影响建筑物的外形。

因此，水平式系统也是在国内应用较多的一种型式。此外，对一些各层有不同使用功能或不同温度要求的建筑物，采用水平式系统，更便于分层管理和调节。但单管水平式系统串联散热器很多时，运行时易出现水平失调，即前端过热而末端过冷现象。

三、分户供暖系统

分户热计量供暖系统是指以集中供热为前提，通过一定的供热调控和计量手段，实现热量的按户计量和收费。分户热计量供暖系统的特点是便于分户管理及分户分时控制、调节供热量。为实现分户计量，多采用共用立管的分户水平式系统。共用立管分户独立采暖系统，即集中设置各户共用的供水立管，从共用立管上引出各户独立成环的采暖支管，支管上设置热计量装置、锁闭阀等，便于按户计量的采暖形式，是一种既可解决供热分户计量问题，同时也有利于解决传统的垂直双管式和垂直单管式系统的热力失调问题。

共用立管分户独立采暖系统可分为建筑物内共用采暖系统及户内采暖系统两部分。建筑物内共用采暖系统主要由建筑物热力入口装置、建筑物内共用的供回水干管等组成。

（一）建筑物热力入口装置

分户热计量热水集中采暖系统，应在建筑物热力入口处设置热量表、差压或流量调节装置、除污器或过滤器等，入口装置宜设在管道井内。具体设置位置如下。

（1）新建无地下室的住宅，宜于在室外管沟入口或底层楼梯间踏板下设置小室，小室净高不应低于 1.4m，操作面净宽不应小于 0.7m。室外管沟小室宜有防水和排水措施。

（2）新建有地下室的住宅，宜设在可锁闭的专用空间内，空间净高应不低于 2.0m，操作面净宽应不小于 0.7m。

（3）对补建或改造工程，可设于门洞雨棚上或建筑物外地面上，并采取防雨、防冻及防盗等保护措施。

新建住宅的户内系统入口装置应与共用立管一同设于邻楼梯间或户外公共空间的管道井内。典型户内系统热力入口的具体设置方式如图 6-9 所示。

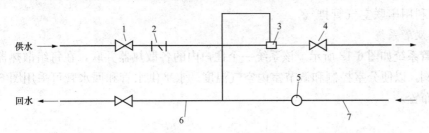

图 6-9 典型户内系统热力入口示意图

1—锁闭调节阀；2—过滤器；3—热量表；4—截止阀；5—钢塑直通连接件；6—热镀锌钢管；7—塑料管

计量供热系统户外管道一般采用金属管材，而户内管道常采取塑料管材，因此必然涉及一个连接问题。目前，常用做法是将二者用钢塑连接件相连，常见连接方式与分界设置如图 6-10 所示。

（二）分户供热系统形式

分户式系统，是指通常在每一个用户内只设一个热力出、入口，入口处设热量表，可计量用户用热量。户内主要采用水平单管、双管系统和放射式系统。分户式水平系统与传统的水平式系统的主要区别在于：

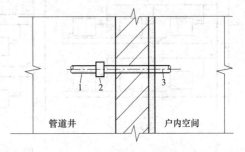

图 6-10 管道安装材质变化的分界示意图

1—分户支管（热镀锌钢管）；
2—钢塑直通连接件；3—塑料管

（1）水平支管长度限于一个住户内。

（2）能够分户计量和调节流量。

（3）可分室改变供热量，满足不同室温要求。

1. 分户水平单管系统

分户水平单管系统如图 6-11 所示，其主要特点：水平支路长度限于一个住户之内；能

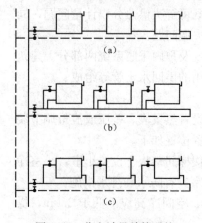

图 6-11　分户计量单管系统

（a）顺流式；（b）同侧接管跨越式；
（c）异侧接管跨越式

够分户计量和调节供热量；可分室改变供热量，满足不同的室温要求。

分户水平单管系统可采用水平顺流式［见图 6-11（a）］、散热器同侧接管的跨越式［见图 6-11（b）］和异侧接管的跨越式［见图 6-11（c）］。其中，图 6-11（a）在水平支路上设关闭阀、调节阀和热量表，可实现分户调节和分户计量，不能分室改变供热量，只能在对分户水平式系统的供热性能和质量要求不高的情况下应用。图 6-11（b）和图 6-11（c）除了可在水平支路上安装关闭阀、调节阀和热量表之外，还可在各散热器支管上装调节阀或温控阀实现分房间控制和调节室内空气温度。

水平单管系统比水平双管系统布置管道方便，节省管材，水力稳定性好。但应解决好排气问题，如果户型较小，又不宜采用 DN15 的管子时，水平管中的流速有可能小于气泡的浮升速度，可调整管道坡度，采用气水逆向流动，利用散热器聚气、排气，防止形成气塞，并在散热器上方安装放气阀或利用串联空气管排气。

2. 分户水平双管系统

分户水平双管系统如图 6-12 所示。该系统一个住户内的各散热器并联，在每组散热器上装调节阀或恒温阀，以便分室控制和调节室内空气温度。水平供水管和回水管可采用图 6-12 所示的多种方案布置。

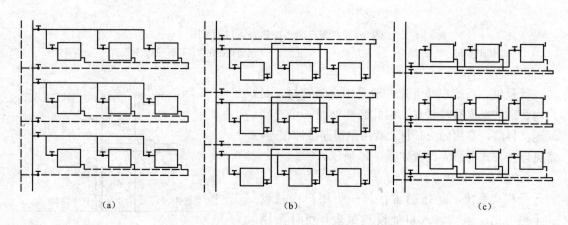

图 6-12　分户水平双管系统

（a）上供下回；（b）上供上回；（c）下供下回

两管分别位于每层散热器的上、下方［见图 6-12（a）］；两管全部位于每层散热器的上方［见图 6-12（b）］；两管全部位于每层散热器的下方［见图 6-12（c）］。该系统的水力稳定性不如单管系统，耗费管材。图 6-13 所示的分户水平单、双管系统兼有上述分户水平单管和双管系统的优缺点，可用于面积较大的户型以及跃层式建筑。

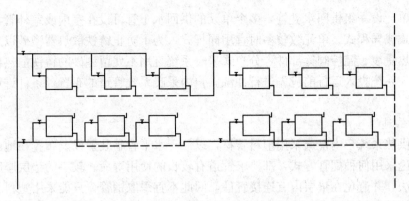

图 6-13 分户水平单、双管系统

3. 分户水平放射式（章鱼式）系统

分户水平放射式（章鱼式）系统在每户的供热管道入口设小型分水器和集水器，各散热器并联（见图 6-14）。从分水器 4 引出的散热器支管呈辐射状埋地敷设（因此又称为"章鱼式"）至各个散热器。散热器可单体调节。为了计量各用户供热量，入户管有热量表 1。为了调节各室用热量，通往各散热器 2 的支管上应有调节阀 5，每组散热器入口处也可装温控阀。为了排气，散热器上方安装排气阀 3。

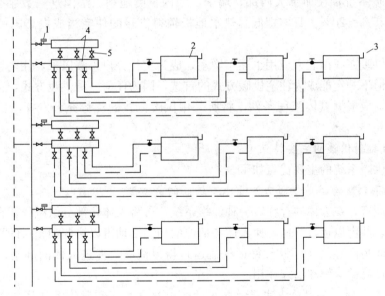

图 6-14 分户水平放射式采暖系统示意图
1—热量表；2—散热器；3—排气阀；4—分、集水器；5—调节阀

（三）管道布置及管材

1. 管道布置

管道井宜设在公共的楼梯间或户外公共空间，管道井有检查门，便于供热管理部门在住户外启闭各户水平支路上的阀门、调节住户的流量、抄表和计量供热量。每户的关断阀及向各楼层、各住户供给热媒的供回水立管（总立管）及入口装置，宜设于管道井内。通常，建

筑物的一个单元设一组供回水立管，多个单元的供回水干管可设在室内或室外管沟中。干管可采用同程式或异程式，单元数较多时宜用同程式。为了防止铸铁散热器型砂以及其他污物积聚、堵塞热量表、温控阀等部件，分户式采暖系统宜用不残留型砂的铸铁散热器或其他材质的散热器，系统投入运行前应先进行冲洗。户内采暖系统管道的布置，条件许可时宜暗埋布置。

2. 管材的选用

热计量供热系统户内普遍采用塑料管材，以便于水平管暗装敷设。布置在地面下垫层内的管道，不论采用何种配管方式，都要求管道有较长的使用寿命、较小的垫层厚度和较为简便的安装方法，并避免在垫层内有连接管件，因此不宜采取钢管，只能采用塑料类管材。采暖系统用塑料管材的种类有以下几类：交联铝塑复合管、聚丁烯管、交联聚乙烯管、无规共聚聚丙烯管、嵌段共聚聚丙烯管。

四、地板辐射供暖系统

早在 20 世纪 30 年代，工程中已开始采用这种方式，并被公认为是一种最舒适的供暖方式。由于当时大都采用铜管或钢管作为加热盘管，不仅造价很高，而且施工不方便，因此未能普遍推广。随着塑料工业的发展，20 世纪 80 年代初，以日本、东欧、北美、韩国为代表，研制生产出了一代新型管材——PEX 交联聚乙烯管，从此开创了在地板辐射供暖领域以塑代钢（铜）的崭新时代。至 1994 年为止，韩国约有 80% 以上的住宅建筑装设了低温热水地板辐射供暖系统，在加拿大西部、瑞士、德国、奥地利、法国这一数字分别为 65%、48%、41%、25%、20%。日本把低温热水地板辐射供暖的住宅当成提高国民居住质量的举措。

地板辐射供暖在我国北方应用也逐年增多，成为实行分户采暖以来，住宅采暖首选的最佳方案之一。但不一定能成为住宅供暖方式的首选，因为任何一种供暖方式，都会有其特定的优势和弊病，应根据具体工程条件，将所采用供暖方式的优势充分发挥，尽可能减少其弊病。

（一）地板辐射供暖的主要特点

地板辐射供暖系统的主要优点如下。

1. 地板辐射供暖与其他供暖方式相比有较高的舒适度

就健康学而言，在人体内存在着一种经络系统，可将人体各部分组织、器官联系成为一个有机的整体，并借以运行气血，使人体各部位的功能活动得以协调和相对的平衡。脚掌受热，有利于疏通足部经络及下肢经络，气血运行得以流畅，促进人体的健康，特别对关节炎、风湿病有良好的保健和治疗作用。

2. 地板辐射供暖的辐射热方式比散热器的对流热方式、空调的暖风热方式更有利于保障室内空气的洁净度

就室内空气品质而言，因为散热器和空调是通过加热室内局部空气，热膨胀空气相对位移，引起室内热量转移而升高室温。空气流动过程中带动室内的二氧化碳、浮游粉尘等，污染环境，影响室内卫生品质。空气尘埃中的 70%（按质量计）为粒径小于 $10\mu m$ 的固态或液态微粒，以气溶胶的形式存在，称为大气尘，或称为飘尘，可吸入肺内危及人体健康。另外，污浊的空气容易损坏人体的呼吸系统，引起呼吸系统疾病，影响家人健康，而低温热水地板辐射供暖是通过发射远红外线的方式完成热量转移，辐射采暖避

免了因使用散热器造成污浊空气对流等弊端，室内空气清新洁净，营造出令家庭满意的绿色空间。

3. 地板辐射供暖的复合结构可有效地降低噪声强度

结构层中的苯板具有一定的吸音、隔声的物理特性，而交联管的中空结构会在此形成一个噪声缓冲区，减少声音的传射，从而形成良好的声环境，增加了住宅的私密性。

地板辐射供暖属于隐蔽工程，天棚、墙体无任何支管，墙体范围不像传统居室结构受散热器限制，为营造一个良好的阳光空间创造了条件。

4. 节省建筑面积

人的一生约有 2/3 的时间在家中度过，如何装饰家居，布置一个现代、简洁、明快、强调个性的温馨空间，也是居住的理想。而散热器的支管横穿竖绕，这些障碍物的存在，无法使人自由创意，达不到预想的艺术效果。而地板辐射供暖不占使用面积，室内取消散热器片和支管，可增加使用面积 2％～3％，符合居住要求，便于装修及布置家具。

5. 高效节能

与其他供暖方式相比，较为节能和可使用低品位热媒。其一，该系统可利用余热水；其二，辐射供暖热效率高（如设计按 16℃ 参数选用，一般可达到 18～19℃ 供暖效果）；其三，热量主要集中在人体受益的高度内；其四，热媒低温传送，在传送过程中热量损失较少。

由于垂直温度分布的差别，有效区域内相同温度，平均温度最低。可减少人体辐射散热，与对流供暖方式相比，可取得 2～3℃ 的等效舒适温度。

综合以上两项因素，节能幅度为 10％～20％。对于住宅，主要是等效舒适温度，节能幅度约为 10％。

6. 运行费用低

系统维护简单，只需用户定期清扫过滤网中的杂质，便可保障地暖系统的通畅运行。

地板辐射供暖属隐蔽工程，对管道的材质要求十分严格，有利于扩大应用塑料类管材。塑料类管材与金属管道相比，由于其生产过程的低能耗和低污染，便于施工安装，价格有较大的下降空间，以及在质量能确保和应用得当的条件下有较长使用寿命等优点。

地板辐射供暖系统的主要缺点如下：

（1）地板辐射供暖适合于建筑热工条件较佳的节能住宅。

（2）家具覆盖率大的居住建筑可能达不到规定的设计温度。假如对水温进行严格的集中控制，则在照顾房间覆盖率大的用户，保证其室温达到 18℃ 时，会造成覆盖率小的用户超标准用热。

（3）需占有空间高度至少 60～80mm，与不设置辐射供暖的室内其他空间形成落差，需增加地面荷载约 120kg/m²。

（4）地面二次装修时，地板辐射供暖管道被损坏。装修宜一次到位，这与实际情况将有较大矛盾。

（5）因对热媒温度和流量的要求与原有散热器采暖系统不同，需设置单独热源系统。

（6）因热媒温差较小，相应流量较大，热媒输送管道断面和输送能耗较散热器供暖系统约增大一倍。

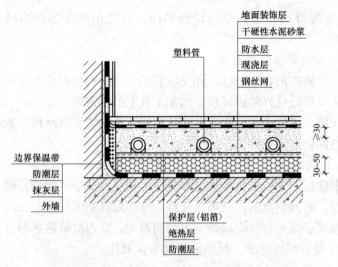

图 6-15　低温地板辐射供暖系统地面做法示意图

（二）低温地板辐射供暖系统

1. 低温地板辐射供暖地面构造

图 6-15 为低温地板辐射供暖系统地面做法示意图。地面结构一般由结构层（楼板或土壤）、绝热层（上部敷设按一定管间距固定的加热管）、填充层、防水层、防潮层和地面层（如大理石、瓷砖、木地板等）组成。绝热层主要用来控制热量传递的方向，填充层用来埋置保护加热管并使地面温度均匀，地面层指完成的建筑地面。当楼板基面比较平整时，可省略找平层，在结构层上直接铺设绝热层。当工程允许地面按双向散热进行设计时，可不设绝热层。但对住宅建筑而言，由于涉及分户热量计量，不应取消绝热层，并且户内每个房间均应设分支管、视房间面积大小单独布置成一个或多个环路。直接与室外空气或不采暖房间接触的楼板、外墙内侧周边也必须设绝热层。与土壤相邻的地面必须设绝热层，并且绝热层下部应设防潮层。对于潮湿房间如卫生间、厨房和游泳池等，在填充层上宜设置防水层。为增强绝热板材的整体强度，并便于安装和固定加热管，有时在绝热层上还敷设玻璃布基铝箔保护层和固定加热管的低碳钢丝网。

2. 低温地板辐射供暖地面盘管

低温地板辐射供暖地面盘管的布置方式有往复（S）形、旋转（回字）形、直立形等，如图 6-16 所示。S 形盘管的每根循环回路长度一般不超过 60m，回字形盘管的每根循环管长度一般不超过 120m。盘管间距为 150～300mm，盘管见距与供水温度及发热量之间的关系见表 6-1。从表 6-1 中可以看出，盘管间距越小，供水温度越高，地面温度越高，则发热量越大。

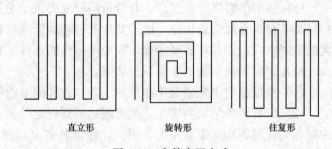

| 直立形 | 旋转形 | 往复形 |

图 6-16　盘管布置方式

3. 低温地板辐射供暖系统工程安装

（1）施工前的准备。施工人员应熟悉设计图纸和施工现场，准备施工材料和工具。确认敷设低温地板辐射供暖区域内的隐蔽工程全部完成。要求地面平整、干净，不允许有凹凸现象。

（2）地面基层清理。采用低温地板辐射供暖的工程施工时，必须严格控制表面的平整度，仔细压抹，如果不平，可用水泥砂浆找平。在绝热板敷设前应清除地面上的垃圾、浮灰附着物。

（3）绝热板的敷设。绝热板应清洁、无破损，在地面敷设平整、搭接严密。绝热板拼接紧凑，间隙10mm。切割要整齐，板间隙要小，且小于5mm。

（4）加热管敷设。加热管在钢丝网上面敷设，管长应根据工程上各回路长度酌情定尺，一个回路尽可能选用一个盘管，应最大限度地减少材料的耗损。填充层内不允许有接头。加热管固定点的间距，弯头处间距不大于300mm，直线段间距不大于600mm。在过伸缩缝、沉降缝时应加套管，套管大于或等于150mm。套管比盘管大两号，内填充保温边角余料。

表 6-1 盘管间距与供水温度及发热量之间的关系

盘管间距（mm）	供水温度（℃）	室内温度 20℃	
		地面温度（℃）	发热量（W/m^2）
150	50	31.0	127.8
	60	37.0	203.4
	70	39.5	232.5
200	50	29.5	110.4
	60	33.5	156.9
	70	36.5	197.6
250	50	28.5	98.8
	60	32.0	139.5
	70	35.3	180.1
300	50	27.5	90.7
	60	31.0	127.8
	70	34.0	162.7

（5）集、分水器的安装。分集水器可在加热管敷设前安装，也可在敷设管道回填细石混凝土后与阀门、热表一起安装。安装时必须平直、牢固，在细石混凝土回填前安装需进行水压测验。当水平安装时，一般宜将分水器安装在上，集水器安装在下，中心距宜为200mm且集水器安装距地面不小于300mm。当垂直安装时，分、集水器下端距地面应不小于150mm。加热管始末端出地面至连接配件的管道应设置在硬质套管内。加热管与分、集水器分路阀门的连接，应采用专用卡套式连接或插接式连接件。

（6）水压试验。管道与分、集水器连接完成后，应进行水压试验。水压试验以每个分、集水器为一个系统，试验压力为工作压力的1.5倍，但不应小于1.0MPa。灌满水后，用手压泵缓慢升压，升压时间不得小于10min。升到试验压力后，15min内压力降不超过0.05MPa为合格。

（7）细石混凝土辐射层施工。在加热管系统试压合格后方能进行细石混凝土回填层施工，细石混凝土施工应遵循土建工程施工规定，优化配合比设计，选出强度符合要求、施工性能良好、体积收缩稳定性好的配合比。建议标号不小于C15，卵石粒径应不大于12mm，并宜掺入适量防止龟裂的添加剂。敷设细石混凝土前，必须将敷设完管道后的工作面上的杂物、灰尘清除干净。细石混凝土在盘管加压（工作压力或试验压力不小于0.4MPa）状态下敷设，回填层凝固后方可泄压，填充时应轻轻捣固，铺时不得在盘管上行走、踩踏，不得有尖锐物件损伤盘管和保温层，要防止盘管上浮，应小心下料、拍实、找平。

第三节 蒸汽供暖系统

蒸汽供暖系统是以水蒸气作为热媒，水蒸气在散热器中靠凝结放出热量。蒸汽供暖系统按供气压力的大小，可分为三类：

（1）低压蒸汽供暖系统起始压力等于或低于70kPa。

（2）高压蒸汽供暖系统起始压力高于70kPa。

（3）真空蒸汽供暖系统起始压力低于大气压力。

高压蒸汽供暖系统的蒸汽压力一般由管路和设备的耐压强度确定。当供气压力降低时，蒸汽的饱和温度也降低，凝水的二次汽化量小，运行较可靠而且卫生条件也好。因此一般的低压蒸汽供暖系统尽可能采用较低的工作压力。真空蒸汽供暖系统在我国应用较少。

一、低压蒸汽供暖系统

低压蒸汽供暖系统的凝水回流锅炉有两种方式：重力回水和机械回水。图 6-17 是重力回水低压蒸汽供暖系统示意图。

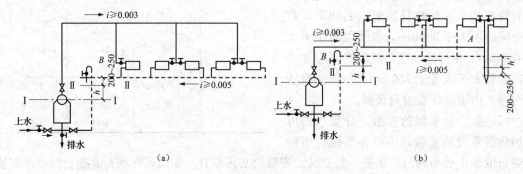

(a)   (b)

图 6-17　重力回水低压蒸汽供暖系统
(a) 上供下回；(b) 下供下回

由图可见，重力回水低压蒸汽供暖系统中的蒸汽管道、散热器及凝结水管构成一个循环回路。重力回水低压蒸汽供暖系统形式简单不需要凝结水箱和凝结水泵，运行时不消耗电能，宜在小型系统中采用。但在供暖作用半径较大时，需要采用较高的蒸汽压力才能将蒸汽输送到最远散热器。如仍采用重力回水方式，凝水管里的水面可能达到甚至超过底层散热器高度，底层散热器就会充满凝结水、并聚集空气，蒸汽就无法进入，从而影响散热。因此，当系统作用半径较大时，宜采用机械回水低压蒸汽供暖系统。

图 6-18 为机械回水低压蒸汽供暖系统示意图。锅炉产生的蒸汽经蒸汽总立管、蒸汽干管、蒸汽立管进入散热器，放热后，凝结水沿凝水立管、凝水干管流入凝结水箱，由凝结水泵送入锅炉。低压蒸汽供暖系统中，凝结水箱布置低于所有散热器和凝结水管。进入凝水箱的凝水干管应做顺流向下的坡度，使散热器流出的凝结水靠重力自流至凝水箱。为了系统的空气可经凝水干管流入凝结水箱，在经凝结水箱上的空气管排往大气，凝水干管应满足排气要求。

在实际运行过程中，供汽压力总有波动，为了避免供汽压力过高

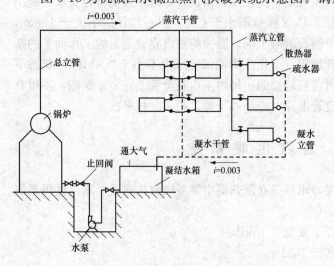

图 6-18　机械回水低压蒸汽供暖系统

时未凝结的蒸汽进入凝结水管，可在每个散热器的出口
或每根凝水立管下安装疏水器。疏水器的作用是自动阻
止蒸汽溢漏，而且能迅速排出凝水和系统中空气与其他
不凝性气体。图6-19是低压疏水装置中常用的恒温式
疏水器。凝水流入疏水器后，经过一个缩小的孔口排
出。此孔的启闭由一个能热胀冷缩的薄金属片波纹管盒
操纵。盒中装有少量受热易蒸发的液体，当蒸汽流过疏
水器时，液体受热蒸发，体积膨胀，使波纹盒伸长，带
动盒底的锥形阀，堵住小孔，防止蒸汽溢漏。直到疏水

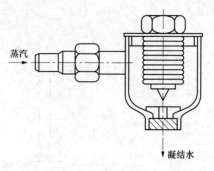

图6-19 恒温式疏水器

器内蒸汽冷凝成水后，波纹盒收缩，阀孔打开，排出凝结水。当空气或较冷的凝结水流入
时，小孔仍旧开着，它们可以顺利通过。

蒸汽沿管道流动时向管外散失热量，很容易造成一部分蒸汽凝结成水。这些水在遇到阀
门、拐弯或向上的管段等流动方向改变时，容易产生水击现象，出现噪声、振动或局部高
压，严重时能破坏管件接口的严密性和管路支架。因此，水平敷设的供气管路必须有足够的
坡度，并尽可能保持汽水同向流动。

二、高压蒸汽供暖系统

与低压蒸汽供暖相比，高压蒸汽供暖有下列经济特点：

(1) 高压蒸汽供气压力高，流速大，系统作用半径大，对同样热负荷所需管径小；但沿
程热损失也大，沿途凝水排泄不畅时会水击严重，一般高压蒸汽供暖系统均采用双管上供下
回式系统。

(2) 散热器内蒸汽压力高，因而散热器表面温度高，对同样热负荷所需散热器面积
较小。

(3) 高压蒸汽供暖系统的管径和散热器片数都小于低压蒸汽供暖系统，具有较好的经
济性。

(4) 高压蒸汽供暖系统蒸汽压力大，温度高，易烫伤人，烧焦落在散热器上面的有机灰
尘，发出难闻的气味，安全条件与卫生条件较差，一般只在工业厂房中应用。

(5) 凝水回收设备费用较高，管理与调节复杂，维修工作量大。

高压蒸汽供暖多用在有高压蒸汽热源的工厂里。室内的高压蒸汽供暖系统可直接与室外
蒸汽管网连接。在外网蒸汽压力较高时可在用户入口处设减压装置。图6-20所示是一个带
有用户入口的室内高压蒸汽供暖系统示意图。

高压蒸汽通过室外蒸汽管路进入用户入口的高压分气缸。高压蒸汽供暖系统的外形与机
械回水低压蒸汽供暖系统的外形相似。室内各供暖系统的蒸汽，在用热设备冷凝放热，冷凝
水沿冷凝水管道流动，经过疏水器后，汇集到凝水箱，然后用凝结水泵压送回锅炉房重新加
热。凝水箱可布置在采暖房间内，或是布置在锅炉房或专门的凝水回收泵站内。凝水箱可以
与大气相通，称为开式凝水箱；也可以密封且具有一定压力，称为闭式凝水箱。

各散热器的凝水通过室内凝水管道进入集中的疏水器。疏水器起着疏水阻汽的功能，并
靠疏水器后的余压，将凝水送回凝水箱中。另外，系统中的疏水器通常仅安装在每一支凝水
干管的末端。因为每一个疏水器的排水能力远远超过每组散热器的凝水量，不适合像低压蒸
汽那样，在每组散热器的凝水支管上都装一个。因为高压蒸汽系统的凝水管路中有蒸汽存

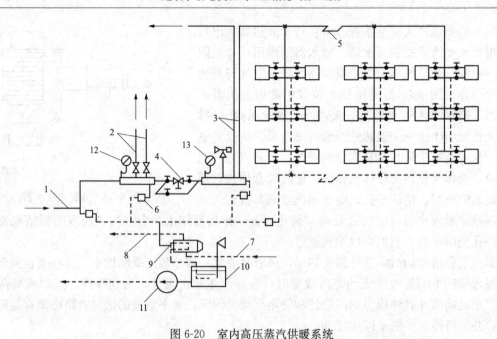

图 6-20　室内高压蒸汽供暖系统

1—室外蒸汽管；2—室内高压蒸汽供热管；3—室内蒸汽供暖管；4—减压装置；
5—补偿器；6—疏水装置；7—热水供应自来水进入管；8—热水供应热水管；
9—水—水换热器；10—凝水箱；11—凝水泵；12—压力表；13—安全阀

在，所以，当用散热器采暖时，每个散热器的蒸汽和凝水支管都应安设阀门，以调节供气并保证关断。散热器供暖系统的凝水干管宜敷设在所有散热器的下面，顺流向下作坡度，不宜将凝水干管敷设在散热器的上面。当在地面上敷设凝水干管时，遇到必须做下凹转弯（例如过门转弯）时，要处理空气排出问题。当车间宽度较大时，常需要在中间柱子上布置散热器。因车间中部地面上不便敷设凝水管，有时要把凝水干管敷设在散热器上方。实践证明，这种提升凝水方式的运行和使用效果一般较差。因为系统停汽时，凝水排不净，散热器及各立管要逐个排放凝水；蒸汽压力降低时，散热器有可能充满凝水；汽水顶撞将发生水击，系统的空气也不便排除。对于间歇供汽系统，这些问题尤为突出；在气温较低的地方，还有系统冻结的可能。因此，当用凝水管在上部的系统时，必须在每个散热设备的出口下面安装疏水器、止回阀及空气管。

因为高压蒸汽和凝水温度高，在供汽和凝水干管上，往往需要设置补偿器与固定支架，以补偿管道的热伸长。

三、蒸汽供暖系统与热水供暖系统的比较

蒸汽供暖系统与热水供暖系统的比较，蒸汽供暖系统具有如下特点：

（1）低压或高压蒸汽供暖系统中，散热器内热媒的温度高于低温热水供暖系统中热媒的温度。

在热水供暖系统中，散热设备内热媒温度为热水流进和流出散热设备的平均温度。蒸汽在散热设备中定压凝结放热，散热设备的热媒温度为该压力下的饱和温度。

以热水 75℃/50℃供暖和采用蒸汽表压力为 200kPa 的供暖为例。热水供暖系统的散热器热媒平均温度为（75＋50）℃/2＝62.5℃，而蒸汽供暖系统散热器热媒平均温度为 $t=$

133.5℃。因此，对同样热负荷，蒸汽系统所采用的散热器片数要少于热水供暖系统，管路造价也低。但蒸汽供暖系统散热器表面温度高，易烧烤积在散热器上的有机灰尘，产生异味，卫生条件较差。由于上述跑、冒、滴、漏而影响能耗以及卫生条件等两个主要原因，因而在民用建筑中，不适宜使用蒸汽供暖系统。

（2）热水在封闭系统内循环流动，其状态参数（主要指流量和比容）变化很小。蒸汽和凝水在系统管路内流动时，其状态参数变化比较大，还会伴随相态变化。

例如湿饱和蒸汽沿管路流动时，由于管壁散热会产生沿途凝水，使输送的蒸汽量有所减少；当湿饱和蒸汽经过阻力较大的阀门时，蒸汽被绝热节流，虽焓值不变，但压力下降，体积膨胀，同时，温度一般要降低。湿饱和蒸汽可成为节流后压力下的饱和蒸汽或过热蒸汽。在这些变化中，蒸汽的密度会随之发生较大变化。又如，从散热设备流出的饱和凝水，通过疏水器和在凝结水管路中压力下降，沸点改变，凝水部分重新汽化，形成二次蒸汽，以两相流的状态在管路内流动。蒸汽和凝水状态参数变化较大的特点是蒸汽供暖系统比热水供暖系统在设计和运行管理上较为复杂的原因之一。

（3）热水在系统散热设备中，靠其温度下降放出热量，而且热水的相态不发生变化。蒸汽在系统散热设备中，靠水蒸气凝结成水放出热量，相态发生了变化。

蒸汽的汽化潜热 r 值比起每千克水在散热设备中靠温降放出的热量要大得多。例如：采用高温水 75℃/50℃ 供暖，每千克水放出的热量也只有 $Q=c\Delta tm=4.1868\times(75-50)=104.67kJ/kg$。如采用蒸汽表压力 200kPa 供热，相应的汽化潜热 $r=2164.1kJ/kg$ 两者相差 20.68 倍。因此，对同样的热负荷，蒸汽供热时所需的蒸汽质量流量要比热水流量少得多。

（4）蒸汽供暖系统中的蒸汽比容，较热水比容大得多。例如：采用蒸汽表压力为 200kPa 供暖时，饱和蒸汽的比容至少是水的比容的 600 倍。因此，蒸汽管道中的流速通常可采用比热水流速快得多的速度，可大大减轻前后加热滞后的现象。

（5）由于蒸汽具有比容大，密度小的特点，因而在高层建筑供暖时，不会像热水供暖那样产生很大的水静压力。

（6）蒸汽供暖系统管道内壁的氧化腐蚀比热水供暖系统快，特别是凝结水管道更容易腐蚀和损坏。

（7）蒸汽供热系统的热惰性小，供汽时热得快，停汽时冷得也快，很适宜用于间歇供热场所，如剧院、会议室等。

第四节　供暖管材与设备

一、供暖管材

（一）钢管

钢管的机械强度最好，可以承受较高的内外压力。钢管分为无缝钢管和焊接钢管。

1. 焊接钢管

焊接钢管制造工艺简单，能承受一定的压力，一般用于给水、消防、供暖等管道系统。焊接钢管的应用广泛，通常小直径低压力的管道采用这种管材。对于焊接钢管，管壁加厚，其承压能力也随之提高。焊接钢管具体规格见表 6-2。

表 6-2　　　　　　　　　　　　　**焊 接 钢 管 规 格**

规　格			焊　管			
			普通管		加厚管	
公称直径（mm）	公称直径（in）	公称外径（mm）	壁厚（mm）	理论质量（kg/m）	壁厚（mm）	理论质量（kg/m）
DN15	1/2	21.3	2.8	1.28	3.5	1.54
DN20	3/4	26.9	2.8	1.66	3.5	2.02
DN25	1	33.7	3.2	2.41	4.0	2.93
DN32	11/4	42.4	3.5	3.36	4.0	3.79
DN40	11/2	48.3	3.5	3.87	4.5	4.86
DN50	2	60.3	3.8	5.29	4.5	6.19
DN65	21/2	76.1	4.0	7.11	4.5	7.95
DN80	3	88.9	4.0	8.38	5.0	10.35
DN100	4	114.3	4.0	10.88	5.0	13.48
DN125	5	140.0	4.5	15.04	5.5	18.20
DN150	6	168.3	4.5	18.18	6.0	24.02

2. 无缝钢管

无缝钢管具有强度高，内表面光滑、水力条件好的特点，适用于高压供热系统和高层建筑的冷热水管。根据生产方法的不同，无缝钢管分为冷轧和热轧两种。热轧无缝钢管外径一般大于 32mm，壁厚 2.5～75mm；冷轧钢管外径可以到 6mm，壁厚可到 0.25mm；薄壁管外径可到 5mm，壁厚小于 0.25mm。无缝钢管的通常长度：热轧钢管为 3～12m；冷轧钢管 3～10.5m。内表面不得有裂缝、凹坑、折叠、发纹和壁厚不均等缺陷。无缝钢管具体规格和适用温度见表 6-3。

表 6-3　　　　　　　　　　　　　**无 缝 钢 管 规 格**

标　准	常用规格（mm）	材　料	适用温度（℃）
GB/T 17395—2008 无缝钢管尺寸、外形、重量及允许偏差	8×1.5，10×1.5，14×2，14×3，18×3，22×3，25×3，32×3，32×3.5，38×3，38×3.5，45×3，45×3.5，57×3.5，76×4，76×5，89×4，89×5，108×4，108×6，133×4，133×6，159×4.5，159×6，219×6，273×8，325×8，377×9	20、10、16Mn 0.9Mn2V	−20～475 −40～475 −70～200

（二）塑料管

塑料按树脂性质不同，可分为热固性塑料和热塑性塑料。大部分塑料为热塑性塑料。这类塑料加热软化后，具有良好的可塑性，并可多次反复加热成型。热塑性材料具有以下特性：具有良好的抗压、抗冲击性能；密度小，便于搬卸、施工；耐腐蚀性好；内壁光滑，流动阻力小；热导率小，适用于热水或冷水的保温输送。

1. 聚乙烯管（PE管）

PE 管根据生产管道的聚乙烯材料不同，分为 PE63 级（第一代）、PE80 级（第二代）、PE100 级（第三代）、PE112 级（第四代）聚乙烯管材。PE 管优异的性能特点：卫生条件好，无毒，不结垢，不滋生细菌；柔韧性好、抗冲击强度高、耐强振及扭曲；独特的电熔焊接和热熔对接技术保证了接口的安全、可靠。

2. 聚丙烯管（PP-R管）

PP-R是无规共聚聚丙烯的缩写，它是将聚乙烯分子无规则地接入聚丙烯的分子链中，从而使其抗低温冲击、长期耐热、耐压及抗低温环境应力开裂等性能大大改善。其突出特点：卫生无毒；耐热、保温性能好，PP-R管的最高耐热温度可达131.3℃，最高使用温度为95℃，长期（50年）使用温度为70℃，完全可以满足常用的工业和民用生活热水和空调供回水系统，同时PP-R管的热导率只有钢管的1/200，具有良好的保温和节能性能，还可减小保温管材的厚度；安装方便且是永久性的连接；原料可回收，不会造成环境污染。PP-R管道的连接方式主要有两种：热熔连接和电熔连接。

PP-R管按管材尺寸分为S5、S4、S3.2、S2.5和S2五个管材系列，管材规格用"公称外径×公称壁厚"表示。按安全系数C值不同，有1.25和1.5两类。公称外径一般为16~160mm，管长度一般为4m或6m。其规格见表6-4和表6-5。

表6-4　　　　　　　　　　　　　　　　　PP-R管规格（一）

管材系列	S5		S4		S3.2		S2.5		S2	
安全系数	1.25	1.5	1.25	1.5	1.25	1.5	1.25	1.5	1.25	1.5
公称压力 p_N（MPa）	1.25	1.0	1.6	1.25	2.0	1.6	2.5	2.0	3.2	2.5

表6-5　　　　　　　　　　　　　　　　　PP-R管规格（二）

公称外径（mm）	管材系列					公称外径（mm）	管材系列				
	S5	S4	S3.2	S2.5	S2		S5	S4	S3.2	S2.5	S2
	公称壁厚（mm）						公称壁厚（mm）				
16	—	2.0	2.2	2.7	3.3	75	6.8	8.4	10.3	12.5	15.1
20	2.0	2.3	2.8	3.4	4.1	90	8.2	10.1	12.3	15.0	18.1
25	2.3	2.8	3.5	4.2	5.1	110	10.0	12.3	15.1	18.3	22.1
32	2.9	3.6	4.4	5.4	6.5	125	11.4	14.0	17.1	20.8	25.1
40	3.7	4.5	5.5	6.7	8.1	140	12.7	15.7	19.2	23.3	28.1
50	4.6	5.6	6.9	8.3	10.1	160	14.6	17.9	21.9	26.6	32.1
63	5.8	7.1	8.6	10.5	12.7						

3. 交联聚乙烯管（PE-X管）

PE-X是交联聚乙烯的缩写，它是将聚乙烯通过物理或化学的方法进行交联，交联后聚乙烯分子结构由线性转变为网状，从而其热强度、耐老化性能、耐环境应力开裂性、阻隔性、耐汽油和芳香烃的性能、抗蠕变性能都得到较大提高。PE-X管温度适用范围较宽，其长期使用温度范围为-70~95℃，瞬间耐温可达110℃；PE-X管具有良好的机械性能，有优良的长期压力作用下的抗蠕变性，使用温度升高及使用年限增长对耐压性能的影响相对较慢；耐酸碱和其他化学品性能优良。但其热膨胀性较大，连接需用锻造黄铜管件，成本较高。

（三）复合管

复合管材兼有金属管材强度大、刚性好和非金属管材耐腐蚀的优点。但复合管目前发展较慢，其主要原因：两种管材组合在一起比单一管材价格偏高；两种材质线胀系数相差较大，容易脱开，导致质量下降。目前，常用的有铝塑复合管和钢塑复合管两种。

1. 铝塑复合管（PAP）

铝塑复合管（PAP）是由内向外五层材料复合而成，分别为聚乙烯、黏结剂、薄铝板焊接管、聚乙烯。铝塑复合管的结构决定了这种管材兼有塑料管和金属管的特点。化学性能稳定的聚乙烯在与外界接触的外层与内层，避免了金属铝层与外界接触；而塑料在外层及强度较好的金属在内层，一方面防止了外界的腐蚀，另一方面增加了管材的强度和塑性。常用的铝塑复合管规格见表 6-6。

表 6-6　　　　　　　　　　　　　　　铝塑复合管规格

规格代号	公称直径（mm）	外径（mm）		内径（mm）	壁厚（mm）		质量（kg/m）
		最小值	偏差		最小值	偏差	
1014	12	14	+0.3	10	1.60	+0.4	0.092
1216	15	16	+0.3	12	16.5	+0.4	0.121
1418	18	18	+0.3	14	1.90	+0.4	0.145
1620	20	20	+0.3	16	1.90	+0.4	0.154
2025	25	25	+0.3	20	2.25	+0.5	0.227
2632	32	32	+0.3	26	2.90	+0.5	0.394
3240	40	40	+0.4	32	4.00	+0.6	0.516
4150	50	50	+0.5	41	4.50	+0.7	0.806

2. 钢塑复合管（SP）

钢管与 UPVC 塑料管复合管材，使用温度上限为 70℃，用聚乙烯粉末涂覆于钢管内壁的涂塑钢管可在−30～55℃下使用。环氧树脂涂塑钢管的使用温度高达 100℃，可用作热水管道。钢塑复合管除用于建筑冷热水、供暖及空调管道系统外，还广泛用于化工和石油工业等领域。

钢塑复合管主要有涂塑复合钢管和衬塑复合钢管两大类。

（1）涂塑复合钢管。其特点：安全卫生、价格低廉；防腐性能良好、耐酸碱性、耐高温，强度大、使用寿命长；流动阻力小。常用规格有公称直径 DN15～DN150 共十多种。连接方式有螺纹、法兰和沟槽三种。

（2）衬塑复合钢管。其主要性能与涂塑复合钢管类似，热导率低，节省了保温与防结露材料的厚度。另外，在相同管径条件下，水流损失和流速增大。常用规格有公称直径 DN15～DN150 共十多种。

二、散热设备

在采暖房间安装散热设备的目的是向房间供给热量以补充房间的热损失，使室内保持需要的温度，从而达到采暖目的。散热设备向房间散热的方式主要包括对流供暖、辐射供暖和热风供暖三种类型。因此常用的散热设备可分为散热器、辐射板、暖风机三种。下面主要介绍散热器和暖风机，一般民用建筑中较少采用辐射板。

（一）散热器

散热器的主要传热过程：散热器内部通道流过热水或蒸汽，以对流换热方式把散热器内壁面加热；内壁与外壁之间进行导热；其外壁面温度高于室内空气温度，以对流换热和辐射换热的方式把热量传给室内空气、物体和人。

1. 散热器的种类

（1）铸铁散热器。铸铁散热器具有结构简单、防腐蚀性能好、使用寿命长、适用于各种水质；水容量大，热稳定性好，价格低廉等优点。但其金属耗量大、笨重、金属热强度比钢制散热器低；安装运输劳动强度大，生产污染大。铸铁散热器在使用过程中内腔易掉砂，易堵塞温控阀和热量表，因此在分户热计量供暖系统中较少采用。

铸铁散热器按其构造形式分为柱型和翼型。

1) 铸铁柱型散热器是呈柱状的单片散热器，用对丝将单片组对成所需散热面积。每片中有几个中空的立柱相互连通。根据散热面积的需要，可将单片组装在一起形成一组散热器。

常用铸铁柱型散热器有四柱 [见图 6-21 (a)]、柱翼型 [见图 6-21 (e)]。柱型和柱翼型散热器有带足片与无足片两种片型，分别用于落地或挂墙安装。柱型和柱翼型散热器金属热强度大、外形美观、传热系数较大，容易组对成所需散热面积，积灰较易清除，因而得到广泛应用。

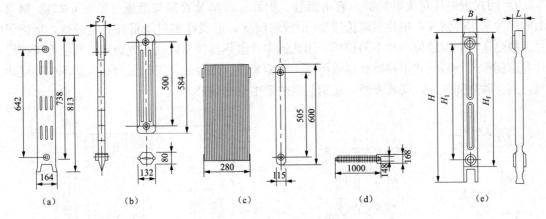

图 6-21 常用铸铁散热器

(a) 四柱散热器；(b) M132 型散热器；(c) 长翼型散热器；(d) 圆翼型散热器；(e) 柱翼型铸铁散热器

2) 翼型散热器分为长翼型 [见图 6-21 (c)] 和圆翼型 [见图 6-21 (d)]。翼型散热器的金属热强度和传热系数比较低，外形不美观，易积灰，单片散热面积较大，不易组对成所需散热面积，承压能力低，目前很少选用这种散热器。

常用的铸铁散热器性能参数见表 6-7。

表 6-7　　　　　　　　　　　　铸铁散热器性能参数

性能 型号	尺寸（mm）			质量（kg/片）		水容量 （L/片）	工作压力（MPa）		标准散热量 （W/片）
	孔距	净高	宽	足片	中片		热水	蒸汽	
柱型	582	660	143	6.2	5.4	1.03	0.5	0.2	112
	682	760	143	7.0	6.2	1.15	0.5	0.2	128
细四柱型	563	625	113	3.45	—	0.5	0.5	—	92.3
	663	725	113	4.16	—	0.52	0.5	—	109.4
长翼型	500	595	115	18		5.7	0.4	0.2	336
	500	595	115	26		8	0.4	0.2	444
圆翼型	—	—	—	24.6		3.32	0.6	0.4	393
	—	—	—	30		4.42	0.6	0.4	550

（2）钢制散热器。钢制散热器与铸铁散热器相比，具有如下特点。

1）金属耗量少。钢制散热器大多数是由薄钢板压制焊接而成。金属热强度可达 $0.8\sim1.0W/(kg\cdot\text{℃})$，而铸铁散热器的金属热强度一般仅为 $0.3W/(kg\cdot\text{℃})$ 左右。

2）耐压强度高。铸铁散热器承受的工作压力一般为 $0.4\sim0.5MPa$。钢制板型及柱型散热器的最高工作压力可达 $0.8MPa$；钢串片承受的工作压力更高，可达 $1.0MPa$。

3）外形美观整洁，占地小，便于布置。钢制散热器高度较低，扁管和板型散热器厚度薄，占地小，便于布置。

4）除钢制柱型散热器外，钢制散热器的水容量较少，热稳定性较差。在供水温度偏低而又采用间歇供暖时，散热效果明显降低。

5）钢制散热器的最主要缺点是容易被腐蚀，使用寿命比铸铁散热器短。

钢制散热器又可以分为如下几种类型。

1）闭式钢串片对流散热器。它由钢管、钢片、联箱及管接头组成（见图 6-22）。钢管上的串片采用薄钢片，串片两端折边 $90°$ 形成封闭形。形成许多封闭垂直空气通道，增强了对流换热量，同时也使串片不易损坏。闭式钢串片散热器规格以高×宽表示，其长度可按设计要求制作。钢制闭式串片散热器的特点为体型紧凑、寿命长、工作压力高，适用于高层建筑，其金属热强度高，安装方便，在钢制散热器中价格最低。

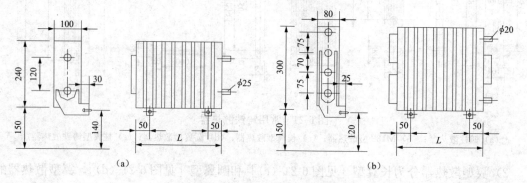

图 6-22 闭式钢串片对流散热器

(a) 240×100 型；(b) 300×80 型

2）钢制板型散热器。它由面板、背板、进出水口接头、放水门固定套及上下支架组成（见图 6-23）。背板有带对流片和不带对流片两种板型。面板、背板多用 $1.2\sim1.5mm$ 厚的冷轧钢板冲压成型，在面板上直接压出呈圆弧形或梯形的散热器水道。水平联箱压制在背板

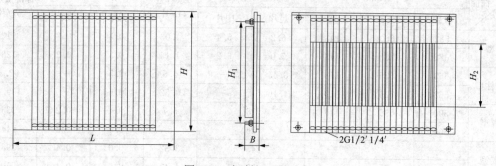

图 6-23 钢制板型散热器

上，经复合滚焊形成整体。为增大散热面积，在背板后面可焊上 0.5mm 后的冷轧钢板对流片。钢制板型散热器体形紧凑、热工性能好、便于清扫、热辐射量大且内腔洁净，适用于分户热计量供暖系统。

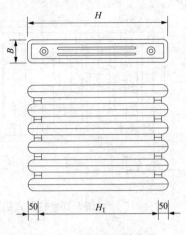

图 6-24 钢制柱型散热器

3）钢制柱型散热器。钢制柱型散热器的构造与铸铁柱型散热器相似，每片也有几个中空立柱冷轧钢（见图 6-24）。这种散热器是采用 $1.25 \sim 1.5$mm 厚冷轧钢板冲压延伸形成片状半柱型。将两片片状半柱型经压力滚焊复合成单片，单片之间经气体弧焊连接成散热器。钢制柱型散热器的热媒一般为热水，要求热媒水中含氧量小于等于 0.05g/m^3，停暖时应充水密闭保养，以延长使用寿命。

4）钢制扁管型散热器。它是采用 52mm×11mm×1.5mm（宽×高×厚）的水通路扁管叠加焊接在一起，两端加上断面 35mm×40mm 的联箱制成（见图 6-25）。扁管散热器的板型有单板、双板，单板带对流片和双板带对流片四种结构形式。单双板扁管散热器两面均为光板，板面温度较高，有较多的辐射热。带对流片的单、双板扁管散热器，每片散热量比同规格的不带对流片的大，热量主要以对流方式传递。

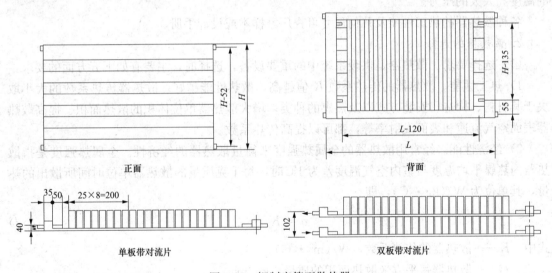

图 6-25 钢制扁管型散热器

5）钢制光面管（排管）散热器。它是用钢管在现场或工厂焊接而成的。其主要缺点是耗钢量大、占地面积大、造价高，不美观，一般只用于工业厂房。

实践经验表明：热水采暖系统中水的含氧量和氯根含量多时，钢制散热器很易产生内部腐蚀。此外，在蒸汽采暖系统中不应采用钢制散热器。对具有腐蚀性气体的生产厂房或相对湿度较大的房间，不宜设置钢制散热器。

（3）铝制散热器。铝制散热器的特点如下。

1）高效的散热性能。铝具有优良的热传导性能，挤压成型的柱翼式（见图 6-26）造型

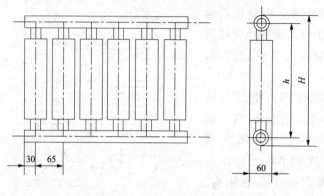

图 6-26　柱翼式铝制散热器

使得同体积散热面积大大增加，散热量大大提高，因此铝制散热器在满足同等散热量的情况下体积比传统散热器要小得多。

2）质量轻。铝制散热器由于具有很高的散热效率，并且其比重也仅为钢的 1/3，所以在同等散热量情况下，铝制散热器的质量比钢制散热器的质量要轻很多。

3）价格偏高。铝是价格较高的有色金属，远远高于钢、铁等黑色金属。

4）不宜在强碱条件下长期使用。铝是两性金属，对酸、碱都很活跃。在强碱条件下防腐涂料会加速老化，一旦涂层被破坏，铝会很快腐蚀，造成穿孔，因此铝制散热器对采暖系统用水要求较高。

（4）铝复合散热器。采用最新的液压胀管技术将里面的铜管与外部的铝合金紧密连接起来，将铜的防腐性能和铝的高效传热结合起来，这种组合使得这种散热器性能更加优越。

此外，还有用塑料等制造的散热器。塑料散热器可节省金属，耐腐蚀，但不能承受太高的温度和太大的压力。

各种散热器的热工性能及几何尺寸可查厂家样本或设计手册。

2. 散热器的选择

（1）选择要求。散热器是供暖系统中的重要设备，选择时，主要有如下五方面的要求：

1）热工性能。散热器的传热系数 K 值越高，散热性能越好。散热器传热系数的大小取决于其材料、构造、安装方式以及热媒的种类。增大散热器单位体积的散热面积、提高散热器表面空气流速和表面发射率等，都可以提高传热系数。

2）经济性能。经常用散热器的金属热强度来衡量散热器的经济性。金属热强度是指散热器内热媒平均温度与室内空气温度差为 1℃ 时，每千克质量的散热器单位时间所散出的热量，其单位为 W/(kg·℃)，即

$$q = K/G \tag{6-2}$$

式中　K——散热器的传热系数，$W/(m^2 \cdot ℃)$；

G——散热器每平方米散热面积的质量，kg/m^2。

q 值越大，说明散出同样的热量所消耗的金属量越少，从材料消耗方面来说，其经济性越高。这个指标可作为衡量同一材质散热器经济性的一个指标。对各种不同材质的散热器，其经济评价标准宜以散热器单位散热量的成本（元/W）来衡量。

3）安装使用和工艺。散热器应具有一定的机械强度和承压能力，不漏水、不漏汽；散热器的结构形式应便于组合成所需要的散热面积，结构尺寸要小，规格多，少占房间面积和空间；散热器的生产工艺应满足批量生产的要求，同时对散热器组装应尽量工厂化。

4）卫生和美观。散热器应外表光滑，不易积灰，易于清扫。公共与民用建筑中，散热器的形式、装饰、色泽等应与房间内部装饰相协调。

5）使用寿命。散热器应不易于被腐蚀和破损，使用年限长。

（2）选用原则。选用散热器类型时，应考虑其在热工、经济、卫生工艺和美观等方面的基本要求，应符合下列原则性的规定：

1）所选散热器的传热系数应较大，其热工性能应满足采暖系统的要求。

2）散热器的工作压力应满足系统的工作压力，并符合国家现行有关产品标准的规定。

3）民用建筑宜采用外形美观、易于清扫的散热器，与室内装修协调。

4）在放散粉尘或对防尘要求较高的工业建筑中，应采用易于清除灰尘的散热器。

5）在具有腐蚀性气体的工业建筑或相对湿度较大的房间应采用耐腐蚀的散热器。

6）采用钢制和铝制散热器时，应满足其产品对水质的要求。

7）安装热量表和恒温阀的热水采暖系统不宜采用水流通道内含有黏砂的铸铁等散热器。

3. 散热器的布置

（1）散热器宜安装在外墙的窗台下，这样，沿散热器上升的对流热气流能阻止和改善从玻璃窗下降的冷气流和玻璃冷辐射的影响，使人体感觉舒适。当安装或布置管道有困难时，也可靠内墙安装。

（2）为防止冻裂散热器，两道外门之间的门斗内不应设置散热器。楼梯间的散热器宜分配在底层或按一定比例分配在下部各层。

（3）散热器宜明装。内部装修要求较高的民用建筑可采用暗装，暗装时装饰罩应有合理的气流通道，足够的通道面积，并方便维修。幼儿园的散热器必须暗装或加防护罩，以防烫伤儿童。

（4）在垂直单管或双管热水采暖系统中，同一房间的两组散热器可以串联连接；贮藏室、盥洗室、厕所和厨房等辅助用室及走廊的散热器，可同邻室串联连接。两串联散热器之间的串联管直径应与散热器接口直径相同，以便水流畅通。

（5）铸铁散热器的组装片数不宜超过下列数值。

粗柱型（包括柱翼型）：20 片；细柱型：25 片；长翼型：7 片。

（二）暖风机

暖风机是由通风机、电动机及空气加热器组合而成的联合机组。在风机作用下，空气由吸风口进入机组，经空气加热器加热后，从送风口送至室内，以维持室内要求的温度。暖风机是热风供暖系统的备热和送热设备，热风供暖是比较经济的供暖方式之一。暖风机分为轴流式与离心式两种，常称为小型暖风机和大型暖风机。根据其结构特点及适用的热媒不同，又可分为蒸汽暖风机、热水暖风机，蒸汽、热水两用暖风机以及冷热水两用暖风机等。

1. 轴流式暖风机

目前，国内常用的轴流式暖风机主要有蒸汽、热水两用的 NC 型（见图 6-27）、NA 型暖风机，以及冷热水两用的 S 型暖风机。轴流式暖风机体积小、结构简单、安装方便。但它送出的热风气流射程短，出口风速低。所以它主要用于加热室内再循环空气，一般将其悬挂或支架在墙上或柱子上。

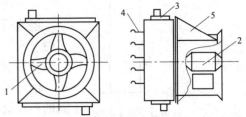

图 6-27　NC 型轴流式暖风机

1—轴流式风机；2—电动机；3—加热器；

4—百叶片；5—支架

2. 离心式暖风机

离心式大型暖风机主要有蒸汽、热水两用的 NBL 型暖风机（见图 6-28）。离心式暖风机是用于集中输送大量热风的供暖设备。由于它配用离心式通风机，有较大的作用压头和较高的出口速度，比轴流式暖风机的气流射程长很多，送风量和产热量大，常用于集中送风供暖系统。离心式大型暖风机除用于加热室内再循环空气外，也可用来加热一部分室外新鲜空气，同时用于房间通风和供暖。

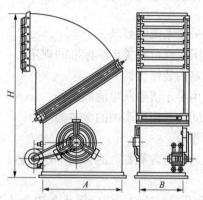

图 6-28　NBL 型离心式暖风机

三、辅助设备

（一）膨胀水箱

膨胀水箱一般用钢板制成，通常做成矩形或圆形。膨胀水箱安装在系统的最高点，在热水供暖系统中，用来容纳系统中水温升高后膨胀的水量，并控制水位高度。在自然循环上供下回系统中起到排气作用，在机械循环系统还起到恒定系统压力的作用。在自然、机械循环热水供暖系统中，膨胀水箱的安装位置有所不同。图 6-29 所示为自然循环系统中膨胀水箱的连接方法示意图。与膨胀水箱连接的管道应有利于使系统中的空气通过连接管排入水箱至大气中去，循环管的作用是防止水箱结冻。图 6-30 所示为机械循环系统与膨胀水箱的连接示意，膨胀管设在循环水泵的吸水口处作为控制系统的恒压点，循环管的作用同前所述。

膨胀水箱上装置的管道根据需要有膨胀管、循环管、溢水箱、信号管、泄水箱。

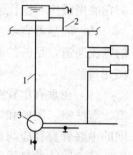

图 6-29　自然循环系统中膨胀水箱的连接
1—膨胀管；2—循环管；
3—加热器

1. 膨胀管

在自然循环系统中应接在供水总立管的顶端；在机械循环系统中，一般接至循环水泵吸入口前。连接点处的压力无论系统是否工作，都是恒定的。

2. 循环管

循环管的作用是保证有一部分膨胀水在水箱与膨胀管之间循环流动，以防水箱结冻；在机械循环系统中，循环管应接到系统定压点前的水平回水干管上。

3. 溢水管

溢流管的作用是当膨胀水箱容纳不下系统中多余的膨胀水量时，水可从溢水管溢出排至附近下水系统。

4. 信号管

信号管是用于观察膨胀水箱内是否有水，一般可接到值班间的污水盆中或工作人员易观察的地方。

5. 泄水管

泄水管是供清洗或泄空水箱时使用，可与溢水管一并接到下水系统。

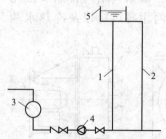

图 6-30　机械循环系统与膨胀水箱的连接
1—膨胀管；2—循环管；
3—加热器；4—水泵；5—水箱

在膨胀管、循环管和溢流管上，严禁安装阀门，以防止系统超压、水箱冻结等危险。

（二）排气装置

在热水供暖系统中，如果散热器内存在空气，将会阻碍散热器的有效散热。若空气积存在管道中，容易形成汽塞，堵塞管道，破坏水循环。而且空气与管道内壁接触会引起管道腐蚀，缩短管道使用寿命。为保证供暖系统的正常运行，无论是自然循环系统还是机械循环系统，都必须及时迅速地排除系统中的空气。自然循环系统和机械循环系统的双管下供下回式系统及倒流式系统可以通过膨胀水箱排除空气，其他系统都要在供水干管末端设置集气罐或手动、自动排气阀排除空气。

1. 集气罐

集气罐一般是用直径 $D100\sim250mm$ 的钢管焊制而成的，分为立式和卧式两种，每种又有Ⅰ、Ⅱ两种形式，如图 6-31 所示。集气罐顶部连接直径 $D15mm$ 的排气管，排气管应引至附近的排水设施处，排气管另一端装有阀门，排气阀应设在便于操作的地方。

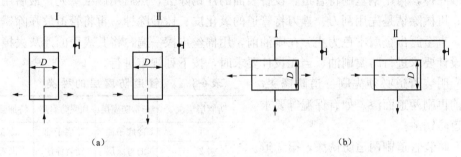

图 6-31 集气罐
(a) 立式集气罐；(b) 卧式集气罐

集气罐应设于系统供水干管末端的最高点处。当系统充水时，应打开排气阀，直至有水从管中流出，方可关闭排气阀；系统运行期间，应定期打开排气阀排除空气。

可根据如下要求选择集气罐的规格尺寸：

（1）集气罐的有效面积应为膨胀水箱有效面积的 1%。

（2）集气罐的直径应大于或等于干管直径的 1.5～2 倍。

（3）应使水在集气罐中的流速不超过 0.05m/s。

2. 自动排气阀

自动排气阀大都是依靠水对浮体的浮力，通过自动阻气和排水机构，使排气孔自动打开或关闭，达到排气的目的。

自动排气阀的种类很多，图 6-32 是一种自动排气阀。当阀内无空气时，阀体中的水将浮子浮起，通过杠杆机构将排气孔关闭，阻止水流通过。当系统内的空气经管道汇集到阀体上部空间时，空气将水面压下去，浮子随之下落，排气孔打开，自动排除系统内的空气。空气排除后，

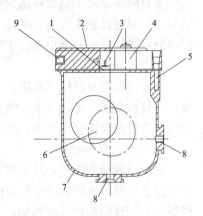

图 6-32 立式自动排气阀
1—杠杆机构；2—垫片；3—阀堵；
4—阀盖；5—垫片；6—浮子；
7—阀体；8—接管；9—排气孔

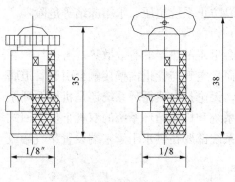

图 6-33　手动排气阀

水又将浮子浮起，排气孔重新关闭。自动排气阀与系统连接处应设阀门，以便检修自动排气阀。

3. 手动排气阀

手动排气阀适用于公称压力 $p_N \leqslant 600\text{kPa}$，工作温度 $T \leqslant 100℃$ 的水或蒸汽采暖系统的散热器上。如图 6-33 为手动排气阀，多用在水平式和下供下回式系统中，将散热器上部专设的丝孔旋紧，以手动方式排除空气。

四、防腐、保温

（一）管道、设备防腐

管道、设备防腐处理之前，要进行除锈处理。除锈方法主要有两种：人工除锈和机械除锈。人工除锈是用刮刀、锉刀将管道、设备的氧化皮、铸砂除掉，再用钢丝刷将管道、设备表面的浮锈除去，然后用砂纸磨光，最后用棉丝将其擦净；机械除锈是先用刮刀、锉刀将管道的氧化皮、铸砂除掉，再将管道放在除锈机内反复除锈，直至露出金属本色为止。在刷油前，用棉丝再擦一遍，将其表面的浮灰去掉。管道一般按设计要求进行防腐刷油，当无设计要求时，按下列规定进行。

（1）明装管道必须先刷一道防锈漆，待交工前再刷两道面漆。如有保温等要求应刷两道防锈漆。

（2）暗装管道刷两道防锈漆，第二道防锈漆必须待第一道漆干透后再刷。

（3）埋地管道做防腐层时，其外壁防腐层的做法可按表 6-8 的规定进行。

表 6-8　　管道防腐层的种类

防腐层层次	正常防腐层	加强防腐层	特加强防腐层
1	冷底子油	冷底子油	冷底子油
2	沥青涂层	沥青涂层	沥青涂层
3	外包保护层	加强包扎层	加强保护层
4		沥青涂层	沥青涂层
5		外保护层	加强包扎层
6			沥青涂层
7			外包保护层
防腐层厚度（mm）	≥3	≥6	≥9
允许偏差（mm）	−0.3	−0.5	−0.5

（二）管道保温

供热管道及其附件均应包敷保温层。其主要目的在于减少热媒在输送过程中的热损失；有时，也主要为了维持一定的热媒参数；或从技术安全出发，主要为了降低管壁外表面温度，避免运行或维修中烫伤人。

1. 保温材料的选择

良好的保温材料应具有质量轻、导热系数小、高温下不变性或变质、具有一定的机械强度、不腐蚀金属、可燃分小、吸水率低、易于施工成型并且成本低廉等特性。在选择保温材料时，应根据允许使用温度、保温材料特性及经济等因素来确定。

2. 常用的保温材料

我国国家标准规定，凡平均温度不高于 350℃、导热系数不大于 0.12W/mK 的材料均称为保温材料。供暖管道中常用的保温材料有橡塑棉、聚氨酯、硅酸盐、玻璃棉等。其中，橡塑具有细致的独立气泡结构，无空气对流，导热系数小于 0.0325W/mK，并且在温度为 −60～89℃ 环境下，不发生物理变化，适合各冷冻工程、室内采暖、空调等管道保温等用途。易切割，易粘接，材质柔软，富于弹性，特别便于安装施工。

硅酸铝保温材料又名硅酸铝复合保温涂料，是一种新型的环保墙体保温材料。硅酸铝复合保温涂料为新型绿色无机涂料，是单组分材料包装，无毒无害，具有优良的吸声、耐高温、耐水、耐冻性能，收缩率低，整体无缝、无冷桥、热桥形成，质量稳定可靠，抗裂、抗震性能好，抗负风压能力强，容重轻、保温性能好并具有良好的和易性、保水性、附着力强、面层不空鼓、施工不下垂、不流挂、施工损耗小、燃烧性能为 A 级不燃材料：温度在－40～800℃范围内骤冷骤热，保温层不开裂，不脱落，不燃烧，耐酸、碱、油等优点，常用于高温蒸汽管道埋地保温的内层保温结构中。

聚氨酯泡沫具有保温性能好、耐热性能好、使用寿命长、质量轻、运输及施工方便等优点，耐水性也不错，价格稍高。聚氨酯泡沫已经逐渐取代了它们，成为外墙保温材料的首选。常用于热水供暖管道、蒸汽输送管道外层的保温结构中。

作为一种有机保温材料，聚氨酯泡沫也免不了所有有机保温材料共有的缺点：易燃、耐高温耐火性能差、高温下释放大量有毒有害浓烟等。同时，聚氨酯泡沫材料起火燃烧后，火焰温度高，烟雾弥漫，增加了消防人员施救和现场人员撤离的难度。

玻璃棉属于玻璃纤维中的一个类别，是一种人造无机纤维。采用石英砂、石灰石、白云石等天然矿石为主要原料，配合一些纯碱、硼砂等化工原料熔成玻璃。在熔化状态下，借助外力吹制式甩成絮状细纤维，纤维和纤维之间为立体交叉，互相缠绕在一起，呈现出许多细小的间隙。这种间隙可看作孔隙。因此玻璃棉可视为多孔材料，具有良好的绝热、吸声性能。

室内管道保温材料及厚度见表 6-9。

表 6-9　　　　　　　　　　　　　　　室内管道保温材料及厚度

公称直径 DN	无缝钢管外径 D	憎水珍珠岩管壳		超细玻璃棉管壳		岩棉管壳	
		介质温度	介质温度	介质温度	介质温度	介质温度	介质温度
		100℃	130℃	100℃	130℃	100℃	130℃
		厚度	厚度	厚度	厚度	厚度	厚度
20	28	50	70	30	40	30	40
25	32	50	70	30	40	30	40
32	38	50	70	30	40	30	40
40	45	50	70	30	55	30	55
50	57	50	70	40	55	40	55
65	73	65	70	40	55	40	55
80	89	65	90	40	55	40	55
100	108	65	90	40	55	40	55
125	133	65	90	40	55	40	55
150	159	65	90	40	55	40	55
200	219	80	90	40	55	40	55
250	273	80	90	55	70	55	70
300	325	80	90	55	70	55	70

第五节　高层建筑热水供暖系统

我国自 2005 年起规定，超过 10 层的住宅建筑和超过 24m 高的其他民用建筑为高层建筑。高层建筑的供暖系统设计需要考虑一些特殊问题。

由于高层建筑热水供暖系统的水静压力较大，因此，它与室外热网连接时，应根据散热器的承压能力，外网的压力状况等因素，确定系统的型式及其连接方式。此外，在确定系统型式时，还要考虑由于建筑层数多而加重系统垂直失调的问题。

高层建筑热水供暖系统主要有以下几种型式。

一、分区供暖系统

在高层建筑供暖系统中，垂直方向分成两个或两个以上的独立系统称为分层式供暖系统。下层系统通常与室外网路连接。它的高度主要取决于室外网路的压力工况和散热器的承压能力。上层系统与外网采用隔绝式连接（见图 6-34），利用水加热器使上层系统的压力与室外网路的压力隔绝。

当外网供水温度较低，使用热交换器所需加热面过大而不经济合理时，可考虑采用如图 6-35 所示的双水箱分层式供暖系统。

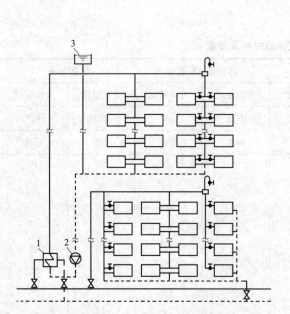

图 6-34　分层式热水供暖系统
1—换热器；2—循环水泵；3—膨胀水箱

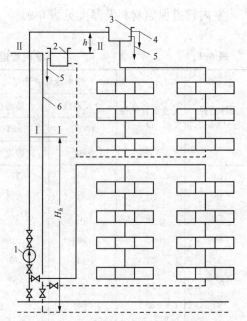

图 6-35　双水箱分层式热水供暖系统
1—加压水泵；2—回水箱；3—进水箱；
4—进水箱溢流管；5—信号管；6—回水

双水箱分层式供暖系统具有如下特点：

（1）上层系统与外网直接连接。当外网供水压力低于高层建筑净水压力时，在用户供水管上设加压水泵（见图 6-35）。利用进、回水箱两个水位落差 h 进行上层系统的水循环。

（2）上层系统利用非满管流动的溢流管 4 与外网回水管连接，溢流管 4 下部的满管高度 H_h 取决于外网水管的压力。

（3）由于利用两个水箱代替了热交换器所起的隔绝压力作用。简化了入口设备，降低了系统造价。

（4）采用开式水箱，易使空气进入系统，造成系统腐蚀。

二、双线式系统

双线式系统有垂直式和水平式两种型式。

1. 垂直双线式单管热水供暖系统（见图 6-36）

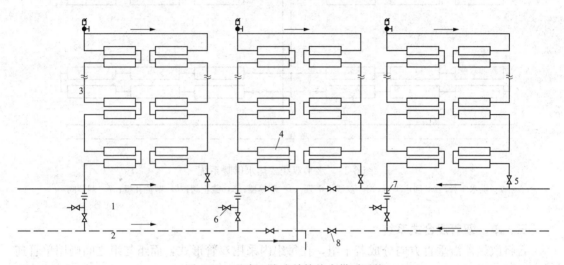

图 6-36　垂直双线式单管热水供暖系统
1—供水干管；2—回水干管；3—双线立管；4—散热器；5—截止阀；6—排水阀；7—节流孔板；8—调节阀

垂直双线式单管热水供暖系统由竖向 Ⅱ 形单管式立管组成。双线系统的散热器通常采用蛇形管或辐射板式（单块或砌入墙内形成整体式）结构。由于散热器立管是由上升立管和下降立管组成的，因此各层散热器的平均温度可以近似地认为是相同的。对于高层建筑，各层散热器的平均温度近似相同的单管式系统，有利于避免系统垂直失调，这是双线式系统的突出优点。

垂直双线式系统的每一组 Ⅱ 形单管式立管最高点处应设置排气装置。此外，由于立管的阻力较小，容易引起水平失调。可考虑在每根立管的回水立管上设置孔板，增大立管阻力，或采用同程式系统来消除水平失调。

2. 水平双线式热水供暖系统（见图 6-37）

水平双线式系统在水平方向的各组散热器平均温度进似地认为是相同的。当系统的水温度或流量发生变化时，每组双线上各个散热器的传热系数 K 值的变化程度近似是相同的。因而对避免冷热不均很有利（垂直双线式也有此特点）。同时，水平双线式与水平单管式一样，可以在每层设置调节阀，进行分层调节。此外，为避免系统垂直失调，可考虑在每层水平分支线上设置节流孔板，以增加各水平环路的阻力。

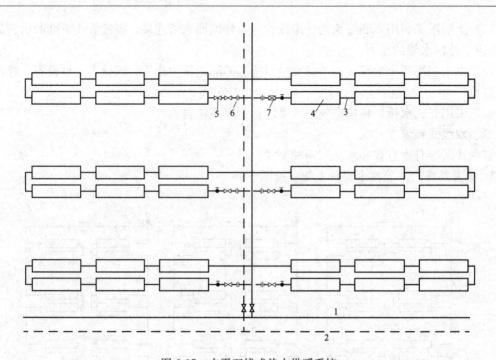

图 6-37　水平双线式热水供暖系统

1—供水干管；2—回水干管；3—双线水平管；4—散热器；5—截止阀；6—节流孔板；7—调节阀

三、单、双管混合式系统

若将散热器沿垂直方向分成若干组，在每组内采用双管形式，而组与组之间则用单管连接，这就组成了单、双管混合式系统。

这种系统的特点：既避免了双管系统在楼层数过多时出现的严重竖向失调现象，又能避免散热器支管管径过粗的缺点，而且散热器还能进行局部调节。

第六节　供暖工程施工图识读

一、供暖工程施工图的内容

供暖施工图一般由设计说明及图例、平面图、系统图、详图、设备及主要设备材料表组成，其主要内容如下。

1. 设计说明及图例

设计图纸上用图或符号表达不清楚的问题，一般用文字加以说明。供暖工程设计说明的主要内容有：建筑物的供暖面积、各房间设计温度、热源种类、热媒参数、系统总热负荷、系统形式、进出口压力差（即室内供暖所需压力）、散热器型式及安装方式、管道敷设方式、防腐、保温及水压试验要求等。

一般中小型工程的设计说明直接写在图纸上，工程较大、内容较多时另附专页编写，放在图纸首页。

常用供暖施工图例见表 6-10。

表 6-10 图 例

序号	名 称	图 例	序号	名 称	图 例
1	管道	——— / —A— / —F— / - - - -	19	膨胀阀	
			20	散热器放风门	
2	采暖 供水（汽）管 回（凝结）水管	——— / - - - -	21	手动排气阀	
3	保温管		22	自动排气阀	
4	软管		23	疏水阀	
5	方形伸缩器		24	散热器三通阀	
6	套管伸缩器		25	球阀	
7	波形伸缩器		26	电磁阀	
8	弧形伸缩器		27	角阀	
9	球形伸缩器		28	三通阀	
10	流向		29	四通阀	
11	丝堵		30	节流孔板	
12	滑动支架		31	散热器	
13	固定支架		32	集气罐	
14	截止阀		33	管道泵	
15	闸阀		34	过滤器	
16	止回阀		35	除污器	
17	安全阀		36	暖风机	
18	减压阀				

2. 采暖平面图

为了表示各楼层的管道及设备布置情况，供暖施工平面图应分层表示，但通常只画出房屋采暖标准层、首层和顶层平面图。

（1）标准层平面图。标准层平面图指中间（相同）各层的平面布置图，标注散热器的安装位置、规格、片数（尺寸）及安装方式、立管的位置及数量等。

（2）首层平面图。除与标准层平面图相同的内容外，还应标明热力入口的位置，进出水管的管径、坡度及采用标准图号。下供式系统标明干管的位置、坡度和管径；上供式系统标明回水干管的位置、坡度和管径。平面图中还要标明地沟尺寸和管道支架位置等。

（3）顶层平面图。除与标准层平面图相同的内容外，对于上供式系统，还应标明总立管、水平干管的位置、管径、坡度。干管上的阀门、管道固定支架、伸缩器的位置、膨胀水箱的位置及规格等。

3. 系统图

供暖系统图是表示供暖系统空间布置情况和散热器连接形式的立体透视图，其主要内容有：

（1）供水干管、支管、散热器及阀门等的位置关系。

（2）各管道的标高、坡度、直径。

（3）散热器的片数、集气罐的规格。

（4）与平面图的对应关系。

4. 详图

某些设备的构造或管道间的连接情况在平面图和系统图上表达不清楚时，可以将这些部位按比例放大，画出详图。

二、供暖工程施工图举例

以某三层办公楼为例，介绍采暖施工图。该采暖施工图包括一层采暖平面图（见图 6-38），二、三层采暖平面图（见图 6-39）和采暖系统图（见图 6-40）。比例均为 1：100。该系统采用机械循环上供下回双管热水采暖系统，供回水温度 95℃/70℃。看图时，平面图应与系统图对照看，从供水管入口开始，沿水流方向按供水干、立、支管顺序到散热器，再由散热器开始，按回水支管、立管、干管顺序到出口。

采暖引入口设在该办公楼西侧管沟内，供水干管沿管沟进入西面外墙内侧（管沟尺寸为1.0m×1.2m），向上升至 9.6m 高度处，布置在顶层楼板下面，末端设一个集气罐。整个系统布置成同程式，热媒沿各立管通过散热器散热，流入位于管沟内的回水干管，最后汇集在一起，通过引出管流出。

系统每个立管上、下端各安一个闸阀，每组散热器入口装一个截止阀。散热器采用M132，片数已标注在各层平面图中，明装。

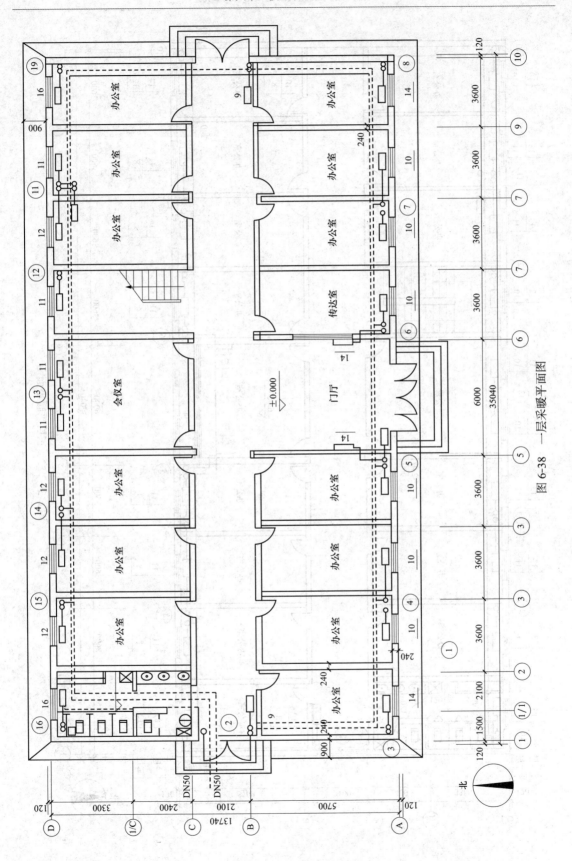

图 6-38 一层采暖平面图

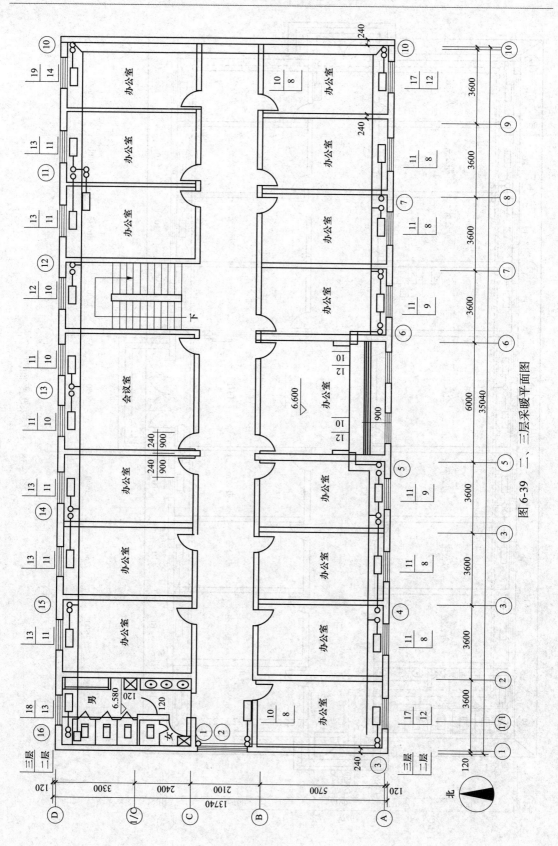

图 6-39 二、三层采暖平面图

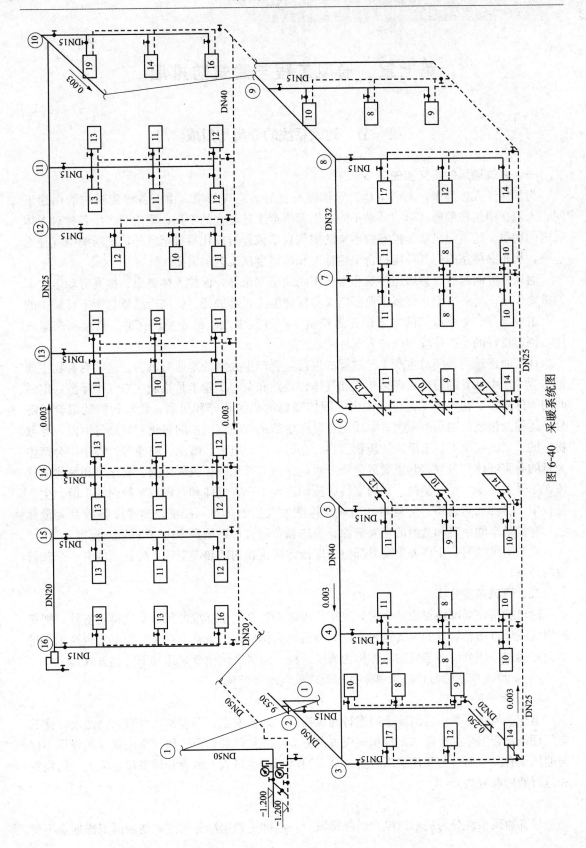

图 6-40　采暖系统图

第七章　通风工程与建筑防排烟

第一节　通风系统的分类与组成

一、建筑通风的意义和任务

为了保证人体健康，人们生活、工作需要良好的空气环境。由于各种建筑物的用途不同，人们在建筑物中所从事的活动不同，以及生产工艺过程的不同，室内会产生各种对人体有害的物质。建筑通风就是把室内污染的空气直接或经过净化后排至室外，把新鲜空气补充进来，从而保持室内空气环境符合卫生标准和满足生产工艺的需要。

通风一方面起着改善居住建筑和生产车间的空气条件，保护人体健康、提高劳动生产率的重要作用；另一方面在许多工业部门又是保证生产正常进行、提高产品质量所不可缺少的一个组成部分。工业通风的主要任务是控制生产过程中产生的粉尘、有害、高温和高湿气体，创造良好的生产环境和保护大气环境。

在工业建筑内，随着生产工艺过程的进行，会产生大量的工业有害物。这些有害物主要是工业生产中散发的粉尘、有害蒸汽和气体、余热和余湿。粉尘是指能在空气中浮游一定时间的固体微粒。在生产工艺过程中由于固体物料的机械粉碎和研磨，粉状物料的混合、筛分、运输及包装，物质的燃烧，物质加热时产生的蒸汽在空气中的氧化和凝结等原因，导致粉尘的产生。在化工、造纸、纺织物漂白、金属冶炼、电镀、酸洗、喷漆等过程中均会产生大量的有害气体和蒸汽。其主要成分是一氧化碳、二氧化碳、氮氧化物、氯化氢和氟化氢气体，以及汞、苯、铅等蒸汽。室内空气的流动造成了有害气体和蒸汽在车间内的扩散。生产过程中，各种加热设备、热材料和热成品等散发大量的热量，浸洗、蒸煮设备散发大量蒸汽，它们是车间余热和余湿的主要来源。余热和余湿直接影响到室内空气的温/湿度。

建筑通风的另一个任务是防暑降温，即排除建筑物内的热湿空气，使建筑内有一个较舒适的环境。

二、通风系统分类

通风就是在局部地点或整个房间或车间内把不符合卫生标准的污浊空气排至室外，把新鲜空气或经过净化处理的空气送入室内。前者称为排风，后者称为送风。为了实现送风或排风而采用的一系列设备装置的总体称为通风系统。通风系统主要采用如下分类方式。

（一）按通风系统的作用范围分为全面通风和局部通风

1. 全面通风

全面通风是对整个房间或车间进行通风换气，以改变温、湿度和稀释有害物浓度，使其空气环境符合卫生标准要求。根据气流方向分为全面排风和全面送风。全面通风的效果不仅与通风量有关，而且与气流组织有关。全面通风所需风量大、风管和设备尺寸庞大、初投资和运行费用都较高。

2. 局部通风

局部通风系统分为局部送风和局部排风。它们都是利用局部气流，使局部工作地点不受有害物的污染，造成良好的空气环境。局部通风系统的送风量或排风量较小、设备和管道投资较低、运行和维护费用也较少。

（二）按工作动力不同分为自然通风和机械通风

1. 自然通风

自然通风是依靠室外风力造成的风压和室内外空气温度差所造成的热压使空气流动的。自然通风的突出优点是不需要动力设备，运行比较经济、使用管理比较简单。其缺点是作用压力比较小，受自然条件限制，通风效果不够稳定。

2. 机械通风

机械通风依靠风机产生的压力使空气流动，通过管道将空气送入室内指定地点，同时也可以根据需要对空气进行处理。机械通风能够合理地组织室内空气流动方向，便于调节通风量和稳定通风效果。但系统运行时需要消耗电能、风机和管道占用空间，因此初投资和运行费较高，安装管理较为复杂。

三、通风系统组成

以常见的送风系统和排风系统为例，说明通风系统的组成。

1. 送风系统

送风系统一般由进风口、进气室、通风机、通风管道、调节阀、送风口等部分组成，如图 7-1 所示。

（1）进风口。进风口上设有百叶风格，可以阻挡室外杂物进入进气室，是进风的入口。

（2）进气室。进气室是进风小室，内设过滤器、空气加热器等设备。

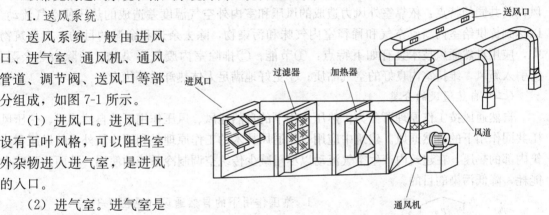

图 7-1　送风系统组成示意图

（3）送风机。送风机是促使空气流动，将进风小室内的空气送入管道，提供动力的机械设备。

（4）送风管道。输送空气的管道。

（5）送风口。送风口的作用是直接将空气送入室内。

2. 排风系统

排风系统一般由局部排风罩、风道、净化设备、排风机、风帽等部分组成，如图 7-2 所示。

（1）局部排风罩。局部排风罩是用来捕集有害物的，它的性能对局部排风系统的技术经济指标有直接影响。性能良好的局部排风罩，只要较小的风量就可以获得

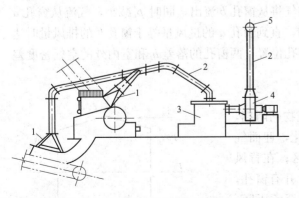

图 7-2　局部排风系统示意图
1—局部排风罩；2—风管；3—净化设备；4—风机；5—风帽

良好的通风效果。

（2）排风管道。输送空气的管道，将系统中的各个设备或部件连接成一个整体。管道力求短、直，表面光滑，阻力小。

（3）净化设备。为了防止大气污染，当排出空气中有害物浓度超出排放标准时，必须设置空气净化处理设备。

（4）排风机。为机械排风系统提供空气流动动力，一般设在净化设备的后面。

（5）风帽。直接将污浊空气排至室外，是排风系统的末端装置。

第二节　建 筑 通 风 方 式

一、自然通风系统

（一）自然通风的特点及原理

自然通风是一种比较经济的通风方式，它不消耗动力，也可获得较大的通风换气量，简单易行，节约能源，有利于环境保护，被广泛应用于工业和民用建筑中。总体来说，自然通风，其共同的特点：依靠室外风力造成的风压和室内外空气温度差造成的热压使空气流动，以达到提供给室内新鲜空气和稀释室内气味和污染物，除去余热和余湿的目的。在建筑物中，应用自然通风技术具有如下特点：①节能；②排除室内废气污染物，消除余热余湿；③引入新风，维持室内良好的空气品质；④更好地满足人体热舒适等优点。

（二）自然通风的分类

自然通风按工作原理可分为：热压作用下的自然通风、风压作用下的自然通风、热压风压共同作用下的自然通风。建筑中应用自然通风技术的工作原理是利用建筑外表的风压和建筑内部的热压，在建筑内产生空气流动以尽量减少传统空调制冷系统的使用，从而达到减少能耗，降低污染的目的。

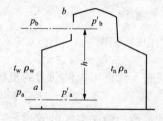

图 7-3　热压作用下的自然通风

1. 热压作用下的自然通风（见图 7-3）

热压作用下的自然通风是由于存在室内外温差和进排气口落差，利用空气密度随温度升高而降低的性质进行的一种通风方式。从图 7-3 可以看出，在 $\Delta p_a = 0$ 的情况下，只要室内温度 t_n 大于室外温度 t_w，同时开启窗孔 a、b，空气将从窗孔 b 流出，同时 p'_a 减小，气流从窗孔 a 流入室内，直到窗孔 a 的进风量等于窗孔 b 的排风量时达到平衡。可见影响热压通风的主要因素是窗孔位置、两窗孔的落差 h 和室内外的空气密度差 $(\rho_w - \rho_n)$。

2. 风压作用下的自然通风（见图 7-4）

当室外气流与建筑物相遇时，由于建筑物的阻挡，建筑物四周室外气流的压力分布将发生变化，迎面气流受阻，动压降低，静压增高，形成正压区；在背风面及屋顶和两侧形成负压区。如果建筑物上开有窗孔，气流就从正压区流向室内，再从室内向外流至负压区，形成风压通风。风压通风的压力大小主要取决于风速

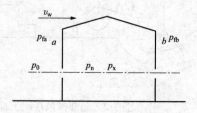

图 7-4　风压作用下的自然通风

和由建筑各面尺寸及与风向间的夹角所决定的空气动
力系数，空气动力系数一般由专门的模型实验决定。
由风压促成的气流可以穿过整个房间，通风量会大大
超过热压促成的气流，这是夏季组织通风的主要
方式。

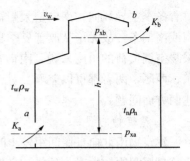

图 7-5　风压和热压共同
作用下的自然通风

　　3. 风压热压同时作用下的自然通风（见图 7-5）

　　建筑物受到风、热压同时作用时，外围护结构上
各窗孔的内外压差就等于各孔的余压和室外风压之差
的线性叠加。由于室外风速和风向是经常变化的，因
此风压的作用不是一个可靠的因素，在一般工程设计
中均不予考虑。然而，理论上对室内热环境进行动态分析时，必须考虑风压的作用。现代建
筑设计中实现自然通风的方式与分析建筑物中的自然通风在实现原理上由风压和热压引起的
空气流动，在实践中，往往由于条件限制，单纯利用风压或热压不能满足通风需要，因此又
可以由风压和热压结合，甚至采用机械辅助自然通风。

　　（三）建筑设计与自然通风

　　影响自然通风的因素对于建筑本身来说，有建筑物的高度、进深、长度和迎风方位；对
于建筑群体来说，有建筑的间距、排列组合方式和建筑群体的迎风方位；对于住宅区规划来
说，有住宅区的合理选址以及住宅区道路、绿地、水面的合理布局等，以便达到最佳的通风
效果。

　　1. 建筑形式的选择

　　（1）为了增大进风面积，以自然通风为主的热车间应尽量采用单跨厂房。

　　（2）如果迎风面和背风面的外墙开口面积占外墙总面积的 25%，而且车间内部阻挡较
小时，室外气流在车间内的速度衰减较小，容易形成穿堂
风。图 7-6 所示的开敞式厂房是应用穿堂风的主要建筑形
式之一。

　　（3）为了降低温度、冲淡有害物浓度，有些生产车间
采用双层结构，如图 7-7 所示。车间的主要设备布置在二
层，设置四排连续的进风格子板。室外空气由侧窗和地板

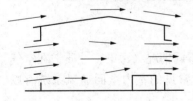

图 7-6　开敞式厂房的自然通风

的送风格子板直接进入工作区。这种双层建筑自然通风量大，工作区温升小。

　　（4）为了提高自然通风效果，应尽量降低进风侧窗离地面的高度，一般不宜超过 1.2m，
南方炎热地区可取 0.6～0.8m。

　　（5）在多跨厂房中应将冷热跨间隔布置，尽量避免热跨
相邻。

　　2. 建筑物的朝向

　　要确定建筑物的朝向，不但要了解当地日照量较多的方向，
还要了解当地风的相关特性，包括冬季和夏季主导风的方向、
速度以及风的温度。每一个地区都有自己风的特点，由于建筑
物迎风面最大的压力是在与风向垂直的面上，因此，在选择建
筑物朝向时应尽量使建筑主立面朝向夏季主导风向，而侧立面

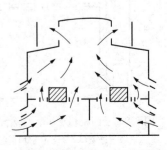

图 7-7　双层厂房的自然通风

对着冬季主导风向；南向是太阳辐射量最多的方向，加之国内大部分地区夏季主导风向都是南或南偏东，故无论从改善夏季自然通风、调节房间热环境，还是从减少冬季、夏季的房间采暖空调负荷的角度来说，南向都是建筑物朝向最好的选择。而且选择南向也有利于避免东、西晒，两者都可以兼顾。对于那些朝向不够理想的建筑，就应采取有效措施妥善解决上述两方面问题。

3. 建筑物的间距

建筑物南北向日照间距较小时，前排建筑遮挡后排建筑，风压小，通风效果差；反之，建筑日照间距较大时，后排建筑的风压较强，自然通风效果就越好。所以在住宅组团设计中，大部分住宅楼之间的空地形成绿地，对改善绿地下风侧住宅的自然通风有较好的效果；同时还能为人们提供良好的休息和交流场所。在条件许可时，尽量加大山墙的间距。因为室外气流吹过呈行列式布局的建筑群时，在建筑物的山墙之间将形成一条空气射流。当采用错列布置方式时，可以利用住宅山墙间的空气射流，改善下风方向住宅和自然通风，效果显著。山墙间距的大小取决于住宅间距。住宅间距越大，山墙间距也应越大，以便使足够的空气射流能吹到后排住宅上。过小的住宅楼山墙间距，对消防、绿化和道路交通都有不利影响。

二、机械通风系统

机械通风依靠风机提供的风压、风量，通过管道和送、排风口系统可以有效地将室外新鲜空气或经过处理的空气送到建筑物的任何工作场所；还可以将建筑物内受到污染的空气及时排至室外，或者送至净化装置处理合格后再予以排放。因此，机械通风作用范围大，风量风压易受控制，通风效果显著，可满足建筑物内任何位置上的工作场所对通风的要求。

根据需要，机械通风系统还可有空气处理装置、大气污染物治理装置。机械通风系统根据作用范围的大小、通风功能的区别可划分为全面通风和局部通风两大类。

（一）全面通风

1. 通风系统

根据室内通风换气的不同要求，或者室内空气污染物的不同情况（污染物性质、在空气中的浓度等），可选择不同的送风、排风形式进行全面通风。常见的室内全面通风系统有以下几种送风、排风形式组合。

（1）机械送风、自然排风。图 7-8 所示为机械送风、自然排风系统。室外新鲜空气经过热湿处理达到要求的空气状态后，由风机通过风管、送风口送入室内。由于室外空气源源不断地送入室内，室内呈正压状态。在正压作用下，室内空气通过门、窗或其他缝隙排出室外，从而达到全面通风的目的。这种全面通风方式在以产生辐射热为主要危害的建筑物内采纳比较合适。若建筑物内有大气污染物存在，其浓度较高，且自然排风时会渗入到相邻房间时，采纳这种通风方式就欠妥。

（2）自然进风、机械排风。图 7-9 所示为自然进风、机械排风系统。室内污浊空气通过吸风口、风管由风机排至室外。由于室内空气连续排出，造成室内负压状态，室外新鲜空气通过建筑物的门、

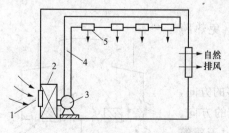

图 7-8　全面机械送风、自然排风示意图

1—进风口；2—空气处理设备；
3—风机；4—风道；5—送风口

窗和缝隙补充到室内，从而达到全面通风的目的。
这种全面通风方式在室内存在热湿和大气污染物
危害物质时较适用，但相邻房间同样存在热湿及
大气污染物危害物质时就欠妥。因为在负压状态
下，相邻房间内的危害物质会经过渗入通道进入
室内，使室内全面通风达不到预期的效果。

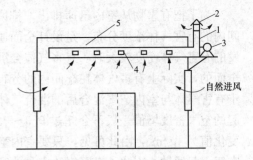

图 7-9　全面自然进风、机械排风示意图
1—烟囱；2—风帽；3—风机；4—排风口；5—风道

　　(3) 机械送风、机械排风。图 7-10 所示为机
械送风、机械排风系统。室外新鲜空气经过热湿
处理达到要求的空气状态后，由风机通过风管、
送风口送入室内。室内污浊空气通过吸风口、风
管由风机排至室外。这种机械送风、排风系统可以根据室内工艺及大气污染物散发情况灵
活、合理地进行气流组织，达到全面通风的预期效果。当然，这种系统的投资及运行费用比
前两种通风方式要大。

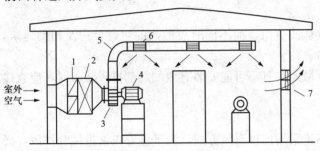

图 7-10　机械送风、机械排风示意图
1—空气过滤器；2—空气加热器；3—风机；
4—电动机；5—风管；6—送风口；7—轴流风机

　　2. 全面通风的气流组织

　　气流组织就是合理地布置送、排风口位置、分配风量以及选用风口型式，以便用最小的通风量达到最佳通风效果。合理选择、设置送排风系统的风口型式、大小、数量和位置，组织好合理的气流组织，对提高通风效果可起到事半功倍的效果，甚至可起到决定性的作用。一般通风房间的气流组织有多种形
式，设计时要根据有害物源位置、工人操作位置、有害物性质及浓度分布等具体情况，按下
列原则确定：

　　(1) 排风口应尽量靠近有害物源或有害物浓度高的区域，把有害物迅速从室内排出。

　　(2) 送风口应尽量接近操作地点。送入通风房间的清洁空气，要先经过操作地点，再经
污染区排至室外。

　　(3) 在整个通风房间内，尽量使送风气流均匀分布，减少涡流。

　　图 7-11 为常见的全面通风房间内的几种气流组织形式。

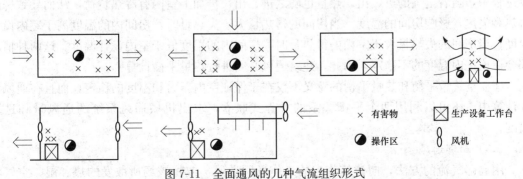

图 7-11　全面通风的几种气流组织形式

为了把有害物从室内迅速排出，排风口应尽量设在有害物浓度高的区域。因此，了解车间内的有害气体浓度分布，是设计全面通风时必须注意的一个问题。有人认为，当车间内散发的有害气体密度较大时，有害气体会沉积在下部，排风口应设在车间下部。这种看法是不全面的，实际上有害气体在车间内的分布不单纯取决于有害气体本身的密度，更主要是取决于有害气体与室内空气混合后的混合气体密度。车间内有害气体浓度一般不会太高，由此引起的空气密度增值一般不会超过 $0.3\sim0.4g/m^3$。但是，空气温度变化 $1℃$，所引起的密度变化值为 $4g/m^3$，由此可见，只要室内空气温度分布有极小的不均匀，有害气体就会随室内空气一起运动。因此，有害气体本身的密度大小对其浓度分布的影响是极小的。只有当室内没有对流气流时，密度较大的有害气体才会集中在车间下部。另外，有些比较轻的挥发物如汽油、醚等，由于蒸发吸热，使周围空气冷却，会和周围空气一起有下降的趋势。

根据 GB 50736—2012《民用建筑供暖通风与空气调节设计规范》的规定，机械送风系统的送风方式应符合下列要求：

（1）放散热或同时放散热湿和有害气体的生产厂房及辅助建筑物，当采用上部或上、下部同时全面排风时，宜送至作业地带。

（2）放散粉尘或密度比空气大的气体或蒸汽，而不同时放散热的生产厂房及辅助建筑，当从下部地带排风时，宜送至上部地带。

（3）当固定工作地点靠近有害物放散源，且不可能安装有效的局部排风装置时，应直接向工作地点送风。

3. 风量平衡和热平衡

（1）风量平衡。在通风房间中，不论采用何种通风方式，为了能够正常进风和排风，必须保持室内压力稳定不变。要求进入建筑物的总风量等于排出建筑物的总风量，即控制建筑物内的空气量平衡。在实际工程中，为保证通风的卫生效果，对产生空气污染物的建筑物，为防止空气污染物向邻室扩散，常使建筑物的排风量大于进风量，使室内形成一定的负压，不足的进风量由邻室和自然渗透弥补。对于要求较清洁的建筑物，其周围环境较差时，取总进风量大于总排风量，以保持室内一定的正压，阻止外界的空气进入室内。此时，室内多余的风量可以自然渗透出去，或通过泄压风阀予以排泄。上述两种情况出现的渗透风量为无组织通风量，它们的存在使室内压力出现不稳定，还会带来其他问题。因此，建筑通风必须进行空气量平衡计算。

（2）热平衡。建筑物的热量平衡指其得热量（含进风带入的热量及其他得热量）与失热量（含排风带出的热量及其他失热量）相等，这时建筑物内的空气温度稳定不变。房间在通风过程中，随着空气的进、出，热量也随之进、出，再加上室内有冷热负荷，从而导致房间得热和失热，影响房间的温度。当房间的得热量大于失热量时，房间内的温度高于室内设计温度；当房间的失热量大于室内的得热量时，房间内的温度低于室内设计温度。这两种情况都会造成室内温度的不稳定。因此，建筑通风必须进行热量平衡计算。

建立空气量平衡和热量平衡的意义不仅在于保证室内压力和温度的稳定，而且在通风设计计算中，还可以利用两个平衡关系的方程式联立，求出机械通风系统的通风量和送风温度。

（二）局部通风

用局部气流的方法，向建筑物内的工作场所送风，或将该场所散发的热、湿、空气污染物排出建筑物的通风方式称作局部通风。显然，局部通风可以根据空气污染物的特性和散发情况，用合理的局部气流方式予以捕集，依靠风机的作用，送到治理装置进行净化处理，达到环保排放标准后予以排放。由此可见，局部通风在捕集、治理空气污染物方面比全面通风方式更有效、更具针对性，而且节省投资、减小能耗，被广泛应用在空气污染物的环保治理工程方面，图 7-12 所示为典型的局部通风方式。

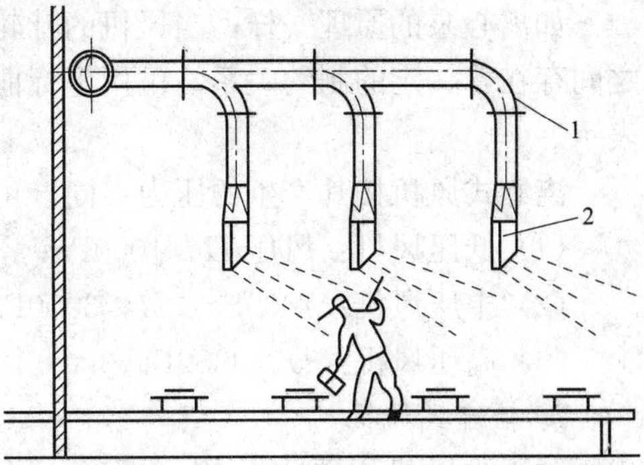

图 7-12　局部机械送风系统
1—风道；2—送风口

三、通风系统的主要设备和构件

自然通风的设备装置比较简单，只需用进、排风窗以及附属的开关装置。而机械通风系统则由较多的构件和设备组成。机械送风系统主要由室外进风装置、进风处理设备、室内送风口、风机、管道等组成；机械排风系统主要由室内排风口、排风处理设备、室外排风口、风道、风机等组成。下面仅就一些主要设备和构件作简要的介绍。

（一）风机

风机按作用原理可分为离心式风机和轴流式风机两种类型。

1. 离心式风机

离心式风机主要由叶轮、机壳、风机轴、进风口、电动机等部分组成，如图 7-13 所示。

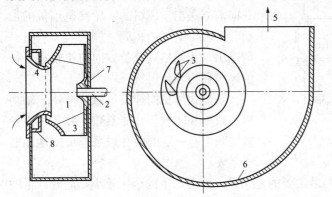

图 7-13　离心式风机的构造示意图
1—叶轮；2—机轴；3—叶片；4—吸气口；
5—出口；6—机壳；7—轮毂；8—扩压环

离心式风机的工作原理主要借助于叶轮旋转时产生的离心力而使气体获得压能和动能。叶轮上有一定数量的叶片，机轴由电动机带动旋转，由进风口吸入空气，在离心力作用下抛出空气，叶轮甩向机壳，气体获得了压能和动能，由出风口排出。

离心式风机的主要性能参数如下。

风量（L）：表明风机在标准状态即大气压力＝101 325Pa 或 760（mmHg）和温度 t＝20℃下工作时，单位时间内输送的空气量（m³/h）。

全压（H）：表明在标准状态下工作时，通过风机的每立方米空气所获得的能量，包括压能和动能。

功率（P）：电动机在风机轴上的功率称为风机的轴功率（P），而空气通过风机后实际得到的功率称为有效功率（P_x），单位为 kW，后者计算见式（7-1）：

$$P_x = \frac{LH}{3600} \tag{7-1}$$

式中　L——风机的风量，m³/h；

　　　H——风机的全压，kPa。

如离心泵的原理一样，当风机的叶轮转数一定时，风机的全压、轴功率和效率均与风量之间存在着一定的制约关系，可用坐标曲线（称为离心风机的性能曲线）或者列成数据表来表示。

离心式风机按其产生的压力不同，可分为低压、中压、高压风机三类：

（1）低压风机：风压 $H \leqslant 1000Pa$；

（2）中压风机：$1000Pa < H \leqslant 3000Pa$；

（3）高压风机：$H > 3000Pa$。

2. 轴流式风机

轴流式风机主要由叶轮、机壳、风机轴、进风口、电动机等组成，其构造如图 7-14 所示。

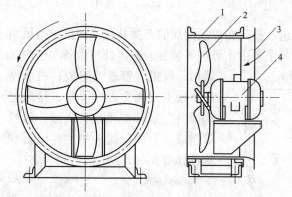

图 7-14　轴流式风机的构造简图
1—圆筒形机壳；2—叶轮；3—进风口；4—电动机

叶轮由轮毂和铆在其上的叶片组成，叶片与轮毂平面安装成一定的角度。其叶片安装在轮毂上，叶片旋转时将气流吸入并向前方送出。风机的叶轮在电动机的带动转动时，空气由机壳一侧吸入，从另一侧送出。我们把气流的方向与机轴相平行的风机称为轴流风机。

轴流式风机同样有风量、全压、轴功率、效率和转数等性能参数，并且这些参数之间也有一定的内在联系，可用性能曲线来表示。

轴流式风机与离心式风机在性能上最主要的差别是，前者产生的全压较小，后者产生的全压较大。因此，轴流式风机只能用于无需设置管道的场合以及管道阻力较小的系统，而离心式风机则往往用在阻力较大的系统中。

轴流式风机按其产生的压力不同，可分为低压风机和高压风机两类。

（1）低压风机：风压 $H < 500Pa$。

（2）高压风机：$H \geqslant 500Pa$。

3. 风机的选择

（1）根据被输送气体的成分和性质以及阻力损失的大小，选择不同类型的风机。如输送一般气体的公共建筑，可选用离心式风机；用于输送含爆炸、腐蚀性气体时，可选用防爆、防腐蚀风机；对于车间防暑散热的通风系统，可选用轴流式风机；用于输送含尘浓度高的空气时，优先选用耐磨风机。

（2）根据通风系统的通风量和阻力损失，按照产品样本确定风机型号。产品样本中给定的风量和压头是在标准状态下的对应值。当实际通风系统中空气条件与标准状态相差较大时，应按相关公式进行修正。

（二）室内送、排风口

室内送、排风口的位置决定了通风房间的气流组织形式。室内送风口是送风系统中的风道末端装置，由送风道输送来的空气，通过送风口以适当的速度分配到各个指定的送风地点。

　　图 7-15 是构造最简单的两种送风口，孔口直接开设在风管上，用于侧向或下向送风。其中图 7-15（a）为风管侧送风口，除孔口本身外没有任何调节装置；图 7-15（b）为插板式风口，其中设有插板，可调节送风量，但不能控制气流的方向。

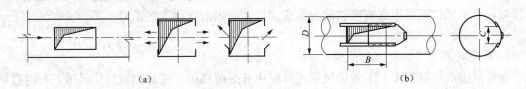

图 7-15　两种最简单的送风口

（a）风管侧送风口；（b）插板式送、吸风口

　　图 7-16 是常用的一种性能较好的百叶式风口，可以在风管上、风管末端或墙上安装。百叶送风口有单、双层和活动式、固定式之分，其中双层百叶式风口不但可以调节出口气流的速度，而且可以调节气流的角度。

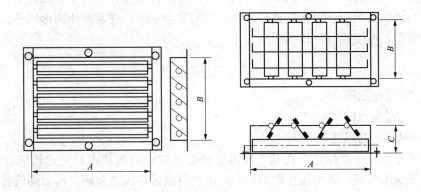

图 7-16　百叶式风口

　　在工业车间中往往需要大量的空气从较高的上部风道向工作区送风，而且为了避免工作地点有吹风的感觉，要求送风口附件的风速迅速降低，这种情况下常用的送风口形式是空气分布器，如图 7-17 所示。

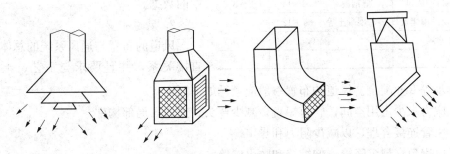

图 7-17　空气分布器

　　室内排风口是全面通风系统的一个组成部分，室内被污染的空气经过排风口进入排风管

道。排风口的种类较少，通常做成百叶式。此外，图 7-15 所示的送风口也可以用于排风系统，当作排风口使用。

室内送、排风口的布置情况是决定通风气流方向的一个重要因素，而气流的方向是否合理，将直接影响全面通风的效果。在组织通风气流时，应将新鲜空气直接送到工作地点或洁净区域，而排风口则要根据有害物的分布规律设在室内浓度最大的地方。

（三）风道

1. 风道材料和风道截面积的确定

制作风道的材料很多，工业通风系统常使用普通薄钢板、镀锌钢板制作风道，有时也用铝板、不锈钢板、硬聚氯乙烯塑料板、混凝土、玻璃、矿渣石膏板等。根据用途（一般通风系统、除尘系统）及截面尺寸的不同，钢板厚度为 0.5～3mm。输送腐蚀性气体的通风系统，如采用涂刷防腐油漆的钢板风道仍不能满足要求时，可用硬聚氯乙烯塑料板制作。埋在地下的风道，通常用混凝土板做底，两边砌转，内表面抹光，上面再用预制的钢筋混凝土板做顶，如地下水位较高，尚需做防水层。

管道的截面主要呈圆形或矩形。矩形风道容易布置，易于和建筑结构配合，便于加工。对于低流速、大截面的风道多采用矩形。而圆形风道的强度大、阻力小、耗材少，但占用空间大，不易与建筑物配合。对于流速高、管径小的除尘系统，通常选用圆形风道。

风道截面积，可按式（7-2）确定：

$$F = \frac{L}{3600v} \tag{7-2}$$

式中　F——风道截面积，m^2；

　　　L——通过风道的风量，m^3/h；

　　　v——风道中的风速，m/s。

其中，风量是通过设计计算得到，而风速则是通过全面的技术经济比较综合考虑确定的。对于机械通风系统，如果流速取得较大，固然可以减小风道截面，从而降低通风系统的造价和减少风道占用的空间，但增大了空气流动的阻力，增加风机消耗的电能，并且气流流动的噪声也随之增大。如果流速取得偏低，则与上述情况相反，将增加系统的造价和降低运行费用。可见，对选定流速的技术经济比较，其原则是使通风系统的初投资和运行费用的总和最经济，同时也要兼顾噪声和布置方面的一些因素。选定时，一般可参考表 7-1 中的数据。

表 7-1　　风道中的空气流速　　m/s

类　别	管道材料	干　管	支　管
工业建筑机械通风	薄钢板	6～14	2～8
工业辅助及民用建筑	砖、混凝土等	4～12	2～6
自然通风		0.5～1.0	0.5～0.7
机械通风		2～5	2～5

2. 风道布置

风道的布置与通风系统的总体布局有直接关系，并且要求与工艺、土建、电气、给排水等专业配合。风道的布置一般应遵循如下原则：

（1）应力求少占用空间，管道短直，减少弯头、三通等局部构件。

（2）风管连接合理，以减少阻力和噪声。

（3）应避免穿越沉降缝、伸缩缝和防火墙等。

（4）埋地管道应避免与建筑基础或生产底座交叉。

（5）符合防火设计规范的规定。

（6）力求整齐美观、与建筑装饰等协调一致。

3. 风道的保温

当风管在输送空气过程中冷、热损失较大，又要求空气温度保持恒定，或者要防止风管穿越房间对室内空气参数产生影响及低温风管表面结露时，都需要对风管进行保温。常用的保温材料有聚苯乙烯泡沫塑料、超细玻璃棉、玻璃纤维保温板、聚氨酯泡沫塑料、蛭石和软木等。保温层厚度应根据保温目的计算经济厚度，再按其他要求校核。

通常保温结构有四层：①防腐层；②保温层；③防潮层；④保护层。

具体保温层结构可参阅有关国家标准图集。

（四）室外进、排风装置

1. 进风装置

进风装置可以是单独的进风塔，也可以是设在外墙上的进风窗口。其位置应满足下列要求：

（1）应设在室外空气较清洁的地点。

（2）应尽量设置在排风口的上风侧，并且应低于排风口。

（3）进风口的底部距室外地坪不宜低于 2m，当布置在绿化带时不宜低于 1m。

（4）降温用的进风口宜设在建筑物背阴处。

图 7-18 是室外进风装置的两种构造形式，其中图 7-18（a）是贴附于建筑物的外墙上；图 7-18（b）是做成离开建筑物而独立的构筑物。如在屋顶上部吸入室外空气时，进风口应高出屋面 0.5m 以上，以免吸入屋面上的灰尘和冬季被雪堵塞。

2. 排风装置

排风装置是将污浊空气排到室外，具体应满足下列设计要求：

（1）排风口设置在屋面以上应高出屋面 1m 以上，且出口处应设排风帽或百叶窗。

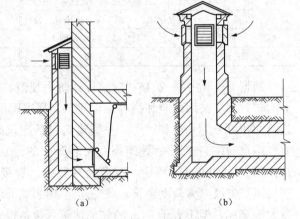

图 7-18　室外进风装置

（a）贴附于建筑物外墙；（b）独立的构筑物

（2）当进、排风口都设于屋面时，其水平距离不小于 10m。

（3）自然通风系统在竖排风道的出口处安装风帽以加强排风效果。

（4）机械排风系统一般也从屋面排风，以减轻对环境的污染。

（五）排风的净化处理设备

为防止大气污染和回收有用物质，排风系统的空气在排入大气前，应根据实际情况采取必要的净化、回收和综合利用措施。一般情况下的排风处理主要有净化、除尘和高空排放。使空气的粉尘与空气分离的过程称为含尘空气的净化或除尘。常用的除尘设备有旋风除尘器、湿式除尘器、过滤式除尘器等。

消除有害气体对人体及其他方面的危害，称为有害气体的净化。净化设备有各种吸收塔、活性炭吸附器等。

在有些情况下，由于受各种条件限制，不得不把未经净化或净化不够的废气直接排入高空，通过在大气中的扩散进行稀释，使降落到地面的有害物质的浓度不超过标准中的规定，这种处理方法称为有害气体的高空排放。

第三节 防排烟系统

在火灾事故的死伤者中，大多数是由于烟气的窒息或中毒所造成的。火灾形成的烟气成分取决于可燃物的化学组分和燃烧条件。常见的各种材料在燃烧时产生的有害气体见表 7-2。在现代高层建筑中，由于设备繁多，功能复杂，特别是一些可燃和化学合成材料在装修上的使用，更增加了火灾的隐患和对人们生命财产安全的威胁。在高层建筑中各种竖向管道产生的烟囱效应，使烟气容易扩散到各个楼层，不仅造成人身伤亡，而且由于烟气遮挡住视线，给救援和疏散带来极大的困难。因此，在高层建筑设计中，必须按照规范进行防火排烟设计，从而保证建筑物内人员的安全疏散和火灾的顺利扑救。

表 7-2 各种材料燃烧产生的毒气种类

材料名称	产生的主要毒气	材料名称	产生的主要毒气
木材	二氧化碳、一氧化碳	聚氯乙烯	氢氯化物、二氧化碳、一氧化碳
羊毛	二氧化碳、一氧化碳、硫化氢、氨气	酚树脂	氨气、氰化物、一氧化碳
棉花、人造纤维	二氧化碳、一氧化碳	环氧树脂	丙酮、二氧化碳、一氧化碳
聚苯乙烯	苯、甲苯		

根据 GB 50016—2014《建筑设计防火规范》规定：民用建筑根据其建筑高度和层数可分为单、多层民用建筑和高等民用建筑。高层民用建筑根据其建筑高度、使用功能和楼层的建筑面积可分为一类和二类。一类建筑包括建筑高度大于 54m 的住宅建筑（包括设置商业服务网点的住宅建筑）；建筑高度大于 50m 的公共建筑；建筑高度 24m 以上部分任一楼层建筑面积大于 $100m^2$ 的商店、重要公共建筑；省级及以上的广播电视和防灾指挥调度建筑、网局级和省级电力调度建筑；藏书超过 1000 万册的图书馆、书库等。二类建筑包括建筑高度大于 27m，但不大于 54m 的住宅建筑（包括设置商业服务网点的住宅建筑）；除一类高层公共建筑外的其他高层公共建筑。

建筑的下列场所或部位应设置防烟设施：

（1）防烟楼梯间及其前室。

（2）消防电梯间前室或合用前室。

（3）避难走道的前室、避难层（间）。

防烟楼梯间和消防电梯设置前室的目的是阻挡烟气进入防烟楼梯和消防电梯，可作为人员临时避难场所，降低建筑物本身由于热压差而产生的烟囱效应，以减慢烟气蔓延的速度。

在进行防排烟设计时，首先要确定建筑物的防火分区和防烟分区，然后再确定合理的防排烟方式、送风竖井或排烟竖井的位置及送风口和排烟口的位置。

一、防烟方式

防烟方式主要有机械加压防烟、密闭防烟和不燃化防烟等。

1. 机械防烟

机械防烟是利用风机产生的气流和压力差来控制烟气流动方向的防烟技术。机械加压送风的防烟方式是应用最广泛的防烟方法。这种方式是采用机械送风系统向需要保护的地点输送大量新鲜空气，如果有烟气和回风系统时应关闭，以形成正压区域，使烟气不能侵入其间，并在非正压区将烟气排出。

根据 GB 50016—2014《建筑设计防火规范》规定，机械加压送风防烟设置部位：不具备自然排烟条件的防烟楼梯间及其前室、消防电梯间前室或合用前室、避难走道的前室、避难层（间）。

采用这种方式操作方便、可靠性高。由于防烟楼梯间、消防电梯间、前室或合用前室处于正压状态，可避免烟气侵入，为人员疏散和消防人员扑救提供了安全区。如果在走廊处设置机械排烟口，可产生有利的气流流动形式，防止火势和烟气向疏散通道扩散。常见的机械加压送风方式见表 7-3。

表 7-3　　　　　　　　　　　防烟楼梯间及消防电梯间的机械加压送风方式

序号	加压送风系统方式	图　例	序号	加压送风系统方式	图　例
1	仅对防烟楼梯间加压送风（前室不加压送风）		4	仅对消防电梯的前室加压送风	
2	对防烟楼梯间及其前室分别加压送风		5	当防烟楼梯间具有自然排烟条件，仅对前室及合用前室加压送风	
3	对防烟楼梯间及其消防电梯的合用前室分别加压送风				

进行机械加压送风系统设计时，需要注意以下问题：

（1）防烟楼梯间的加压送风口宜每隔 2～3 层设一个，以便使楼梯井内压力分布均匀。

（2）前室的送风口应每层设一个，当风口设计为常闭型时，火灾发生时只开启失火层风口，风口应设置手动和自动开启装置，并与加压送风机的启动装置联锁。

（3）加压空气的排出，可通过走廊或房间的外窗、竖井等自然排出，也可以利用走廊的机械排烟装置排出。

（4）楼梯间的加压送风最好与其他的加压方式并用。

（5）为了防止楼梯间内因加压不均匀或加压压力过大时造成门打不开的情况，楼梯间每隔几层宜设置有余压阀减压。

（6）采用机械加压送风的防烟楼梯间和合用前室，由于机械加压送风期间防烟楼梯间和合用前室所维持的正压不同，宜分别设置独立的加压送风系统。

2. 密闭防烟

即当发生火灾时将着火房间密闭起来。这种方式多用于较小的房间，如住宅、旅馆、集体宿舍等。由于房间容积小，采用耐火结构的墙、楼板分隔、密闭性能好，当可燃物少时，有可能由于氧气不足而熄灭。烟气在密闭的空间内向外扩散的可能性较小，减小了对人员的危害。

3. 不燃化防烟

在建筑设计中，尽可能地采用不燃烧的室内装修材料、家具、各种管道及其绝热保温材料。不燃烧材料具有不燃烧、不碳化、不发烟等特点，采用不燃烧材料是从根本上解决防烟问题的方法。高度大于 100m 的超高层建筑、地下建筑等，应优先采用不燃化防烟方式。

二、排烟方式

1. 自然排烟

自然排烟是利用热压或风压的作用进行排烟。自然排烟方式由于具有结构简单、不需要电源和复杂的装置、运行可靠性高、平常还可用于通风换气等优点，在我国目前的经济、技术条件和管理水平状况下，是对于具有邻近室外的防烟楼梯间及前室、消防电梯间前室和合用前室的建筑首选的排烟方式。但是，自然排烟方式的排烟效果受风压、热压等因素的影响较大，排烟效果不稳定，设计不当时甚至会适得其反。

根据 GB 50016—2014《建筑设计防火规范》规定，建筑高度不大于 50m 的公共建筑、厂房、仓库和建筑高度不大于 100m 的住宅建筑，当其防烟楼梯间的前室或合用前室符合下列条件之一时，楼梯间可不设置防烟系统，宜采用自然排烟方式。

（1）前室或合用前室采用敞开的阳台、凹廊，如图 7-19 所示。

（2）前室或合用前室具有不同朝向的可开启外窗，且可开启外窗的面积满足自然排烟口的面积要求，如图 7-20 所示。

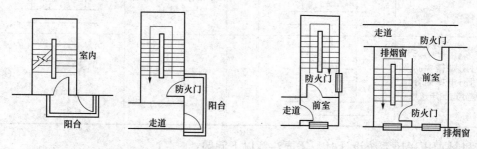

图 7-19　利用室外阳台或凹廊排烟　　　　图 7-20　利用直接向室外开启的窗排烟

（3）设竖井排烟。对于无窗房间、内走道或外墙无法开窗的前室可设排烟竖井进行排烟，如图 7-21 所示。

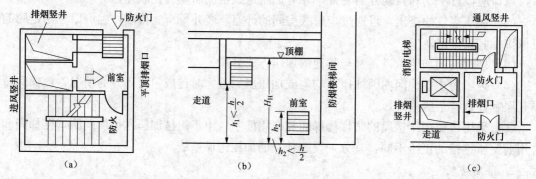

图 7-21　排烟竖井排烟

（a）消防电梯前室；（b）防烟楼梯间；（c）合用前室

在进行自然排烟设计时，自然排烟的排烟口的面积一般为地板面积的1/50。采用自然排烟时，热压的作用较稳定，而室外风压因受风向、风速和周围遮挡物的影响变化较大。当自然排烟口的位置处于建筑物的背风侧，烟气在热压和风压造成的抽力作用下，迅速排至室外。但自然排烟口如果位于建筑物的迎风侧，自然排风的效果会视风压的大小而降低。当自然排烟口处的风压大于或等于热压时，烟气将无法从排烟口排至室外。因此，采用自然排烟方式时，应结合相邻建筑物对风的影响，将排烟口设在建筑物常年主导风向的负压区内。

自然排烟设计中还需要注意如下几个问题：

1）自然排烟口应设在房间净高的1/2以上，距顶棚或顶板下800mm以内，自然进风口应设在房间净高的1/2以下的地方。

2）自然排烟窗、排烟口、送风口等应由非燃烧材料制作。

3）当多层房间共用一个自然排烟竖井时，排烟口的位置应尽量靠近吊顶设置，排烟口的面积不小于该防烟分区面积的2%。

4）由于自然排烟不依赖排烟设备，应根据所设计建筑物上的风压、热压分布情况，做好防火排烟分区的划分，确保疏散通道的安全。

2. 机械排烟

当发生火灾时，利用风机做动力向室外排烟的方法称为机械排烟。机械排烟系统实质上就是一个排风系统。

根据GB 50016—2014《建筑设计防火规范》规定，民用建筑的下列场所或部位应设置机械排烟设施：不具备自然排烟的条件，设置在一、二、三层且房间建筑面积大于100m²的歌舞娱乐放映游艺场所，设置在四层及以上楼层、地上或半地下的歌舞娱乐放映游艺场所；公共建筑内建筑面积大于100m²，且经常有人停留的地上无窗房间，或固定设置的房间及公共建筑内建筑面积大于300m²，且可燃物较多的不满足自然排烟条件的地上房间；建筑内长度大于20m无自然通风的疏散走道；不具备自然排烟条件的中庭。

与自然排烟相比，机械排烟具有如下特点：

(1) 不受排烟外界条件（如温度、风力、风向、建筑特点等）的影响，性能稳定。

(2) 排烟风道的断面小，节省建筑空间。

(3) 机械排烟的设施费用高，设备要耐高温、管理维修复杂。

(4) 需要备用电源，防止火灾时排烟系统因停电不能正常运行。

机械排烟系统由烟壁（活动式或固定式挡烟壁）、排烟口（或带有排烟阀的排烟口）、防火排烟阀、排烟管道、排烟风机和排烟出口等部件组成，如图7-22所示。机械排烟可分为局部排烟和集中排烟两种。局部排烟方式是在每个房间内设置风机直接进行排烟；集中排烟方式是将建筑物划为若干区，在每个区内设置排烟风机，通过风道排出各房间的烟气。

(1) 走道和房间的机械排烟。进行机械排烟设计时，需要根据建筑面积的大小，水平或垂直分为若干个区域系统。走道排烟是根据自然通风条件和走道长度来划分。面积较大、走道较长的走道排烟系统，可把几个防烟分区划为几个排烟

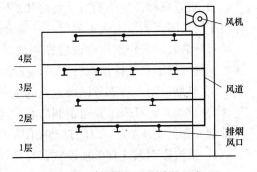

图 7-22　机械排烟系统的组成

系统，并将竖向风道布置在几处，以便缩短水平风道，提高排烟效果。根据高层建筑层数多，建筑高度高的特点，为保证排烟系统的可靠性，将走道的排烟一般设计成竖向排烟系统如图 7-23 所示。

　　房间排烟系统宜按防烟分区设置。当需要排烟的房间较多且竖向布置有困难时，可将几个房间组成一个排烟系统，每个房间设排烟口，即为水平式排烟系统如图 7-24 所示。

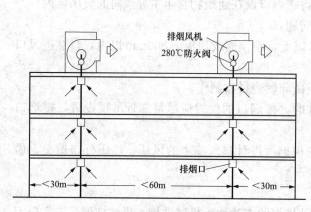

图 7-23　走廊竖向布置的排烟系统

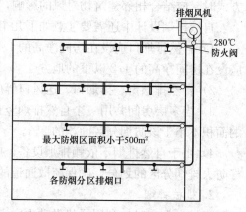

图 7-24　房间水平式排烟系统

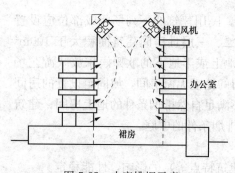

图 7-25　中庭排烟示意

　　（2）中庭机械排烟。中庭是指与二层或两层以上的楼层相通且顶部是封闭的筒体空间。中庭与相连的所有楼层是相通的，一般设有采光窗。把中庭作为着火层的一个排烟道，排烟口设置在中庭的顶棚上，或设在紧靠中庭顶棚的集烟区，排烟口的最低标高应设在中庭最高部分门洞的上端。在中庭上部设置排烟风机，使着火层保持负压，便可有效地控制烟气和火灾，如图 7-25 所示。

　　当中庭较低部位靠自然进风补风有难度时，可采用机械进风，补充风量按不小于排风量的 50% 考虑。当高度超过 6 层的中庭，或第二层以上与居住场所相通时，宜从上部补充新鲜空气。

　　排烟系统排烟量的确定，与建筑防烟分区的划分、排烟系统的部位等因素有关。

　　机械排烟设计中还需要注意如下几个问题：

　　1）设置机械排烟的前室、走廊和房间的排烟口，应设在顶棚或靠近顶棚的墙壁上，排烟口平时关闭，当发生火灾时仅打开着火层的排烟口，排烟口应设有手动、自动打开装置，手动打开装置的操作部位应设置在距地面 0.8～1.5m 处。排烟口和排烟阀应与排烟风机联锁，当任一排烟口或排烟阀打开时，排烟风机即能起动。

　　2）排烟口距本防烟分区最远点的水平距离应不超过 30m。

　　3）排烟风机可采用普通钢制离心式通风机或专用排烟轴流风机，并应在风机入口总管及排烟支管上安装 280℃ 时能自动关闭的防火阀。

　　4）机械排烟系统宜单独设置，有条件时可与平时的通风排气系统合用。

　　5）机械防排烟系统的风管、风口、阀门及通风机等必须采用非燃材料制作，安装在吊顶内的排烟管道应以非燃材料做保温，并应与可燃物保持不小于 15cm 的距离。排烟管道的钢板厚度应不小于 1.0mm。

6）机械防排烟系统允许的最大风速按表 7-4 采用。

7）机械防排烟系统应定期检修和运行，以确保紧急情况下能及时起动。

表 7-4　机械防排烟系统允许的最大风速

风道风口类别	允许最大风速（m/s）
金属风道	≤20
内表光滑的混凝土风道	≤15
排烟口	≤10
送风口	≤7

三、防排烟系统附件

1. 防火、防排烟阀（口）

防火、防排烟阀（口）性能及分类见表 7-5。

表 7-5　　防火、防排烟阀（口）性能及分类

类　别	名　称	性能及用途
防火类	防火阀	70℃温度熔断器自动关闭（防火），可输出联动信号，用于通风、空气调节系统的风管内，防止火势沿风管蔓延
	防烟防火阀	靠烟感控制器控制动作，用电信号通过电磁铁关闭（防烟），还可用 70℃温度熔断器自动关闭（防火），用于通风空调系统风管内，防止火势沿风管蔓延
防烟类	加压送风口	靠烟感器控制，开启电信号，也可以手动（或远距离缆绳）开启，可设 280℃温度熔断器重新关闭装置，输出动作电信号，开启联动送风机。用于加压送风系统的风口，起感烟、防烟作用
排烟类	排烟阀	开启电信号或手动开启，输出开启电信号或联动排烟机开启，用于排烟系统风管上
	排烟防火阀	开启电信号或手动开启，280℃靠温度熔断器重新关闭，输出动作电信号，用于排烟风机吸入口管道上
	排烟口	开启电信号，也可以手动（或远距离缆绳）开启，输出电信号联动排烟机，用于排烟房间的顶棚或墙壁上。可设 280℃时重新关闭装置
	排烟窗	靠烟感控制器控制动作，开启电信号，还可用缆绳手动开启，用于自然排烟处的外墙上

2. 压差自动调节阀

压差自动调节阀由调节板、压差传感器、调节执行机构等装置组成，其作用是对需要保持正压值的部位进行风量的自动调节，同时在保证一定正压值的条件下防止正压值超压而进行泄压。

3. 防排烟风机

用于防排烟系统的通风机，可以采用普通钢制离心式通风机，或采用防火排烟专用通风机，如 HFT 型、PA 型轴流式排烟风机、PW 型排烟屋顶风机等。

（1）HFT 型排烟风机。HFT 型排烟风机是一种消防高温排烟专用风机。烟气温度小于 150℃时可长时间运行，温度在 300℃，可连续运行 40min。HFT 型排烟风机的性能见表 7-6。

表 7-6　　　　　　　　　　　　　HFT 型消防高温排烟风机性能

机号	叶轮直径（mm）	风量（m³/h）	静压（Pa）	转速（r/min）	装机容量（kW）	质量（kg）
5	500	8000	505	2900	3.0	125
6	600	15 000	510	2900	5.5	150
7	700	22 000	460	1450	7.5	200
8	800	28 000	420	1450	7.5	220

（2）PA 型轴流式排烟风机。PA 型轴流式排烟风机结构上考虑了热胀的影响，电动机装于机壳之外，能在 280℃高温下连续运转 30min，作管道排烟风机时，可设在机房或技术夹层内，也可装于外墙外侧直接排烟。PA 型轴流式排烟风机性能见表 7-7。

表 7-7　　　　　　　　　　　　PA 型轴流式排烟风机性能

机号	风量（m³/h）	风压（Pa）	功率（kW）	电压（V）	转数（r/min）	电动机型号	噪声 dB（A）	质量（kg）
4A	3000	100	0.12	220	1340	$A_1$5642	52	30
4B	4000	80	0.37	380	1350	$A_1$7124	54	32
4C	5100	230	0.55	380	1350	$A_1$7134	57	34
5	11 000	260	0.75	380	1400	$A_1$7132	68	40
6	13 000	200	1.10	380	1420	Y90S-1	65	45
6A	16 000	210	1.5	380	1440	Y90L-4	68	47
7	23 000	280	2.2	380	1440	Y100L$_1$-4	71	55
7A	26 000	300	3.0	380	1440	Y100L$_2$-4	73	60
8	40 000	300	5.5	380	1440	Y132S-4	79	80

（3）PW 型排烟屋顶风机。PW 型排烟屋顶风机的电动机在外，筒内噪声较低，适于屋顶直接排出 100℃以上的高温、高湿烟气，280℃时能连续运行 30min。PW 型排烟屋顶风机性能见表 7-8。

表 7-8　　　　　　　　　　　　PW 型排烟屋顶风机性能

机号	风量（m³/h）	风压（Pa）	噪声 dB（A）	功率（kW）		质量（kg）
4A	3000	100	52	0.37	0.55	35
4B	4000	80	54	0.55	0.75	37
4C	5000	230	57	0.75	1.1	39
5	8000	240	63	1.1	1.5	45
6	10 000	200	65	1.1	1.5	45
6A	13 000	200	65	1.5	2.2	50
6B	16 000	160	68	2.2	2.2	53
7	23 000	280	71	3.0	4.0	60
7A	26 000	300	76	4.0	5.5	65
8	40 000	330	80	5.5	7.0	90

第八章 空 调 工 程

空调工程是采用技术手段把某种特定空间内部的空气环境控制在一定状态下，使其满足人体舒适或生产工艺的要求。所控制的内容包括空气的温度、湿度、流速、压力、清洁度、噪声等。对这些参数产生干扰的来源主要有两个：一是室外气温变化、太阳辐射通过建筑围护结构对室温的影响与外部空气带入室内的有害物，二是内部空间的人员、设备与工业过程产生的热、湿与有害物。因此需要采用人工的方法消除室内的余热、余湿，或补充不足的热量与湿量，清除空气中的有害物，并保证内部空间有足够的新鲜空气。

空调的基本手段是将室内空气送到空气处理设备中进行冷却、加热、除湿、加湿、净化等处理，然后送入室内，以达到消除室内余热、余湿、有害物或为室内加热、加湿的目的；通过向室内送入一定量处理过的室外空气的办法来保证室内空气的新鲜度。

第一节 空气调节系统的分类与组成

一、分类

在实际工程中，应根据建筑物的用途和性质、热湿负荷特点、温/湿度调节与控制的要求、空调机房的面积和位置、初投资和运行费用等许多方面的因素选定相应的空调系统。空调系统可以按照不同的方法进行分类。

（一）按空气处理设备的设置情况分类

1. 集中式空调系统

集中式空调系统是将所有空气处理设备（包括冷却器、加热器、过滤器、加湿器和风机等）均设置在一个集中的空调机房内，处理后的空气经风道输送分配到各空调房间。集中式空调系统可以严格地控制室内温/湿度、可以进行理想的气流分布，并能对室外空气进行过滤处理，一般应用于大空间的公共建筑。集中式空调系统处理空气量大，有集中的冷源和热源，运行可靠，便于管理和维修，但机房占地面积较大、空调风道系统复杂、布置困难。

2. 半集中式空调系统

半集中式空调系统除了设有集中空调机房外，还设有分散在空调房间内的空气处理装置。半集中式空气调节系统可以根据各空调房间的负荷情况自行调节，只需要新风机房，机房面积较小；当末端装置和新风机组联合使用时，新风风量较小，利于空间布置，但水系统复杂维修管理麻烦。风机盘管式系统是常见的半集中式空调系统，一般应用办公楼、旅馆、饭店等场所。

3. 分散式空调系统

分散式空调系统又称为局部空调系统。该系统的特点是将冷（热）源、空气处理设备和空气输送装置都集中设置在一个空调机内，组成一个紧凑的、可单独使用的空调系统。可以按照需要，灵活、方便地布置在各个不同的空调房间或邻室内。常用的有单元式空调器系统、窗式空调器系统和分体式空调器系统。

（二）按负担室内负荷所用的介质来分类

1. 全空气系统

全空气系统是指空调房间的室内负荷全部由经过处理的空气来承担的空气调节系统。图 8-1（a）所示，在室内热负荷为正值的场合，用低于室内空气焓值的空气送入房间，吸收余热余湿后排出房间。由于空气的比热容小，用于吸收室内余热的空气量很大，因而这种系统的风管截面大，占用建筑空间较多。

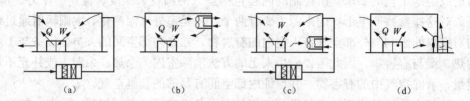

图 8-1　按负担室内负荷所用介质的种类对空调系统分类
(a) 全空气系统；(b) 全水系统；(c) 空气—水系统；(d) 制冷剂系统

2. 全水系统

指空调房间的热湿负荷全由水作为冷热介质来负担的空气调节系统，图 8-1（b）所示。由于水的比热容比空气大得多，在相同条件下只需较少的水量，从而使输送管道占用的建筑空间较小。但这种系统不能解决空调房间的通风换气问题，室内空气质量较差，一般较少采用。

3. 空气—水系统

由空气和水共同负担空调房间的热湿负荷的空调系统称为空气—水系统。图 8-1（c）所示，这种系统的优点是既有效地解决了全空气系统占用建筑空间大的矛盾，又向空调房间提供通风换气，改善了空调房间的卫生条件。

4. 制冷剂系统

这种系统是将制冷系统的蒸发器直接置于空调房间以吸收余热和余湿的空调系统，图 8-1（d）所示。这种系统的优点在于冷热源利用率高，占用建筑空间少，布置灵活，可根据不同的空调要求自由选择制冷和供热。

（三）根据集中式空调系统处理的空气来源分类

1. 封闭式系统

它所处理的空气全部来自空调房间，没有室外新风补充，因此房间和空气处理设备之间形成了一个封闭环路，如图 8-2（a）所示。封闭式系统用于封闭空间且无法（或不需要）采用室外空气的场合。

这种系统冷、热量消耗最少，但卫生效果差。当室内有人长期停留时，必须考虑换气。这种系统应用于战时的地下庇护所等战备工程以及很少有人进入的仓库。

2. 直流式系统

它所处理的空气全部来自室外，室外空气经处理后送入室内，然后全部排至室外。这种系统适用于不允许采用回风的场合，如放射性实验室以及散发大量有害物的车间等，如图 8-2（b）所示。为了回收排出空气的热量和冷量对室外新风进行预处理，可在系统中设置热回收装置。

3. 混合式系统

封闭式系统不能满足卫生要求，直流式系统在经济上不合理。因而两者在使用时均有很大的局限性。对于大多数场合，往往需要综合这两者的利弊，采用混合一部分回风的系统［见图 8-2 (c)］，这种

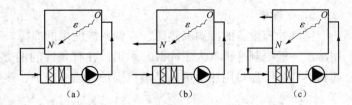

图 8-2　按处理空气来源不同对空调系统分类示意图
(a) 封闭式系统；(b) 直流式系统；(c) 混合式系统

系统既能满足卫生要求，又经济合理，故应用最广。

（四）其他分类方法

(1) 根据系统的风量固定与否，可以分为定风量和变风量系统。

(2) 根据系统风道内空气流速的快慢，可以分为低速（8～12m/s）和高速（20～30m/s）空调系统。

(3) 根据系统的用途不同，可以分为工艺性空调和舒适性空调。

(4) 根据系统控制精度，可以分为一般空调系统和高精度空调系统。

(5) 根据系统的运行时间不同，可以分为全年性空调系统和季节性空调系统。

二、组成

空气调节系统一般应包括冷热源、冷热媒输送系统、空气处理设备、空气输配系统、空调房间等，如图 8-3 所示。

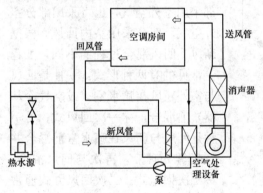

图 8-3　空调系统原理图

1. 空调房间

空调房间是被空气调节的空间或房间。它们可以是封闭式的，也可以是敞开式的；可以是一个或多个房间，也可以是房间的一部分。空调房间的空气参数应满足温度、湿度、气流流速、洁净度等方面的要求。影响这些参数的来源主要有：室外气温的变化、太阳辐射、人员和设备所产生的余热、余湿等。

2. 空气处理设备

空气处理设备是空调系统的核心，室内空气与室外新鲜空气被送到这里进行热湿交换与净化，达到要求的温湿度与洁净度，再被送回到室内。一般包括组合式空调机组和风机盘管等。

3. 冷（热）媒输送系统

冷（热）媒输送系统主要指输送冷（热）媒时所需的水泵、管道、阀门及附件等。水或水蒸气是常用的冷（热）媒，主要来自冷热源。

4. 空气输配系统

空气输配系统一般包括空气输送部分和空气分布部分。空气输送部分是由送风机、排风机、送风管道、风量调节装置等。它把经过处理的空气输送到空调房间，将室内空气输送到空气处理设备或排至室外。空气分布部分主要包括送风口、排风口等，其作用是合理地组织室内气流，保证空调房间内空气状态分布均匀。

5. 冷热源

空气处理设备的冷源和热源。空调系统使用的冷源，有天然冷源和人工冷源：夏季降温用冷源一般由制冷机（人工冷源）承担，在有条件的地方，也可以用深井水作为自然冷源；而再热或冬季加热用热源可以是蒸汽锅炉、热水锅炉、热泵或电。

第二节 空 调 系 统

一、集中式空调系统

图 8-4 为集中式空调系统示意图。集中式空调系统的特点是空气处理设备和风机、水泵集中设在一个空调机房内。室外新鲜空气经新风口进入空气处理室，经过过滤器清除掉空气中的灰尘，再经过喷水室（或表冷器）、加热器等设备处理，使空气达到设计要求的温/湿度后，由送风机经管道送入空调房间，吸收了余热、余湿后，室内空气再通过回风口、回风管道排出室外。送入室内的空气可以全部采用室外空气，也可采用部分室外空气，部分采用室内回风。根据新风、回风混合过程的不同，工程上常见的有两种形式：一种是回风与室外新风在喷水室（或空气冷却器）前混合，称一次回风式；另一种是回风与新风在喷水室前混合并经喷雾处理后，再次与回风混合，称二次回风式。二次回风方式通常应用在室内温度场要求均匀、送风

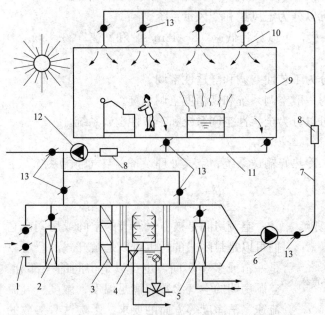

图 8-4　集中式空调系统

1—新风调节阀；2—预热器；3—过滤器；4—喷水室；5—再热器；
6—送风机；7—送风管道；8—消声器；9—空调房间；10—送风口；
11—回风管道；12—回风机；13—风量调节阀

温差较小、风量较大而又不采用再热器的空调系统中，如恒温恒湿的工业生产车间等。

根据集中式空调系统送入各空调房间的风道数目可分为单风道系统与双风道系统。单风道系统仅有一根送风管，夏天送冷风，冬天送热风，缺点是为多个负荷变化不一致的房间服务时，难以进行精确调节。双风道系统有两根送风管，一根热风管，一根冷风管，可通过调节二者的风量比控制各房间的参数。缺点是所占建筑空间大，系统复杂，冷热风混合热损失大，因此初投资与运行费用高。

集中式空调系统是将空气处理设备设置在专用的空调机房内，管理和维修比较方便，使用寿命长，初投资和运行费用比较小，而且空调机房可以占用较差的建筑面积（地下室等）。在室外空气温度接近室内空气控制参数的过渡季（如春季与秋季），可以采用改变送风中的新风百分比或利用全新风来达到降低空气处理能耗的目的，还能为室内提供较多的新鲜空气来提高被调房间的空气质量。但系统输送风量大，占用建筑空间较多，施工安装工作量大，

系统运行调节也比较困难。

二、半集中式空调系统

半集中式空调系统除了有集中的空气处理室外，还在房间设有二次空气处理设备。这种对空气集中处理和局部处理相结合的空调方式，克服了集中式空调系统空气处理量大，设备、风道断面尺寸大等缺点，同时具有局部式空调系统便于独立调节的优点。半集中式空调系统因二次空气处理设备种类不同，分为风机盘管空调系统和诱导器系统。

（一）风机盘管空调系统

图 8-5 为风机盘管空调系统示意图。该系统主要由风机盘管、新风机组、送风机、送风管道和送风口等组成。

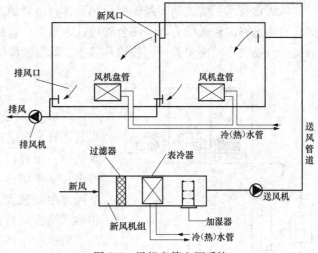

图 8-5 风机盘管空调系统

风机盘管机组主要由风机、盘管（换热器）、空气过滤器、电动机、室温控制装置等组成，如图 8-6 所示。风机常采用多翼离心式风机或贯流式风机，盘管则为带肋片的盘管式换热器。

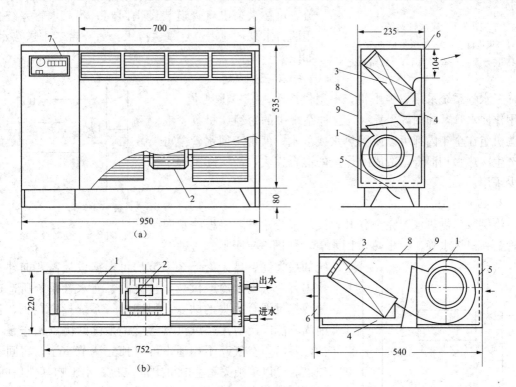

图 8-6 风机盘管构造图
（a）立式；（b）卧式

1—风机；2—电动机；3—盘管；4—凝水盘；5—循环风进口及过滤器；6—出风格栅；7—控制器；8—吸声材料；9—箱体

风机盘管机组的工作原理就是借助风机不断地循环室内空气，使之通过盘管而被冷却或加热，以保持房间所要求的温度和湿度。风机盘管机组靠冷、热源来实现制冷或制热目的。

风机盘管水系统的功能是输配冷热流体，以满足末端设备或机组的负荷要求。其布置原则应具备足够的输送能力，经济合理地选定水泵、管材和管径，便于调节，实现空调系统的节能运行要求，并便于管理、检修和养护。常见的风机盘管系统有双水管系统、三水管系统和四水管系统。

1. 双水管系统

双水管系统采用两根水管，一根供水管，一根回水管，夏天送冷水制冷，冬季送热水制热，结构简单，投资少，是目前最常用的一种供水系统。对于夏季供冷水、冬季供热水的两管制空调水系统，冷、热水流量通常相差较大，系统阻力也不一样，分别设置冷水和热水循环泵对系统运行较有利。当冷水循环泵兼作冬季的热水循环泵使用时，冬夏季水泵运行的台数及单台水泵的流量、扬程应与系统工况相吻合。空调水系统设计中，应在水泵入口装设过滤装置，以防止污泥等污物进入泵体。为避免水泵停止运行后发生水倒流，可在水泵出口管道装设止回阀。若双水管系统采用两台水泵，则一台夏季送冷水，另一台冬季送热水，如图 8-7 所示。

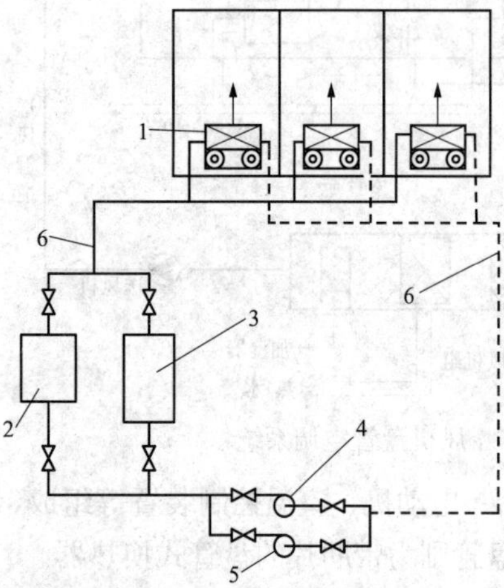

图 8-7　双水管系统

1—风机盘管；2—冷源；3—热源；
4—冷水泵；5—热水泵；6—管路系统

2. 三水管系统

三水管系统采用三根水管，一根供冷水，一根供热水，一根用作回水管，如图 8-8 所示。这种系统中的每组风机盘管或空调机组在全年内都可以使用热水或冷水，但由于回水管中可能产生冷热水相混合，造成冷热量的混合损失，故实际工程中很少采用。

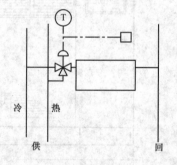

图 8-8　三水管系统

3. 四水管系统

将供冷、供热水管完全分开，设一根冷水管，一根冷水回水管，一根热水管，一根热水回水管，如图 8-9 所示。这种系统的最大优点是无论什么季节均可根据设计需要向建筑物内各个房间供冷或供热，且克服了三水管系统所造成的冷热量混合损失的缺点。但四水管系统投资较大，目前尚不能广泛应用。风机盘管空调系统的优点是布置灵活，各房间空气互不相通，可以独立调节室温，房间不住人时可以单独关闭室内机组的风机，不影响其他房间，因而比较节省运转费用。其缺点是对机组制作有较高的质量要求，噪声不应超过规范要求。

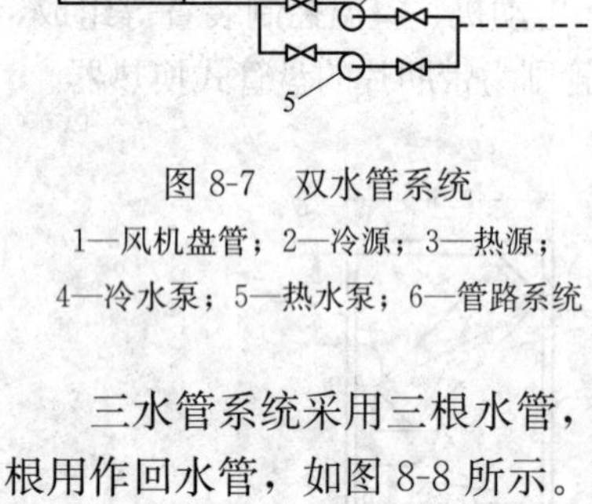

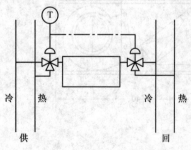

图 8-9　四水管系统

（二）诱导器系统

诱导器系统是另一种形式的半集中式空调系统。图 8-10 是诱导器系统的原理图。经过集中处理的空气（称为一次风）由风机送入空调房间的诱导器内的静压箱，经喷嘴以 20～30m/s 的高速射出。由于喷出气流的引射作用，在诱导器内造成负压，室内空气（二次风）被引入诱导器，与一次风混合后经风口送入室内。送入诱导器的一次风一般是新风，必要时也可采用部分回风，但采用回风时风道系统比较复杂。由于一次风的处理风量小，故机房尺寸与风道断面均比较小，但空气输送动力消耗大，噪声不易控制，所以现在已较少采用。

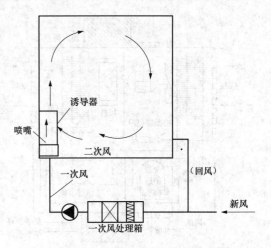

图 8-10　诱导器系统原理图

三、分散式空调系统

分散式空调系统又称局部式空调系统，是将空调机组安装在需要空调的房间或相邻房间就地处理空气。空调机组是将冷源、热源、空气处理设备、风机和自动控制设备组装在一起的定型产品。图 8-11 是空调机组的一种。

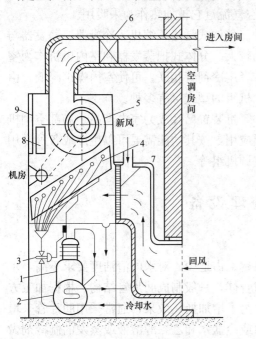

图 8-11　空调机组示意图

1—制冷机；2—冷凝器；3—膨胀阀；4—蒸发器；
5—通风机；6—电加热器；7—空气过滤器；
8—电加湿器；9—自动控制屏

空调机组按外形主要可分为窗式和立柜式两种。窗式容量与外形尺寸较小，制冷量一般为 7kW 以下，风量在 1200m³/h（0.33m³/s）以下，安装在外墙或外窗上。立柜式容量与外形尺寸较大，制冷量一般为 7kW 以上，风量在 1200m³/h（0.33m³/s）以上，可直接放在空调房间里，也可设置在邻室并外接风管。此外，装在室内的空调机组或分体机的室内部分的外形还有柱式、悬吊式、落地式、壁挂式、台式等，可根据房间的使用功能、装修设计与家具布置的情况灵活选取。

空调机组按制冷设备冷凝器的冷却方式，分为水冷式和风冷式两种。水冷式一般为容量较大的机组，其冷凝器用水冷却，用户必须具备冷却水源。而风冷式可以是容量较小的机组，如窗式［见图 8-12（a）］，其中冷凝器部分在墙外，借助风机用室外空气冷却冷凝器。也可以是容量较大的机组，将风冷冷凝器独立装置在室外［见图 8-12（b）］。由于风冷式机组无需设置冷却水系统，节约冷却水的费用，故目前风冷机组在产品中所占比例越来越大，许多大中型的空调机组也设计为风冷式。

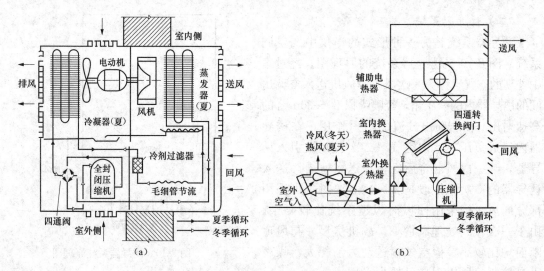

图 8-12　风冷式空调机组
（a）窗式；（b）室外式

空调机组按供热方式可分为普通式和热泵式两种。普通式冬季用电加热器或其他热源（如城市管网）供暖。热泵式冬季仍由制冷机工作，借四通阀的转换，使制冷剂逆向循环，把原蒸发器当作冷凝器（原冷凝器变为蒸发器），空气流过它被加热作为采暖用。

空调机组在结构上可分为整体式和分体式两种。整体式是指压缩机、冷凝器、蒸发器与膨胀阀构成一个整体，虽体积紧凑，但噪声、振动较大。分体式把蒸发器和室内风机作为室内侧机组，把冷凝器压缩机组作为室外侧机组，二者用冷剂管相联，可使室内噪声降低。由于传感器、配管技术和机电一体化的发展，分体式机组的型式可有多种。

局部空调机组实际上是一个小型空调系统。小容量装置已经成为家电产品。局部空调机组除满足民用之外，在商业和工业方面也得到广泛应用，按其功能需要可以生产成各种专用机组，如全新风机组、通用恒温恒湿机组和净化空调机组等。

第三节　空气处理设备

一、表面式空气冷却器

表面空气冷却器简称表冷器，其优点是构造简单、占地少、对水的清洁度要求不高，水侧的阻力小。表面式空气冷却器是一些金属管的组合体，一般制成肋片管结构。根据加工方法不同，分为绕片式、串片式、镶片式和轧片式。为了增加换热效果，通常采用肋片管来增大空气一侧的传热面积。表面式空气冷却器用冷水或冷盐水和乙二醇溶液或蒸发的制冷剂做冷媒。当采用冷水时，空气冷却器的盘管内流过冷水，空气经过盘管外表面，二者发生热、湿交换。当表面式空气冷却器的表面温度低于空气露点温度时，其表面就会有凝结水析出。为了接纳凝结水并及时将凝结水排走，表冷器下部应当设滴水盘和排水管，如图 8-13 所示。当采用制冷剂作冷媒时，管内制冷剂蒸发，吸收热量，把空气温度降低。这种方式的冷却减湿能力比水冷式表冷器的冷却减湿能力强。

空气侧的表冷器可以并联，也可以串联或串并联。当通过的空气较多时采用并联，要求空气的温降大时采用串联。

表冷器在空调系统中被广泛使用，其结构简单，运行可靠，操作方便，但必须提供冷冻水源，不能对空气进行加湿处理。表冷器能对空气进行干式冷却或减湿冷却两种处理过程，这就决定了表冷器的表面温度高于或低于空气的露点温度。

二、加热器

在空调系统中，为了满足房间对温度和湿度的要求，送入空调房间的空气冬季需要加热，在其他季节，有时为了满足温度要求，也需要进行加热。实现空气加热的主要设备是表面式空气加热器和电加热器。前者用于集中式空调系统的空气处理室和半集中式空调系统的末端装置中，后者主要用于各空调房间的送风支管上作为精密设备以及用于空调机组中。

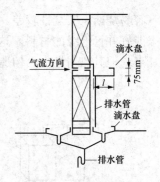

图 8-13　滴水盘和排水管的安装

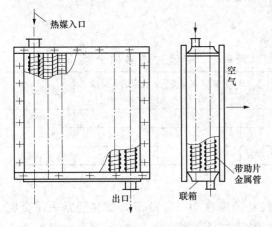

图 8-14　表面式空气加热器

1. 表面式空气加热器

表面式空气加热器是以热水或蒸汽作为热媒通过金属表面传热的一种换热设备，它一般由管束、联箱和护板组成。图 8-14 是用于集中空气加热的一种表面式空气加热器示意图。

为了增加空气加热器的传热面积，在光管的外表面上采取各种肋化措施。按其结构分为单肋片管和整体串片型两大类。

在表面式加热器中通入热水或蒸汽，可以实现空气的等湿加热过程。其具有构造简单、占地面积小、水质要求不高、水系统阻力小等特点。适用于空调机房面积较小的场合，特别是在高层建筑的舒适性空调中得到广泛应用。

空气加热器可垂直安装，也可水平安装。当热媒为蒸汽时，最好不要水平安装，否则将可能聚集冷凝水而影响传热效果。空气加热器可以并联或串联安装。当被加热空气的温升大时，宜采用串联安装；通过空气量大时，应采用并联安装。热媒是蒸汽时，蒸汽管路与加热器之间应并联；热媒为热水时，热水管路与加热器之间串、并联均可。连接方法如图 8-15 所示。蒸汽加热器的入口管路上应安装压力表和调节阀，在凝水管路上安装疏水器。在热水加热器的供、回水管路上应安装调节阀和温度计，并在最高点设置排气阀。

2. 电加热器

电加热器是利用电流通过电阻丝发热来加热空气的设备。具有结构紧凑、加热均匀、热量稳定、效率高、体积小、控制方便等优点，但电费较高，一般只用在加热量较小的空调机组和小型空调系统中。

常用的电加热器有裸线式和管式两种结构。裸线式电加热器的电阻丝直接暴露在空气中，空气与电阻丝直接接触，加热迅速。它具有结构简单、热惰性小等优点，但由于电阻丝容易烧断，安全性较差。管式电加热器是将电阻丝封装在特制的金属套内，中间填充导热性能好并且绝缘的材料。这种电加热器具有加热均匀、热量稳定、经久耐用、使用安全等优点，但其热惰性大、构造比较复杂。

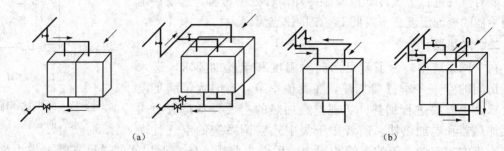

图 8-15　热水管路与加热器的连接图

(a) 串联；(b) 并联

三、空气过滤器

空气过滤器是用来对空气进行净化处理的设备。根据过滤器过滤效率的高低，通常分为初效、中效和高效过滤器，见表 8-1。一般的空调系统，通常只设置一级初效过滤器；有较高要求时，设置初效和中效过滤器；有超净要求时，在两级过滤后，再经过高效过滤器过滤。

表 8-1　空气过滤器的分类

类别	有效的捕集尘粒直径（μm）	适应的含尘浓度（mg/m^3）	过滤效率
初效	>5	<10	<60%
中效	>1	<1	60%~90%
高效	<1	<0.3	≥99.97%

图 8-16 所示为初效过滤器。初效过滤器的粒径范围在 $10\sim100\mu m$，滤料通常采用金属网格、聚氨酯泡沫塑料或人造纤维等。中效过滤器的粒径范围在 $1\sim10\mu m$ 之间，滤料通常采用中细孔泡沫塑料、玻璃纤维、无纺布等。图 8-17 所示是常用的袋式过滤器（中效过滤器）。高效过滤器处理的粒径一般小于 $1\mu m$，采用超细玻璃纤维和超细石棉纤维等作为滤料。图 8-18 所示是高效过滤器，用于空气清洁度较高的净化空调中。

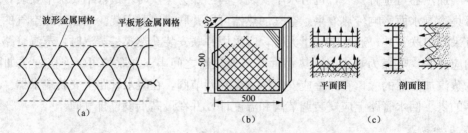

图 8-16　初效过滤器

(a) 金属网格滤网；(b) 过滤器外形；(c) 过滤器安装方式

空气过滤器的选择应综合考虑工艺对室内洁净度的要求、室外空气含尘浓度、系统阻力、维护管理以及一次投资等各种因素。为了避免污染空气漏入系统，中效过滤器应设置在系统的正压段。同时，为防止管道对洁净空气的再污染，高效过滤器应设置在系统的末端。此外，高效过滤器的安装要求十分严密，否则将无法保证室内洁净度。空气过滤器应经常拆换清洗，以免滤料上集尘过多，达不到过滤效果，使空气洁净度满足不了要求。

四、加湿器

当冬季空气中含湿量降低时，应对湿度有要求的建筑物内加湿；对生产工艺需要满足湿度要求的车间或房间也需要加湿设备。具体的加湿方法有喷水室喷水加湿、喷蒸汽加湿和水蒸气加湿等。

1. 喷水室加湿

喷水室的空气处理方法是向流过的空气直接喷淋大量的水滴，被处理的空气与水滴接触，进行热湿交换，达到要求的状态。当喷水的平均温度高于被处理的空气露点温度时，喷嘴喷出的水会迅速蒸发，使空气达到水温下的饱和状态，从而达到加湿的目的。

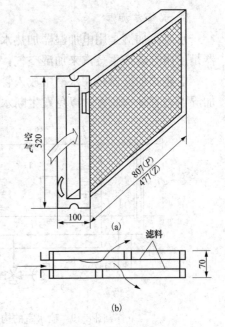

图 8-17 袋式过滤器

喷水室由喷嘴、水池、喷水管路、挡水板、外壳等组成，其构造如图 8-19 所示。前挡水板有挡住飞溅出来的水滴和使进风均匀流动的双重作用，因此有时也称它为均风板。被处理空气进入喷淋室后流经喷水管排，与喷嘴中喷出的水滴相接触进行热湿交换，然后经后挡水板流走。后挡水板能将空气中夹带的水滴分离出来，防止水滴进入后面的系统。在喷水室中通常设置一至三排喷嘴，最多四排喷嘴。喷水方向根据与空气流动方向相同与否，分为顺喷、逆喷和对喷。从喷嘴喷出的水滴完成与空气热湿交换后，落入底池中。

喷水室的优点是能够实现多种空气处理过程、具有一定的空气净化能力、耗费金属最少、容易加工等；其缺点是占地面积大、对水质要求高、水系统复杂和水泵电耗大，而且要定期更换水池中的水，耗水量大。

2. 喷蒸汽加湿

喷蒸汽加湿是用普通喷管（多孔管）或专用的加湿器，将来自锅炉房的水蒸气直接喷射入风管和流

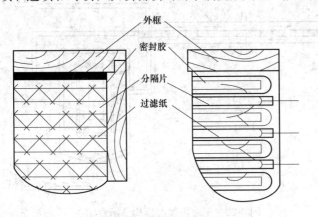

图 8-18 高效过滤器

动的空气中。蒸汽在管网的压力作用下，由小孔喷出，由于蒸汽压力高时会产生噪声，所以应尽量采用工作压力在 0.03MPa 以下的蒸汽。图 8-20 是干蒸汽加湿器构造示意图。这种加湿方法简单而经济，对工业空调可采用这种方法加湿。为保证喷出的蒸汽中不夹带凝结水滴，喷管外常设有保温套管。

3. 水蒸发加湿

水蒸发加湿是用电加湿器加热水以产生水蒸气，使其在常压下蒸发到空气中去。电加湿器是使用电能产生蒸汽来加湿空气，包括电热式和电极式两种。

电热式加湿器是在水槽中放入管状电热元件，电热元件通电后将水加热产生蒸汽。这种加湿器均有补水装置，以免发生断水空烧现象。

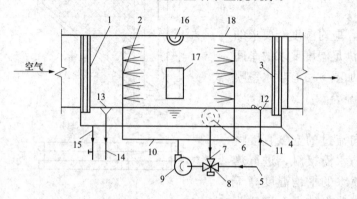

图 8-19　喷水室的构造

1—前挡水板；2—喷嘴及排管；3—后挡水板；4—底池；5—冷水管；
6—滤水器；7—循环水管；8—三通混合阀；9—水泵；10—供水管；
11—补水管；12—浮球阀；13—溢水器；14—溢水管；15—泄水管；
16—防水灯；17—检查门；18—外壳

电极式加湿器是由三根不同的不锈钢棒或镀铬棒作为电极插入水容器中组成。电极接通三相电源后，电流从水中流过，水的电阻转化为热量将水加热产生蒸汽。

电加湿器的缺点是耗电量大、电热元件与电极容易结垢，但其结构紧凑、加湿量易于控制，一般适用于小型空调系统。

4. 喷雾加湿

喷雾加湿器把自来水（或软化水）经泵加压后，通过极小的喷口喷出而使其雾化。与喷淋室相比，水与空气接触的面积大，同样喷水量时的加湿空气量提高，并且加湿器的尺寸比喷水室小得多，因此在目前的高层民用建筑中得以广泛应用。

由于喷雾加湿器的加湿用水通常不是循环使用的，因此水的利用率较低，用水浪费。当采用软化水时，运行费用高，如果采用普通自来水，会存在喷嘴的结垢等问题。

5. 表面蒸发式加湿

表面蒸发式加湿器填料的类型分两种：一种是利用填料吸收水后逐渐在气流中蒸发；它要求填料的机械性能好，否则吸水后容易变形而损坏。另一种是不吸水填料，而是通过

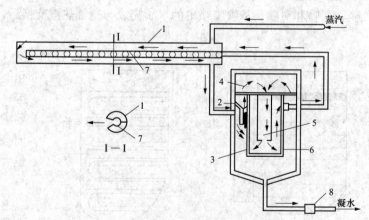

图 8-20　干蒸汽加湿器构造示意图

1—喷管外套；2—导流板；3—加湿筒体；4—导流箱；5—导流管；
6—加湿器内筒体；7—加湿器喷管；8—疏水器

水流量控制，在其表面形成一层水膜并逐渐在气流中蒸发；它的加湿效率和水的利用率较低，但是对材质的要求不高，造价相对低。这种加湿器由于吸水和水膜的原因，容易在填料上形成微生物，因此影响空气的卫生情况。

6. 超声波加湿

超声波加湿器是利用高频电流从水中向水面发射具有一定强度，波长相当于红外线波长的超声波，在超声波作用下，水面将产生几微米左右的微细粒子，对空气进行加湿。超声波加湿器具有雾粒微细均匀、省电节能、运行可靠、噪声低和使用寿命长等优点。

五、消声器

空调系统的主要噪声和振动源是风机、水泵、制冷压缩机、机械通风冷却塔、末端装置、气流等。其中，风机的噪声和气流的噪声是通过风管传入室内的，而其他设备的振动和噪声都是通过建筑结构传入室内。因此，在空调系统中，消除噪声的主要手段是通风系统的消声和设备的减振。

为防止气流在以较高的速度通过直风管、弯头、三通、变径管、阀门和送回风口等部件时，冲击部件产生湍振或因气流发生偏斜和涡流，引起系统内气流噪声和管壁振动，应对风管的风速做出一定的限制。有一般消声要求的系统，主风管的流速不宜超过 8m/s；有严格消声要求的系统不宜超过 5m/s。

在风管输送空气到房间的过程中，噪声有各种衰减，其机理很复杂。例如，噪声在直管中可以被管材吸收，还可以透射到管外。在风管转弯处和断面变形处以及风管开口处，一部分噪声还可以被反射，从而引起噪声的衰减。当噪声经过自然衰减不能满足室内噪声要求时，就必须在管路上设置消声器。

(一) 消声器的工作原理

制作消声器的材料一般都是吸声材料。由于吸声尘粒的多孔性和松散性，能把入射在其上的声能部分吸收掉。当声波进入消声材料的孔隙，引起孔隙中的空气和材料产生微小振动，由于摩擦和黏滞阻力，使相当一部分声能化为热能而被吸收。常用的吸声材料有玻璃棉、泡沫塑料、石棉绒、吸收砖、聚氨酯泡沫塑料（穿孔形）、木丝板、加气混凝土等。

(二) 消声器的种类

消声器的构造形式很多，按消声原理可分为如下几类。

1. 阻性消声器

阻性消声器是由多孔松散的吸声材料制成的。把吸声材料固定在管道内壁，或按一定方式排列在管道或壳体内。这种消声器对高频和中频的噪声有一定的消声效果，但对低频噪声的消声效果较差。其结构如图 8-21 所示。

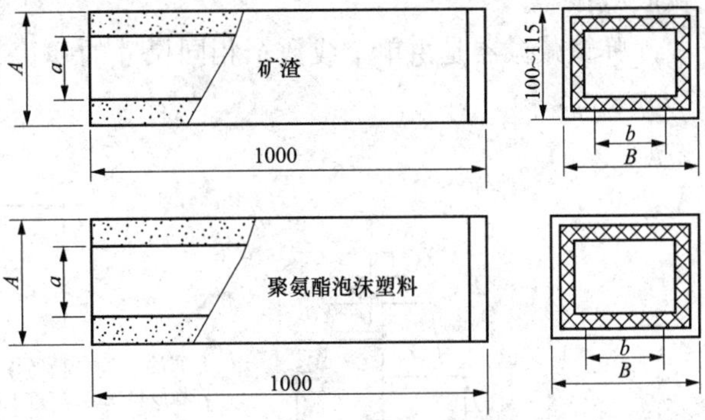

图 8-21　T701 两种阻性消声器

2. 共振性消声器

共振性消声器通过管道开孔与共振腔相连接，利用小孔处的空气柱和空腔内的空气构成了弹性共振系统。当噪声的共振频率与该弹性系统的振动频率相同时，引起小孔处的空气柱共振，空气柱与孔壁发生摩擦，摩擦又以消耗声能为代价，所以达到消声的目的。这种消声器频带范围选择小，但在其频带选择范围内对消除低频噪声的性能较好。其构造如图 8-22 所示。

3. 抗性消声器

抗性消声器主要利用管道截面突然改变的办法使传播的声波沿声源方向反射回去而起到消声作用。其构造简单，对低频噪声有较好的消声效果。

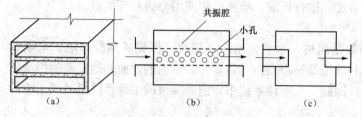

图 8-22　消声器的构造示意图

(a) 阻性消声器；(b) 共振性消声器；(c) 抗性消声器

4. 宽频带复合消声器

宽频带复合消声器是利用前三种消声器的特点综合而成的消声器，它集中各自的性能特点和弥补单独使用时的不足。如阻抗式复合消声器就是由吸声材料制成的阻性吸音片与抗性消声器组合而成的，它对高、中、低频噪声都有良好的消声效果。

5. 其他形式的消声器

在实际空调工程中，还可以利用风管构件作为消声器，如消声弯头和消声静压箱等。

（1）消声弯头。当机房位置窄小或对原有建筑改进消声措施时，可以直接在弯头上进行消声处理。

（2）消声静压箱。在空调机组出口处或在空气分布器前设置静压箱，内贴吸声材料，既可以起到稳定气流的作用，又可起到消声作用。

六、减振器

空调系统中的风机、水泵、制冷压缩机等设备运转时，所产生的振动可以直接传给基础，并以弹性波的形式从设备基础沿建筑结构传到其他房间，又以噪声形式出现。所以，对空调系统中的这些运转设备，需要采取减振措施。

空调装置的减振措施就是在振源和它的基础之间安装与基础隔开的弹性构件，使振源传到基础上的振动得到一定程度的减弱。在空调系统中最常用的减振装置是金属弹簧减振器和橡胶减振器。

弹簧减振器是由单个或数个相同尺寸的弹簧和铸铁（或塑料）护罩组成。图 8-23 为弹

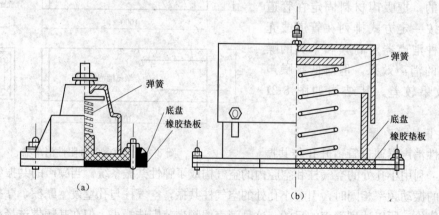

图 8-23　弹簧减振器结构示意图

(a) TJ1-1-10；(b) TJ1-11-14

簧减振器结构示意图。弹簧减振器具有固有频率低；静态压缩量大，承载能力强，减振效果好且性能稳定等优点，但加工制作复杂，价格较高。

橡胶减振器采用硫化处理的耐油丁腈橡胶作为它的减振弹性体，并黏结在内外金属环上受剪切力的作用达到减振目的。图 8-24 为橡胶减振器结构示意图。橡胶减振器具有固有频率低、减振效果良好、安装更换方便、价格低等优点，但容易老化失效。

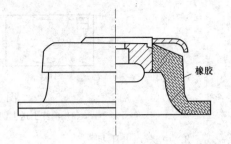

图 8-24　橡胶减振器结构示意图

第四节　气 流 组 织

气流组织就是在空调房间内合理地布置送、回风口，使得经过处理后的空气由送风口送入室内后，在扩散与混合的过程中，均匀地消除室内余热和余湿，从而使工作区形成比较均匀而稳定的温度、湿度、气流流速和清洁度，以满足生产和人体舒适的要求。空气调节房间的气流组织应根据室内温湿度参数、允许风速和噪声标准等要求，并结合建筑物特点、内部装修、工艺布置以及设备散热等因素综合考虑，通过计算确定。影响气流组织的因素很多，如送风口和回风口的位置、型式、大小、数量；送入室内气流的温度和速度；房间的型式和大小，室内工艺设备的布置等都直接影响气流组织，而且各因素之间往往相互联系相互制约，再加上实际工程中具体条件的多样性，因此在气流组织的设计上，光靠理论计算是不够的，一般要借助现场调试才能达到预期效果。

一、气流组织形式

空调房间对工作区内的温度、相对湿度有一定的精度要求，除要求有均匀、稳定的温度场和速度场外，有时还要控制噪声水平和含尘浓度。这些都直接受气流流动和分布状况影响。而这些又取决于送风口的构造形式、尺寸、送风参数、送回风口的位置等。气流组织形式一般分为上送下回方式，上送上回式，中送、上下回，下送式等。

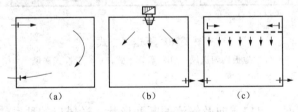

图 8-25　上送下回送风方式

(a) 侧送侧回；(b) 散流器送风；(c) 孔板送风

1. 上送下回方式（见图 8-25）

这是最基本的气流组织形式。送风口安装在房间的侧上部或顶棚上，而回风口则设于房间的下部。它的主要特点是送风气流在进入工作区之前就已充分混合，易形成均匀的温度场。适用于温/湿度和洁净度要求高的空调房间。

2. 上送上回式

上送上回式的气流组织形式是把送、回风口都布置在房间的上方，适用于没有条件把回风口布置在房间下部的场合。图 8-26 中是几种上送上回式的气流组织形式，它们的气流流型都差不多，在室内形成大的涡旋，工作区为回流区。这种方式的主要特点是施工方便，但影响房间的净空使用。当送、回风口之间距离较近时，回风口速度不宜过大，否则会造成气流短路，影响空调质量。

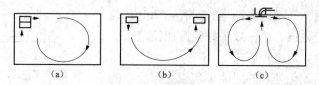

图 8-26　上送上回送风方式

（a）单侧上送上回；（b）异侧上送上回；（c）送吸式散流器

3. 中送、上下回

某些高大空间的空调房间，采用前述方式需要大量送风，空调耗冷量、耗热量都大。因而采用在房间高度上的中部位置采用侧送风或喷口的送风方式，如图 8-27 所示。中送风是将房间下部作为空调区，上部作为非空调区。工作区内处于回流区，具有侧送侧回的气流组织特点。设在上部的风口用于排走非空调区内的余热，防止其在送风气流的卷吸下向工作区扩散。

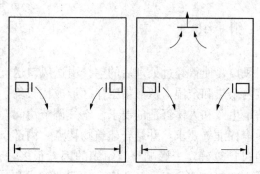

图 8-27　中送风方式

4. 下送式

下送上回式气流组织形式是把送风口布置在房间下部，回风口布置在房间上部或下部。当回风口布置在房间上方时，送风射流直接进入工作区，上部空间的余热不经过工作区就被排走，如图 8-28（a）所示。同时考虑到人的舒适条件，送风速度也不能大，一般不超过 $0.5\sim0.7m/s$，这就必须增大送风口的面积或数量，给风口布置带来困难。此外，地面容易积聚脏物，将会影响送风的清洁度。但因排风温度高于工作区温度，这种方式具有一定的节能效果，同时有利于改善工作区的空气质量。图 8-28（b）为送风口设于窗台下面垂直上送风的形式，这样可以在工作区造成均匀的气流流动，同时能阻挡通过窗户进入室内的冷热气流直接进入工作区。在工程中风机盘管常采用这种方式。

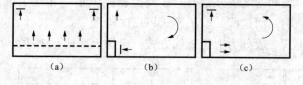

图 8-28　下送风方式

（a）地板均匀送风；（b）盘管下式；（c）置换式送风

二、送风口的型式

送风口的型式直接影响到气流的混合程度、出口方向及气流的断面形状。送风口的种类繁多，通常要根据房间的特点、对流型的要求和房间内部装修等加以选择。

1. 侧送风口

在房间内横向送出的风口称为侧送风口。工程上用得最多的是百叶风口，百叶风口中的百叶可做成活动可调的，既能调风量，也能调送风方向。为了满足不同的调节性能要求，通常把百叶风口制作成有单层百叶风口和双层百叶风口。除了百叶风口外，还有格栅送风口和条缝送风口，风口应与建筑装饰很好地配合。侧送风口常安装在风管的侧壁或侧墙上。常见的侧送风口型式见表 8-2。

表 8-2 常见的侧送风口型式

风口图式	射流特性及应用范围
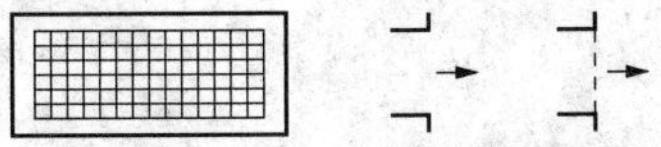	（a）格栅送风口 叶片或空花图案的格栅，用于一般空调工程
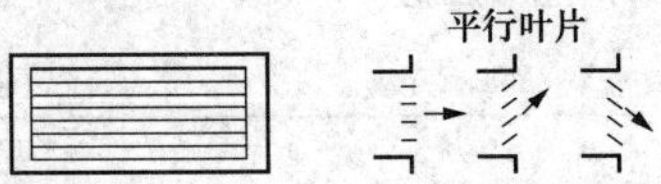 平行叶片	（b）单层百叶送风口 叶片可活动，可根据冷、热射流调节送风的上下倾角，用于一般空调工程
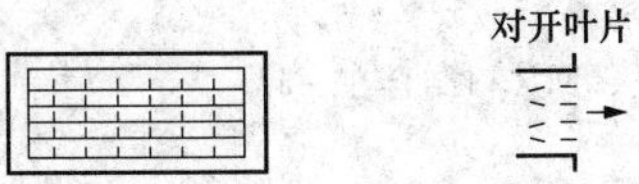 对开叶片	（c）双层百叶送风口 叶片可活动，内层对开叶片用以调节风量，用于较高精度的空调工程
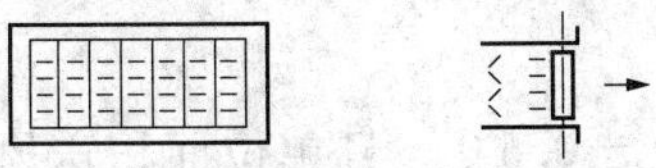	（d）三层百叶送风口 叶片可活动，有对开叶片可调风量，又有水平、垂直叶调上下倾角和射流扩散角，用于高精度的空调工程
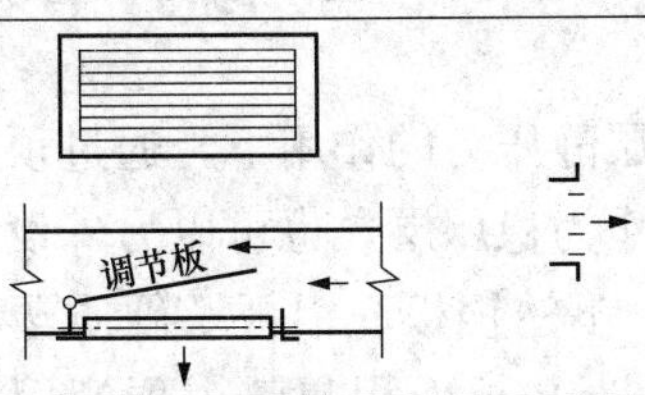 调节板	（e）带调节板活动百叶送风口 通过调节板调整风量，用于较高精度的空调工程
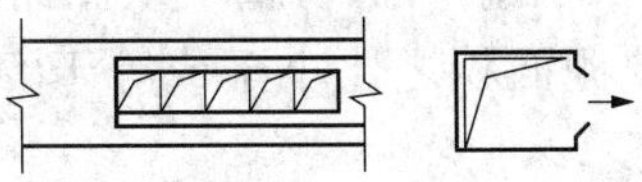	（f）带出口隔板的条缝形风口 常设于工业车间的截面变化均匀送风管道上，用于一般精度的空调工程
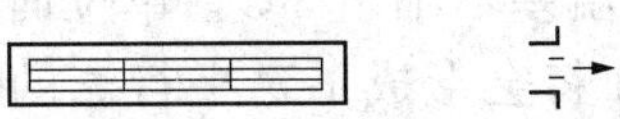	（g）条缝形送风口 常配合静压箱（兼作吸音箱）使用，可作为风机盘管、诱导器的出风口，适用于一般精度的民用建筑空调工程

2. 散流器

散流器是装在顶棚上的一种由上向下送风的风口，射流沿表面呈辐射状流动。散流器的型式很多，有盘式散流器，气流呈辐射状送出，且为贴附射流；有片式散流器，设有多层可调散流片，使送风呈辐射状，或呈锥形扩散；也有将送、回风口组合在一起的送、吸式散流器；另外，还有适用于净化空调的流线型散流器。表 8-3 是常见的散流器型式。

表 8-3 常见的散流器型式

风口图式	风口名称及气流流型
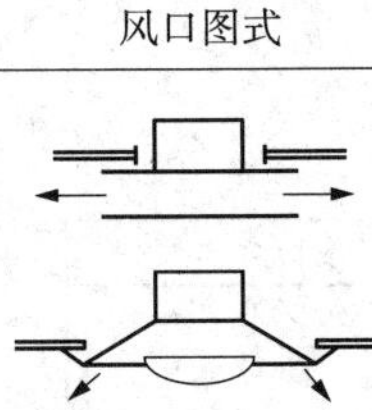	（a）盘式散流器 属平送流型，用于层高较低的房间，挡板上可贴吸声材料，能起消声作用
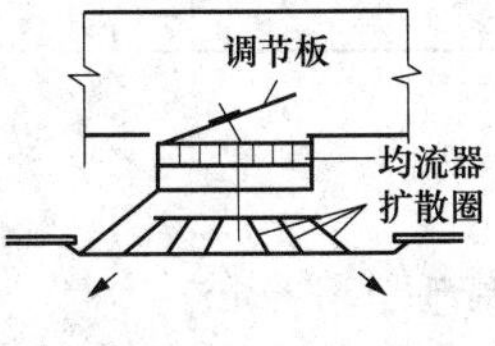 调节板 均流器 扩散圈	（b）直片式散流器 平送流型或下送流型（降低扩散圈在散流器中的相对位置时可得到平送流型，反之则可得下送流型）

续表

风口图式	风口名称及气流流型
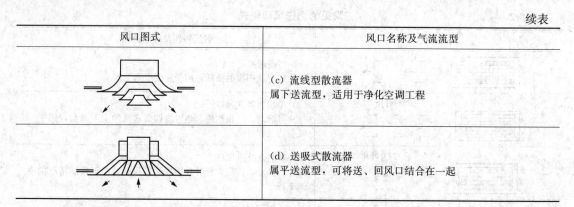	（c）流线型散流器 属下送流型，适用于净化空调工程
	（d）送吸式散流器 属平送流型，可将送、回风口结合在一起

3. 孔板送风口

当空调房间的高度小于 5m，空调精度为 ±1℃或小于 ±0.5℃，且单位面积送风量大，工作区要求风速较小时，宜采用孔板送风。

孔板送风是将空气送入顶棚上面的稳压层中，在稳压层静压力的作用下，通过顶棚上的大量小孔均匀地进入房间。可以利用顶棚上面的整个空间作为稳压层，也可以另外设置稳压箱。稳压层的净高应不小于 0.2m。孔板宜选用镀锌钢板、不锈钢板、铝板及硬质塑料板等材料制作，孔径一般为 4～6mm，孔间距为 40～100mm。当孔板面积与整个顶棚面积之比大于 50%时，称为全面孔板；否则，当孔板面积与整个顶棚面积之比小于或等于 50%时，称为局部孔板。

对于全面孔板，当孔口的气流速度大于 3m/s，送风温差不小于 3℃，单位面积送风量大于 60m³/（m²·h）并且是均匀送风时，在孔板下面将会形成下送平行流的气流流型，如图 8-29（a）所示。这种流型主要用于有高度净化要求的空调房间。如果送风的速度较小，送风温差也比较小，将会在孔板下面形成不稳定的流型，如图 8-29（b）所示。不稳定流由于送风气流与室内空气混合，区域温差很小，适用于高精度和低流速要求的空调工程。

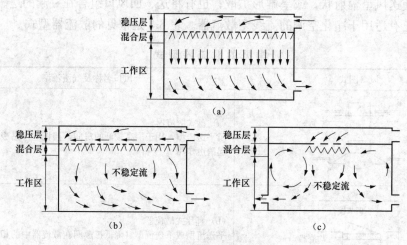

图 8-29　孔板送风示意图
（a）全面孔板下送平行流；（b）全面孔板不稳定流；（c）局部孔板不稳定流

局部孔板送风一般为不稳定流，如图 8-29（c）所示。这种流型仅适用于有局部热源的空调房间以及在局部地区要求较高的空调精度和较小气流流速的空调房间。

4. 喷射式送风口

对于大型体育馆、礼堂、剧院和通用大厅等建筑常采用喷射式送风口。图 8-30（a）所示为圆形喷口，该喷口有较小的收缩角度，并且无叶片遮挡，因此喷口的噪声低、紊流系数小、射程长。为了提高喷射送风口的使用灵活性，可以做成图 8-30（b）所示的既能调方向又能调风量的球形转动喷口形式。

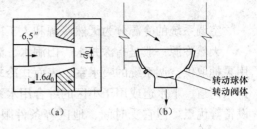

图 8-30 喷射式送风口

(a) 圆形喷口；(b) 球形转动风口

5. 旋流送风口

地板送风常采用旋流式送风口，其结构如图 8-31 所示。这种送风方式虽然送风温差小，却能起到温差较大的效果，这就为提高送风温度，使用天然冷源如深井水、地道风等创造了条件。

三、排风口的类型

回风口附近气流流速衰减很快，对室内气流组织的影响很小，因而构造简单，类型也不多。最简单的是矩形网式回风口（见图 8-32）、篦板式回风口（见图 8-33）。此外，格栅风口、百叶风口、条缝风口及孔板风口等，均可作为回风口使用。

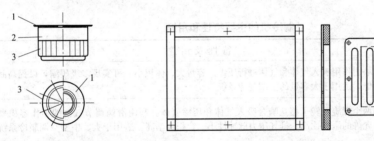

图 8-31 旋流式送风口　　　　图 8-32 矩形网式回风口　　　　图 8-33 活动篦板式回风口

1—出风隔栅；2—集箱；3—旋流叶片

回风口的形状和位置应根据气流组织的要求而定。除了高大空间或面积大且有较高区域温差要求的空调房间外，一般可只在一侧集中布置回风口。对于侧送风口，回风口一般设在同侧下方。如果采用孔板或散流器平行流送风时，回风口也多设在下侧。为避免回风口吸入灰尘和杂物，回风口下缘离地面至少为 0.15m。对于高大厂房上部有余热时，宜在上部增设回风口或设置排风口，以利排除余热。对净化、温/湿度、噪声无特殊要求时，多利用中间走廊回风（见图 8-34）。

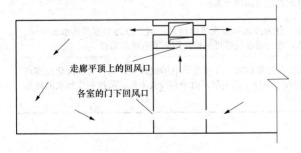

图 8-34 走廊回风示意图

在空调工程中，风口均应能进行风量调节，若风口上无调节装置时，应在支管上加以考虑。

第五节　空调系统的冷源

空调系统的冷源分为天然冷源和人工冷源。

天然冷源一般是指深井水、山涧水、温度较低的河水等。这些温度较低的天然水可直接用泵抽取供空调系统的喷水室、表面式冷却器等空气处理设备使用，温度升高后的废水直接排入河道、下水道或用于小区的综合用水系统的管道。天然冷源具有价格低廉和不需要复杂设备等优点，但它受时间、地区等条件限制，而且不宜用来大量获取低于 0℃ 的温度。因此，在实际工程中，主要是采用人工冷源。

人工冷源是指用人工的方法制取的冷量。世界上第一台制冷装置诞生于 19 世纪中叶，从此，人类开始使用人工冷源。人工制冷即采用各种形式的制冷机直接处理空气或制出低温水来处理空气。空调系统采用人工冷源制取的冷冻水或冷风来处理空气时，制冷机是空调系统中耗能量最大的设备。人工制冷不受任何条件的限制，工作可靠、调节方便，但造价高、耗能多、运行费用也多。

一、制冷机的类型

按照制冷设备所使用能源类型的不同，空调工程中使用的制冷机有压缩式制冷机、吸收式制冷机和蒸汽喷射式制冷机，其中，以压缩式制冷机应用最为广泛。压缩式制冷机和吸收式制冷机的主要特性和用途见表 8-4。

表 8-4　　　　　　　　　　　　　　　制冷机的主要特性和用途

种类		特性及用途
压缩式	离心式	通过叶轮离心力作用吸入气体和气体进行压缩。容量大、体积小、可实现多级压缩，以提高制冷效率和改善调节性能，适用于大容量的空调制冷系统
	螺杆式	通过转动的两个螺旋形转子相互啮合吸入气体和压缩气体。利用滑阀调节气缸的工作容积来调节负荷。转速快、允许的压缩比高、排气压力脉冲性小、容积效率高。适用于大、中型空调制冷系统和空气热源热泵系统
	活塞式	通过活塞的往复运动吸入和压缩气体。适用于冷冻系统和中、小容量的空调制冷和热泵系统
吸收式	蒸汽热水式	利用蒸汽或热水作热源，以沸点不同但相互溶解的两种物质的溶液为工质，其中沸点高的物质作吸收剂，沸点低的物质作制冷剂。制冷剂在低压时吸收热量汽化制冷；吸收剂吸收低温气态的制冷剂蒸汽，在升压加热后将蒸汽放出且将其冷却为高温高压的液体，形成制冷循环，在有废热和低位热源的场所应用较经济。适用于大、中型容量且冷水温度较高的空调制冷系统
	直燃式	利用燃烧重油、煤气或天然气等作为热源。分为冷水和温水机组两种。制冷原理与蒸汽热水式相同。由于减少了中间环节的热能损失，效率提高，冷—温水机组可一机两用，节省机房面积
	蒸汽喷射式	以热能作动力，水作工质。当蒸汽在喷嘴中高速喷出时，在蒸发器中形成真空，水在其中汽化而实现制冷。适用于需要 10~20℃ 水温的工艺冷却和空调冷水的制取。由于制冷效率低、蒸汽和冷却水的耗量大，以及运行中噪声大等原因，现已很少使用

二、蒸汽压缩式制冷的工作原理与设备

（一）蒸汽压缩式制冷原理

蒸汽压缩式制冷是利用液体汽化时要吸收热量的物理特性来制取冷量。制冷剂在压缩机、冷凝器、节流阀、蒸发器等热力设备中进行的压缩、放热、节流、吸热等热力过程来实

现一个完整的制冷循环，如图 8-35 所示。

在蒸发器中，低压低温的制冷剂液体吸收冷冻水的热量，蒸发成为低温低压的制冷剂蒸汽。低温低压的制冷剂蒸汽被压缩机吸入并被压缩成高温高压的蒸汽进入冷凝器。在冷凝器中高温高压的制冷剂蒸汽被冷却水冷却，冷凝成高压液体。高压液体经过膨胀阀后，压力降低，又回到蒸发器。

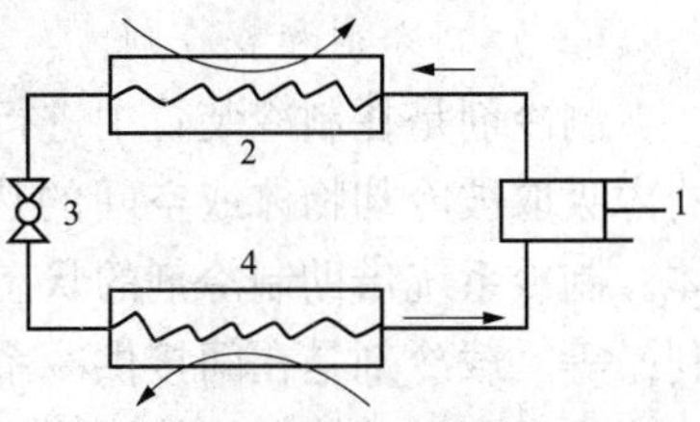

图 8-35 蒸汽压缩式制冷循环原理图
1—压缩机；2—冷凝器；3—膨胀阀；
4—蒸发器

（二）蒸汽压缩式制冷循环的主要设备

1. 制冷压缩机

制冷压缩机是蒸汽压缩式制冷装置的一个重要设备。其主要作用是从蒸发器中抽吸低温低压的气态制冷剂并将其压缩为高温高压的气态制冷剂，以保证蒸发器中有一定的蒸发压力和提高气态制冷剂的压力，以便使气态制冷剂在较高的冷凝温度下被冷却剂冷凝液化。

制冷压缩机的型式很多，根据工作原理的不同可分为两类：容积式制冷压缩机和离心式制冷压缩机。

容积式制冷压缩机是靠改变工作腔的容积，将周期性吸入气态制冷剂进行压缩。活塞式压缩机、回转式压缩机、螺杆式压缩机等都属于容积式制冷压缩机。

离心式制冷压缩机是靠离心力的作用连续地把吸入的气态制冷剂进行压缩。这种压缩机的转数大，制冷能力强。

2. 冷凝器

冷凝器的作用是把压缩机排出的高温高压的气态制冷剂冷却并使其液化。根据所使用冷却介质的不同，可分为水冷冷却器、风冷冷却器、蒸发式和淋激式冷凝器等类型。空调系统中常用的是前三种冷凝器。

立式壳管式冷凝器和卧式壳管式冷凝器是水冷式冷凝器的两种型式。

立式壳管式冷凝器用于氨制冷系统，它的特点是占地面积小、可垂直安装，安装在室外无冻结危险，便于清除铁锈和污垢，对水质要求不高。其缺点是冷却水用量大，体形笨重。卧式壳管式冷凝器的优点是传热系数大，冷却水用量小，操作管理方便，但对水质要求较高。目前，中、大型氟利昂和氨制冷装置中普遍采用这种冷凝器。

3. 节流装置

节流装置的作用：对高温高压液态制冷剂进行节流降温降压，保证冷凝器和蒸发器之间的压力差，以便使蒸发器中的液态制冷剂在所要求的低温低压下吸热汽化，制取冷量；调整进入蒸发器的液态制冷剂的流量，以适应蒸发器热负荷的变化，使制冷装置更加有效地运行。

常用的节流装置有手动膨胀阀、浮球式膨胀阀、热力式膨胀阀和毛细管等。

4. 蒸发器

蒸发器的作用是使进入其中的低温低压液态制冷剂吸收周围介质（水、空气等）的热量汽化，同时，蒸发器周围的介质因失去热量，温度降低。蒸发器具有两种类型：一种是直接冷却空气，称为直接蒸发式表面冷却器；另一种是冷却盐水或普通水的蒸发器，常用的有卧式壳管式蒸发器和水箱式蒸发器。

（三）制冷剂和载冷剂

制冷剂是在制冷装置中进行制冷循环的工作物质。制冷剂在制冷机中循环流动，在蒸发器内吸取被冷却物体或空间的热量蒸发，在冷凝器内将热量传递给周围介质而被冷凝成液体。制冷系统借助制冷剂的状态变化，从而实现制冷的目的。目前，常用的制冷剂有氨、氟利昂等。载冷剂是在间接供冷系统中用以传递制冷量的中间介质。其作用是把制冷系统制取的冷量远距离地输送到使用冷量的地方，它在蒸发器中冷却降温。常用的载冷剂有水、盐水和空气等。

三、吸收式制冷的工作原理与设备

吸收式制冷和蒸汽压缩式制冷一样，也是利用液体气化时吸收热量的物理特性进行制冷。所不同的是，蒸汽压缩式制冷机使用电能制冷，而吸收式制冷机是使用热能制冷。吸收式制冷机的最大优点是可利用低位热源，在有废热和低位热源的场所应用较经济。此外，吸收式制冷机既可制冷，也可供热，在需要同时供冷、供热的场合可以一机两用，节省机房面积。

吸收式制冷机使用的工质是由两种沸点相差较大的物质组成的二元溶液，其中沸点低的物质作制冷剂，沸点高的物质作吸收剂，通常称为工质对。目前，空调工程中使用较多的是溴化锂吸收式制冷机，它是采用溴化锂和水作为工质对。其中，水作制冷剂，溴化锂作吸收剂，只能制取 0℃以上的冷冻水。

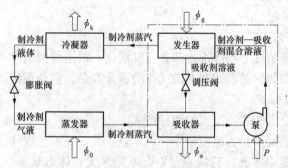

图 8-36　吸收式制冷机的工作循环原理图

吸收式制冷机的工作循环如图 8-36 所示，主要由发生器、冷凝器、节流阀、蒸发器、吸收器等设备组成。图 8-36 中，点画线外的部分是制冷剂循环，从发生器出来的高温高压的气态制冷剂在冷凝器中放热后凝结为高温高压的液态制冷剂，经节流阀降温降压后进入蒸发器。在蒸发器中，低温低压的液态制冷剂吸收被冷却介质的热量气化制冷，气化后的吸收剂返回吸收器，进入点画线内的吸收剂循环。

图 8-36 中，点画线内的部分称为吸收剂循环。在吸收器中，从蒸发器来的低温低压的气态制冷剂被发生器来的浓度较高的液态吸收剂溶液吸收，形成制冷剂—吸收剂混合溶液，通过溶液泵加压后送入发生器；在发生器中，制冷剂—吸收剂混合溶液用外界提供的工作蒸汽加热，升温升压，其中沸点低的制冷剂吸热气化成高温高压的气态制冷剂，与沸点高的吸收剂溶液分离，进入冷凝器作制冷剂循环。发生器中剩下浓度较高的液态吸收剂溶液则经调压阀减压后返回吸收器，再次与从蒸发器来的低温低压的气态制冷剂混合。在整个吸收式制冷循环中，吸收器相当于压缩机的吸气侧，发生器相当于压缩机的排气侧；图 7-36 中，点画线内吸收器、溶液泵、发生器和调压阀的作用相当于压缩机，把制冷循环中的低温低压气态制冷剂压缩为高温高压气态制冷剂，使制冷剂蒸汽完全从低温低压状态转变为高温高压状态。

四、冷水机组

目前，以水作为冷媒的空调系统，常采用冷水机组做冷源。冷水机组就是把整个制冷系

统中的压缩机、冷凝器、蒸发器、节流阀等设备，以及
电气控制设备组装在一起，为空调系统提供冷冻水的设
备。图 8-37 为 FLZ 系列冷水机组的外形图。冷水机组
的类型众多，主要有活塞式冷水机组、离心式冷水机
组、螺杆式冷水机组等。各种冷水机组的重要技术参数
见表 8-5。

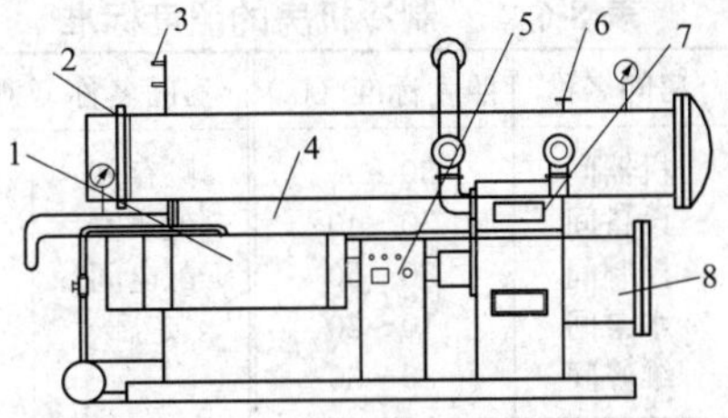

图 8-37　FLZ 系列冷水机组
1—电动机；2—冷凝器；3—安全阀；
4—热交换器；5—控制台；6—放气阀；
7—压缩机；8—蒸发器

冷水机组的主要特点：

（1）结构紧凑，占地面积小，机组产品系列化，冷
量可组合配套。便于设计选型，施工安装和维修操作
方便。

（2）配备有完善的控制保护装置，运行安全。

（3）以水为载冷剂，可进行远距离输送分配和满足多个用户的需要。

（4）机组电气控制自动化，具有冷量自动调节功能，便于运行节能。

表 8-5　　　　　　　　　　　**冷水机组的重要技术参数**

类型	活塞式冷水机组	螺杆式冷水机组	离心式冷水机组
制冷机种类	活塞压缩机	螺杆压缩机	离心压缩机
制冷剂	R22、R134A	R22、R134A	R22、R134A、R123
冷水进、出水温度（℃）	7/12	7/12	7/12
冷水量（m³/h）	30 33 40 50 100	20 40 60 100 200	60 100 200
冷却水温度（℃）	32/37（30/35）	32/37（30/35）	32/37（30/35）
冷却水量（m³/h）	45 50 60 90 200	30 50 90 120 140	125 250 300

五、制冷机房

设置制冷设备的房间称为制冷机房或制冷站。小型的制冷机房一般附设在主体建筑物
内，氟利昂制冷设备也可设置在空调机房内。规模较大的制冷机房，特别是氨制冷机房应单
独修建。

（一）对制冷机房的要求

制冷机房宜布置在全区夏季主导风向的下风侧；在动力站区域内，一般布置在乙炔站、
锅炉房、煤气站、堆煤场的上风侧，以保证制冷机房的清洁。

氨制冷机房不应靠近人员密集的房间和场所，以及有精密贵重设备的房间等，以免发生
事故造成重大损失。

空调用制冷机房主要包括主机房、水泵房和值班室等。冷藏冷冻用制冷机房，规模较小
者可为单间房屋，不作分隔；规模较大者，可按不同情况分隔为主机间、设备间、水泵间、
变电间，以及值班控制器、维修间和生活间等。

房间的净高：氨压缩机不低于 4m，氟利昂压缩机不低于 3.2m。设备间一般不低于 2.5～
3.2m。

制冷机房应采用二级耐火材料或不燃材料建造。机房最好为单层建筑，设有不相邻的两
个出口，机房门窗应向外开启。制冷机房应有每小时不少于 3 次换气的自然通风措施，氨制
冷机房应有每小时不少于 7 次换气的事故通风设备。制冷机房的机器间和设备间应充分利用

表 8-6　　制冷机房的照度标准

房间名称	照度标准（lx）	房间名称	照度标准（lx）
机器间	30～50	贮存间	10～20
设备间	30～40	值班室	20～30
控制间	30～50	配电间	10～20
水泵间	10～20	走廊	5～10
维修间	20～30		

天然采光，窗孔投光面积与地板面积之比不小于 1：6。若采用人工照明时，建议按表 8-6选取。

（二）制冷机房的设备布置

制冷机房的布置应保证操作和检修方便，同时要尽可能使设备布置紧凑，以节省建筑面积。

制冷机组的主要通道宽度以及制冷机组与配电柜的距离应不小于 1.5m；制冷机组与制冷机组或与其他设备之间的净距不小于 1.2m；制冷机组与墙壁之间以及与其上方管道或电缆桥架之间的净距应不小于 1m。

中、大型制冷压缩机应设在室内，并有减振基础。卧式壳管式冷凝器和蒸发器布置在室内时，应考虑有清洗和更换其内部传热管的位置。

水泵的布置应便于接管、操作和维修；水泵之间的通道一般不小于 0.7m。

第六节　空调工程施工图识读

空调工程施工图属于建筑图的范畴。在图纸上，各种管线作为建筑物的配套部分，用 GB/T 50114—2010《暖通空调制图标准》中统一的图例符号来表示不同的管线和设备，有时还绘制节点大样图和设备安装详图。

一、空调系统施工图内容

1. 图纸目录

施工图纸设计完成后，设计人员按一定的图名及顺序将它们逐项归纳编排成图纸目录，以便查阅。

2. 设计说明及图例

设计说明是图纸的重要组成部分，主要表达施工图中无法表示清楚，而在施工中施工人员必须知道的技术、质量方面的要求。主要介绍设计概况和室内外设计参数；空调冷、热负荷；冷源和热源情况、热媒和冷媒参数等。空调工程中常见水管图例见表 8-7，常见风管图例见表 8-8。

表 8-7　　常 见 水 管 图 例

序号	名　称	图　例	备　注
1	截止阀	—▷◁—	—
2	闸阀	—▷◁—	—
3	球阀	—▷●◁—	—
4	柱塞阀	—▷◁—	—
5	快开阀	—▷◁—	—
6	蝶阀	▭	▭
7	旋塞阀	●	—

续表

序 号	名 称	图 例	备 注
8	止回阀		
9	浮球阀		—
10	三通阀		—
11	平衡阀		—
12	定流量阀		—
13	定压差阀		—
14	自动排气阀		—
15	集气阀 放气阀		—
16	节流阀		—
17	调节止回关断阀		水泵出口用
18	膨胀阀		—
19	排入大气或室外		—
20	安全阀		—
21	角阀		—
22	底阀		—
23	漏斗		—
24	地漏		—
25	明沟排水		—
26	向上弯头		—
27	向下弯头		—
28	法兰封头或管封		—
29	上出三通		—
30	下出三通		—
31	变径管		—

序　号	名　称	图　例	备　注
32	活接头或法兰连接		—
33	固定支架		—
34	导向支架		—
35	活动支架		—
36	金属软管		—
37	可屈挠橡胶软接头		—
38	丫形过滤器		—
39	疏水器		—
40	减压阀		左高右低
41	直通型（或反冲型）除污器		—
42	除垢仪	E	—
43	补偿器		—
44	矩形补偿器		—
45	套管补偿器		—
46	波纹管补偿器		—
47	弧形补偿器		—
48	球形补偿器		—
49	伴热管		—
50	保护套管		—
51	爆破膜		—
52	阻火器		—
53	节流孔板、减压孔板		—
54	快速接头		—

序 号	名 称	图 例	备 注
55	介质流向	→ 或 ⇨	在管道断开处时，流回符号宜标注在管道中心线上，其余可同管径标注位置
56	坡度及坡向	*i*=0.003 或 → *i*=0.003	坡度数值不宜与管道起、止点标高同时标注，标注位置同管径标注位置

表 8-8　　　　　　　　　　　　　**常用风管图例**

序 号	名 称	图 例	备 注
1	矩形风管	*** × ***	宽×高（mm）
2	圆形风管	φ***	φ直径（mm）
3	风管向上		—
4	风管向下		—
5	风管上升摇水弯		—
6	风管下降摇水弯		—
7	天圆地方		左接矩形风管，右接圆形风管
8	软风管		—
9	圆弧形弯头		—
10	带导流片的矩形弯头		—
11	消声器		—
12	消声弯头		—
13	消声静压箱		—

续表

序　号	名　称	图　例	备　注
14	风管软接头		—
15	对开多叶调节风阀		—
16	蝶阀		—
17	摇板阀		—
18	止回风阀		—
19	奈压阀	DPV　　DPV	—
20	三通调节阀		—
21	防烟、防火阀	＊＊＊　　＊＊＊	＊＊＊表示防烟、防火阀名称代号
22	方形风口		—
23	条缝形风口		—
24	矩形风口		—
25	圆形风口		—
26	侧面风口		—
27	防雨百叶		—
28	检修门	J　　J	—
29	气流方向		左为通用表示法、中表示送风、右表示回风

续表

序 号	名 称	图 例	备 注
30	远程手控盒	B	防排烟用
31	防雨罩	↑	—

3. 空调工程平面图

空调工程平面图通常分为制冷机房平面图、空调机房平面图、风管平面图、水管平面图等。空调、冷热源机房平面图主要绘制空调、制冷设备的轮廓位置、定位尺寸；连接设备的水管、风管位置的走向、管径、标高等。水、风管平面图主要绘制水、风管道的位置、管径、标高和风口尺寸等；各种阀门、附件和风口的平面位置及尺寸等。

4. 空调系统图

为了将管路表达清楚，一般要绘制管路系统图（轴测图）。空调系统图一般包括空调水系统图和空调风系统图。系统图中主要表达管道的标高、管径、走向、分支等；管道上的管件、阀门、仪表安装位置、安装高度；设备的型号、规格及数量；新风、排风系统等。

5. 剖面图

在其他图纸不能表达复杂管路相对关系及竖向位置时，应绘制空调系统剖面图。剖面图应绘制除对应机房平面图的设备、管道和附件的竖向位置、竖向尺寸和标高；标注连接设备的管道尺寸、设备编号等。

二、空调施工图举例

某饭店空气调节系统部分施工图如下：

图 8-38 为某宾馆顶层客房采用风机盘管作为末端空调设备的新风系统布置图，图 8-39 为该客房层风机盘管水管系统布置平面图，图 8-40 为新风系统的轴测图（部分），图 8-41 为水管系统的轴测图（部分）。

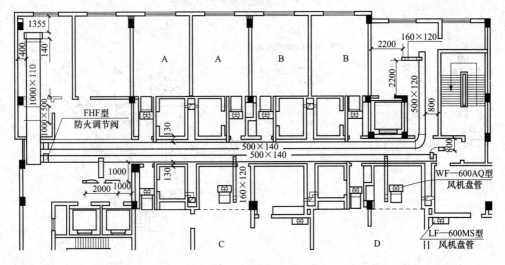

图 8-38　新风系统布置图

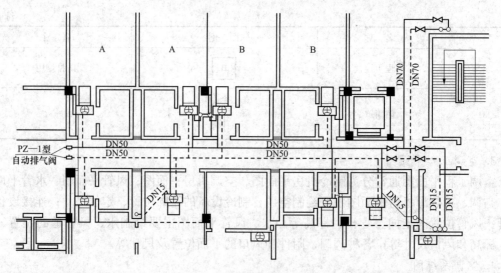

图 8-39　水管系统布置平面图

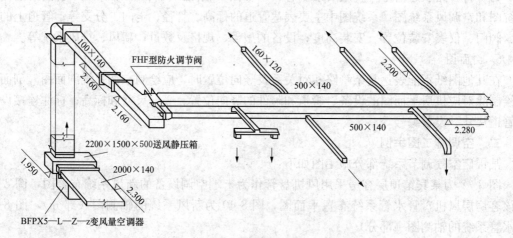

图 8-40　新风系统的轴测图（部分）

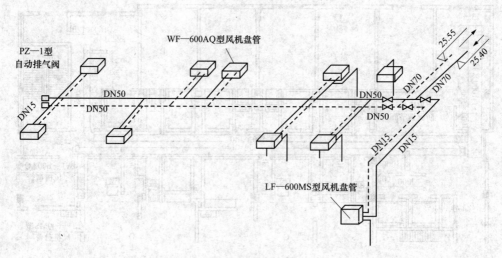

图 8-41　水管系统的轴测图（部分）

第九章 燃气供应工程

目前，世界城市燃气主要有天然气、煤制气、液化石油气、生物气等。它们的来源不同、生产方法各异，当然有不同的组分和热值。不同国家、不同地域，因经济发展的程度不同以及储藏的资源不同，城市燃气选择的气源也不一样。发达国家主要将天然气作为城市燃气，发展中国家则依据当地能源状况选择气源。我国地域辽阔、人口众多，属于发展中国家，采取多元化的城市燃气比较合理。

天然气热值高、污染低，是理想的城镇气源，应作为首要考虑对象。特别是在天然气富集的地区以及周围，或在人口集中、经济发达、能源消耗集中的直辖市、省会城市、大型城市、旅游城市及沿海经济发达地区，应优选天然气供应。

液化石油气具有投资少、设备简单、建设速度快、供应方式灵活等特点，随着我国石油工业的发展，液化石油气已成为一些城镇和城镇郊区、独立居民小区及工矿企业的主要应用气源。

在盛产煤的地区，对煤深加工，生产煤制气供应城市，是一种减少污染、提高能源利用率的办法。在过去一段时间内，煤制气是我国一些城镇燃气的重要气源形式。现在仍有很多城市保留煤制气生产设备。

生物质气常作为乡镇供气的气源。

第一节 天然气的供应

天然气是由有机物质生成的，这些有机物质是海洋和湖泊中的动、植物遗体，在特定环境中经物理和生物化学作用而形成的含碳氢化合物的可燃气体。天然气是一种清洁能源，与其他化石燃料相比，天然气燃烧时仅排放少量的二氧化碳和极微量的一氧化碳、碳氢化合物、氮氧化物。天然气密度比空气密度小，与液化石油气相比供气更安全，因此它是城市燃气供应的首选气源。

一、天然气分类

天然气通常按照成藏机理、开采技术分为常规天然气和非常规天然气。常规天然气按其矿藏特点可分为气田气（又叫纯天然气）、石油伴生气和凝析气田气。非常规天然气是指在成藏机理、赋存条件、分布规律和勘探开发方式等方面有别于常规天然气的烃类（含非烃类）资源。按照资源禀赋特征和赋存的介质分类，非常规天然气主要包括煤层气、致密砂岩气、页岩气、天然气水合物、水溶气、浅层生物气等。近年来，国内外对非常规天然气的开发利用越来越重视。

1. 气田气

气田气是指在地层中呈气态单独存在，采出地面后仍为气态的天然气，它的主要成分是甲烷，约占98%左右。此外，还有少量的乙烷、丙烷、氨、硫化氢、一氧化碳、二氧化碳等，发热值为34.8～36.0MJ/m³。

2. 石油伴生气

石油伴生气也称油田气，它是指在地层中溶解在原油中，或者呈气态与原油共存，随原油同时被采出的天然气。甲烷含量约为 80%，乙烷、丙烷和丁烷等含量约为 15%，此外，还有少量的氢、氮、二氧化碳等，热值约为 42.0MJ/m³。

3. 凝析气

凝析气是指在地层中的原始条件下呈气态存在，在开采过程中由于压力降低会凝结出一些液体烃类（通常称为凝析油）的天然气。凝析气的组成大致和伴生气相似，除有大量甲烷外，戊烷、己烷以及更重的烃类含量比伴生气要多。一般经分离后可以得到天然汽油，甚至轻烃产品，凝析气的低热值为 46.1～48.5MJ/m³。

4. 煤层气及矿井气

煤层气是指赋存在煤层中以甲烷为主要成分，以吸附在煤基质颗粒表面为主，部分游离于煤孔隙中或溶解于煤层水中的烃类气体，是煤的伴生矿产资源。煤层气的甲烷含量可高达 80% 以上。

矿井气是在煤的开采过程中，煤层气由煤层和岩体溢出，与空气混合形成的可燃气体。主要组分是甲烷和氮气，其含量随采气方式而变化，此外，还有氧、二氧化碳等。矿井气作为城市燃气气源时，其甲烷含量应不低于 35%，低位发热量不低于 12.5MJ/m³。甲烷含量低的矿井气可做矿区其他用途的燃料。

5. 天然气水合物

天然气水合物也称作甲烷冰或可燃冰，为固体形态的水于晶格中包含大量的甲烷。目前，世界上一百多个国家已发现了天然气水合物存在的实物样品和存在标志，主要分布在海洋和永久冻土带。已发现的可燃冰矿藏主要分布在美国和加拿大沿海地区、危地马拉海岸、俄罗斯的东部、日本海域、印度洋和中国南海等地区。

我国天然气水合物资源也很丰富。据测算，我国南海天然气水合物的资源量为 700 亿 t 油当量，约相当我国目前陆上石油、天然气资源量总数的二分之一。我国陆域天然气水合物远景资源量至少有 350 亿 t 油当量，可供中国使用近 90 年，而青海省的储量约占其中的 1/4。

目前，天然气水合物还不能像常规一次性矿产资源那样被大量开采，因为它的开发与利用会给人类带来一系列的环境问题。但随着常规能源的日益减少和科学技术的发展，天然气水合物作为庞大的能源储备在人类社会的发展过程中必将发挥重要的作用。

二、天然气的质量要求

我国天然气的技术指标应符合国家标准 GB 17820—2012《天然气》的要求，根据硫化物和二氧化碳的含量将天然气分为一类气、二类气和三类气，其中一、二类气可以用于居民、商业及工业用户，三类气只能作为工业原料或燃料用气。天然气的技术指标见表 9-1。

表 9-1　天然气的技术指标（20℃，101.325kPa）

项　目	一类	二类	三类
高位发热量（MJ/m³）	≥36	≥31.4	≥31.4
总硫（以硫计）（mg/m³）	≤60	≤200	≤350
硫化氢（mg/m³）	≤6	≤20	≤350
二氧化碳	≤2.0%	≤3.0%	
水露点（℃）	在天然气交接点的压力和温度条件下，水露点应比最低环境温度低5℃		

三、天然气矿场集输及净化

天然气从气井采出后经井口装置进入气田集输系统，天然气经集输、净化处理后可采用长距离输气管道、压缩天然气、液化天然气等三种方式供应城市燃气用户。

1. 矿场集输系统

矿场集输系统包括井场、集气站及集输管网等。

井场内除了采气的井口装置以外，一般还设有两级节流阀、加热炉或缓蚀剂注入装置。两级节流阀的主要作用是调控气井的产量、调控天然气的输送压力。加热炉或缓蚀剂注入装置的主要作用是防止天然气生成水合物。天然气的井口装置如图9-1所示。

如果在气井附近直接设置单独的天然气分离和计量设备，这种工艺称为单井集气。多井集气

图 9-1　天然气井口装置

是将两口以上的气井用输气管线分别从井口接到集气站，在集气站内对各气井输送来的天然气进行分离、计量、节流降压。

集气站功能是收集气井的天然气；对收集的天然气进行气液分离处理；对处理后的天然气进行压力控制，使之满足集气管线输气要求。按天然气气液分离时的温度条件，又可分为常温分离工艺和低温分离工艺。经过分离工艺天然气中所含有的固体杂质（砂、岩屑粉尘、铁锈等）、液滴以及大部分凝析油（重碳氢化合物）被分离，其中凝析油被回收。

2. 天然气净化

从集气站分离器输出的天然气通常还含有酸性组分，并含有饱和水蒸气。天然气中的酸性组分有硫化氢、二氧化碳、硫化羰、硫醇等。天然气中的硫化氢、二氧化碳等酸性气体的存在，会带来如下危害。

（1）酸性气体与水形成酸溶液，对管道及设备形成腐蚀。

（2）硫化氢及其燃烧产物二氧化硫都是有毒气体，不利于人身安全和环保。

（3）如果天然气用作化工原料，硫化物很容易使催化剂中毒。

（4）多硫化氢（H_xS_x）在气藏的温度、压力降低时，可能会分解为硫化氢和硫磺，硫磺在一定条件下变成硫蒸气。当温度降低至硫磺凝固点以下时，硫磺晶体析出，从而有可能堵塞管道及阀门。

水也是天然气中有害无益的组分。这是因为：

（1）水的存在降低了天然气的热值和管道输送能力。

（2）压力增加或温度降低时，天然气中的水会呈液相析出，不仅在管道和设备中形成积液，增加流动压降，甚至出现段塞流；还会加速天然气中酸性组分对管道和设备的腐蚀。

（3）液态水不仅在冰点时结冰，而且在天然气温度高于冰点但是压力较高时，液态水或过冷水蒸气与天然气中的一些气体组分形成固体水合物，严重时会堵塞井筒、阀门、设备，影响其正常运行。

如果集气站输出的天然气质量不符合国家标准所规定的技术指标，就必须进入天然气净化处理厂进行脱硫、脱碳、脱水。

脱硫和脱碳的方法主要有化学吸收法、物理吸收法及氧化还原法。脱水的主要方法有溶剂吸收法、固体吸附法、低温分离法。一般先脱硫、脱碳，然后再脱水。

净化处理后的天然气进入长距离输气管道首站、压缩天然气母站或液化天然气生产厂。

第二节　液化石油气的供应

液化石油气与天然气不同，属于二次能源。液化石油气有两个来源：在油气田，它是在冷却、加压过程中分离回收的产品；在炼油厂，它是炼油过程中的副产品。由于原油成分和性质不同、炼油厂的加工工艺设备类型不同，液化石油气组分有较大的差别。目前，国产的液化石油气主要来自炼油厂的催化裂化装置。液化石油气的主要成分是丙烷（C_3H_8）、丙烯（C_3H_6）、丁烷（C_4H_{10}）和丁烯（C_4H_8），习惯上又称 C_3、C_4。除 C_3、C_4 主要成分外，还含有少量 C_2、C_5、硫化物和水等杂质。

（一）液化石油气特性

（1）液化石油气的主要成分丙烷（C_3H_8）、丙烯（C_3H_6）、丁烷（C_4H_{10}）和丁烯（C_4H_8），在常温常压下呈气态，但升高压力或降低温度转为液态。液化石油气临界压力较低，为 $4.02\sim4.40$MPa（绝），临界温度为 $92\sim162℃$。

（2）液化石油气从气态转为液态，体积缩小 $250\sim300$ 倍，因此液态的液化石油气便于运输、储存和分配。通常，采用常温加压条件以保持液化石油气的液体状态，所以用于运输、储存和分配液化石油气的容器均为压力容器。

（3）液化石油气热值较高，液态低热值为 $45.1\sim45.9$MJ/kg，气态低热值为 $87.7\sim108.7$MJ/m^3。液化石油气在燃烧时需要大量的空气与之充分混合。为了取得完全燃烧的效果，在使用时，一般采用降压法将液态转为气态。当液态直接用于燃烧时，应采用雾化的方法使其与空气充分接触，以提高燃烧效率。

（4）气态的液化石油气比空气重，为空气的 $1.5\sim2.0$ 倍，一旦泄漏就迅速降压，由液态转为气态，并易在低洼、沟槽处积聚。又因液化石油气爆炸下限很低（2%左右），极易与周围空气混合形成爆炸性气体，遇到明火将引起火灾和爆炸事故。

（5）液化石油气从储罐等容器或管道中泄漏后将迅速气化，需吸收充足的热量，这将导致漏孔附近及周围大气温度急剧降低，与人体皮肤接触甚至会造成冻伤，也对容器的选材及制造提出了严格的要求。

（6）液态液化石油气比水轻，一般为水重的 $0.5\sim0.6$ 倍，在容器或管道中通常呈气液饱和状态，其饱和蒸汽压力随温度的升高（降低）而升高（降低），其液态密度随温度的升高（降低）而减少（增加）。液态液化石油气的密度随温度的变化较大，必须在容器内保持一定的气相空间。所以在向槽车、储罐、钢瓶等容器内充装液化石油气时，应严格控制充装量不得超过容器的最大允许充装量。过量充装是造成容器损坏、导致重大事故的隐患。

（二）液化石油气的质量要求

液化石油气中含有的硫化氢和有机硫化物、水分、二烯烃、乙烷和乙烯、残液。当温度大于 $60\sim75℃$ 时二烯烃会发生聚合反应，当液化石油气气化时，在气化器的加热面上，可能生成固体聚合物，使气化装置在很短时间内就不能正常工作。液化石油气的容器按纯丙烷设计，因为乙烷和乙烯的饱和蒸汽压高于相同温度下丙烷的饱和蒸汽压，因此需要限制乙烷和乙烯的含量。残液是指 C_5 及 C_5 以上的组分，其沸点较高，在常温下不易气化而残留在容器内，残液量大会增加更换钢瓶的次数。

液化石油气质量技术指标应符合国家现行标准 GB 11174—2011《液化石油气》的规定，

其中总硫含量应不大于 $343mg/m^3$，残液（C_5 及 C_5 以上）成分体积含量应不大于 3%，蒸汽压（$37.8℃$）应不大于 $1380kPa$，应不含游离水。

（三）液化石油气瓶装供应

气瓶供应是液化石油气的供应方式之一，液化石油气钢瓶一般是在储配站内完成灌装。液化石油气储配站是从气源厂接收液化石油气，储存在站内的固定储罐中，并通过各种形式转售给各种用户。其主要功能如下。

1. 装卸液化石油气

卸车是指接受汽车槽车、火车槽车等运输来的液化石油气。通常采用压缩机、升压器、烃泵将槽车上储罐内的液化石油气卸到储配站内的固定液化石油气储罐；装车是相反的过程。当采用管道输送时，可利用管道末端的压力将液化石油气直接压入储罐。

2. 储存液化石油气

液化石油气储存有常温压力储存（又称全压力储存）和低温储存两种方式。低温储存的压力和温度应保持在一定的范围内，需要人工制冷。按储存温度（及相应的压力）不同，低温储存又分为降压储存（又称半冷冻式）及常压储存（又称全冷冻式）。降压储存的液化石油气温度低于某一设计温度，仍具有压力储存的特点。而常压储存的液化石油气储罐内饱和蒸汽压接近大气压力（$<10kPa$），按丙烷、丁烷单一组分分别储存。

液化石油气的储存方式应根据气源情况、规模和气候条件等因素选择，在城镇燃气储配基地一般采用常温压力储存。液化石油气储罐有圆筒形储罐和球形储罐两种。圆筒形储罐又可分为卧式罐和立式罐，通常容积不大于 $400m^3$。与圆筒型储罐相比，球形储罐单位容积钢材耗量少，占地面积小，但加工制造及安装比较复杂，安装费用高。圆筒形储罐和球形储罐均设有液化石油气液相进出口管、液相回流管、气相进出口管、安全阀接口、排污口、压力表、温度表及液位计等附件。球形储罐的构造及其附件的安装如图9-2所示。

3. 灌装液化石油气

灌装工艺是将储配站的液化石油气储罐内的液态液化石油气通过烃泵灌装到钢瓶中。钢瓶是供用户使用的盛装液化石油气的专用压力容器。钢瓶的构造形式如图9-3所示。

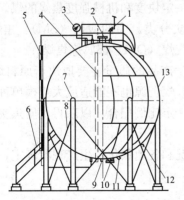

图9-2 球形储罐的构造及其附件的安装

1—安全阀；2—上下人孔；3—压力表；4—气相进出口接管；5—液面计；6—盘梯；7—赤道正切式支柱；8—拉杆；9—排污管接管；10—液相进出口接管；11—温度计接管；12—二次液面指示计接管；13—壳体

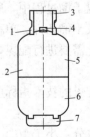

图9-3 钢瓶构造

1—耳片；2—瓶体；3—护罩；4—瓶嘴；5—上封头；6—下封头；7—底座

钢瓶由底座、瓶体、瓶嘴、耳片和护罩（或瓶帽）组成。供民用、商业及小工业用户使用的钢瓶，其充装量为 10、15kg 和 50kg。

4. 残液回收处理

将空瓶内的残液或有缺陷的实瓶内的液化石油气通过压缩机和烃泵倒入储配站所设置的残液罐中，储罐内残液可外运至专门的处理厂回收，也可作为储配站的燃料使用。

第三节　人工煤气的供应

人工煤气是指以煤为原料转化制取的可燃气体。根据加工方式的不同，可生产多种类型的人工煤气。

我国燃气工业经历了煤制气、油制气、液化石油气到天然气的过程。1865 年，英国商人在上海建立了中国第一座煤气厂，1949 年以前中国只有 9 座城市能够供应煤制气。20 世纪 80 年代以前，在国家钢铁工业大发展的带动下和国家节能资金的支持下，全国建成了一批利用焦炉余气以及各种煤制气的城市燃气利用工程。现在仍有很多城市保留煤制气生产设备。

传统的煤气生产方法是对固体燃料进行转化，同时生成气态和液态产品。这种转化既可通过固体燃料的热分解，即干馏的方式进行，也可通过与空气、水和氧气之间的化学反应，即气化的方式进行。

一、干馏煤气

若将煤在隔绝空气的条件下加热，随着温度的升高，煤中的有机物逐渐发生分解，其中挥发性产物呈气态逸出，残留下固体物质为焦炭，这种加工方法称为煤的干馏。根据干馏温度不同，可以分为低温干馏、中温干馏及高温干馏。当煤在 900～1100℃温度下进行的干馏，称为高温干馏。煤在焦炉中进行高温干馏，所得煤气称为焦炉煤气，其含氢量较高。所得的高温焦油中低沸点的产物少，产率比低温焦油小。得到的非挥发性产物称为焦炭，可用作动力燃料或化工原料。

1. 炼焦用煤

炼焦用煤是指用单种煤炼焦时，可以生成具有一定块度和机械强度焦炭的煤。这类煤有一定的黏结性与结焦性，主要供炼焦用。《中国煤炭分类》中的瘦煤（SM）、焦煤（JM）、肥煤（FM）、1/3 焦煤（1/3JM）、气肥煤（QF）、气煤（QM）都属炼焦煤。

在高温干馏过程中，所得到的焦炭、煤气和化学产品的质量主要取决于原料煤的性质、煤料制备及干馏条件。单种煤很难满足炼焦的要求，煤资源也不能适应大规模单种煤炼焦的需要，因此需要进行配煤，即将两种以上的煤料按一定比例配合，以获得优质焦炭、煤气及化学产品。

炼焦配煤的技术指标应根据我国洗煤厂设备情况和各地焦化厂生产现状确定，一般要求如下。

(1) 水分：小于 10％。

(2) 灰分：9％～12％。

(3) 硫分：0.6％～1.0％。

(4) 挥发分：26％～28％。

(5) 黏结性指标：胶质层最大厚度 Y 为 14～20mm，黏结指数 G 值为 58～72。

（6）装炉煤的粒度一般用小于3mm粒级占全部煤料的质量百分率来表示，也称细度。一般顶装焦炉装炉煤的细度约80%，捣固焦炉约85%。

各种煤的硬度不同，气煤、瘦煤硬度大而难碎，焦煤、肥煤硬度小而易碎。但为了改善配合煤的结焦性，要求黏结性差的气煤、瘦煤粒度小些，黏结性好的焦煤、肥煤不要过细。因此，应考虑不同煤种或同一煤种的不同岩相组分在粉碎程度上的不同要求确定配煤工艺。

2. 焦炉结构

焦炉炉体如图9-4所示，最上部是炉顶，炉顶之下为相间配置的燃烧室和炭化室，炉体下部有蓄热室和连接蓄热室与燃烧室的斜道区，每个蓄热室下部的小烟道通过废气开闭器与烟道相连，烟道设在焦炉基础两侧，并与烟囱相通。

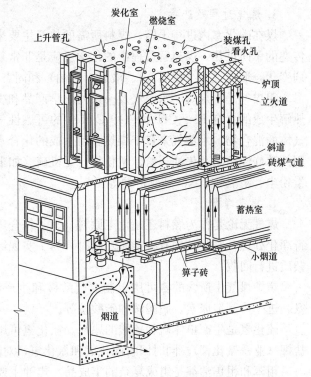

图9-4 焦炉炉体结构

炭化室炉墙采用硅砖耐火材料砌筑。煤在炭化室内经高温干馏变成焦炭，炭化室墙面平均温度约1100℃。焦炉分为直立式和水平式两种。水平式由炭化室顶部装煤，一侧推焦，另一侧出焦。

燃烧室位于炭化室两侧，燃烧室内用横墙隔成若干立火道，煤气和空气在立火道内混合燃烧，通过与两侧炭化室的隔墙向炭化室提供热量。燃烧室墙面平均温度高达1300℃。

连通蓄热室和燃烧室的通道称为斜道。它位于蓄热室顶和燃烧室底之间，用于导入空气、煤气，并将它分配到每个立火道中，同时引出废气。

蓄热室通常位于炭化室和燃烧室下部，通过斜道与燃烧室相连，内部堆砌着格子砖。蓄热室的作用就是利用废气的热量来预热燃烧所需的空气和煤气。

焦炉生产的未经净化处理的荒煤气，经安装在焦炉顶部上升管、桥管进入集气管，在此与循环氨水进行换热，温度降低后进入后续净化系统。焦炉加热可用焦炉煤气、高炉煤气和发生炉煤气等，加热煤气通过管道送入废气开闭器，再经小烟道、蓄热室、斜道进入立火道燃烧。从焦炉炭化室推出的焦炭温度一般为1000℃左右，经过熄焦塔使焦炭冷却到250～300℃。

焦炉除炉体外还配有专用机械设备。顶装焦炉用的焦炉机械有装煤车、推焦机、拦焦机、熄焦车或焦罐车、电机车、交换机等；捣固焦炉则用装煤推焦车代替装煤车和推焦机，并增加捣固机和消烟车（消除装煤时产生的烟尘）。焦炉机械可完成焦炉装煤、推焦和熄焦等主要生产操作。

我国自行设计建造的焦炉有58型、66型、61型、红旗3号、70型、大容积焦炉、80型等。

3. 炼焦过程及产物

煤在碳化室内进行干馏，煤料所需的热量主要来自于炭化室两侧高温炉墙向炭化室中心传递的单向供热。煤热解过程中的化学反应是非常复杂的，煤的有机质随温度升高发生一系列变化，形成气态（粗煤气）、液态（焦油）和固态（半焦或焦炭）产物。

粗煤气是干煤气、水蒸气及一系列化学产品和少量杂质组成的复杂混合物。干煤气是煤热解生成的含有 H_2、CH_4、CO、C_mH_n 的可燃性气体及含有 N_2、CO_2、O_2 等的非可燃性气体的混合物。水蒸气来自于煤热分解生成的化合水和煤表面水。化学产品一般指可回收利用的苯族烃、萘、焦油、氨、氰化氢、无机硫（如 H_2S）和有机硫（如 CS_2）等。杂质指少量粉尘、炭黑物、NO 和凝析油等。

4. 煤气净化

煤气无论是作为燃料还是化工原料，为了符合用户的需要和管线输送的要求，都必须进行净化处理，脱除其中有害杂质。同时，为了实现综合利用并减少环境污染，还要对脱除的杂质进行回收。

焦炉煤气中所含的氨可用以制取硫酸铵和生产浓氨水，其中所含的氢可用于制造合成氨，进一步制造尿素、硝酸铵和碳酸铵等。

硫化氢是生产单体硫和硫酸的原料。氰化氢可用以制取黄血盐钠（亚铁氰化钠）或黄血盐钾（亚铁氰化钾）。同时回收硫化氢和氰化氢，对减轻大气和水质的污染具有重要意义。

粗苯和粗焦油都是组成复杂的半成品。焦油主要由芳烃组成的复杂混合物，目前已查明焦油中有 480 多种有机物质。一般焦油经过蒸馏、精馏、结晶、过滤和化学处理可以得到轻油、酚油及洗油等。它们经过精制后可以作为回收煤气中粗苯的吸收剂，从焦油中还可以得到工业萘、粗蒽及防腐油等。粗苯经过精制加工后可以得到苯、甲苯、二甲苯、三甲苯等。经过加工后得到的产品具有极为广泛的用途，是塑料工业、合成纤维、染料、合成橡胶、医药、农药、耐辐射材料、耐高温材料以及国防工业极为宝贵的原料。

焦炉煤气厂主要化学产品的产率见表 9-2。某焦炉煤气厂出厂煤气组成见表 9-3。

表 9-2　　　　　　　　　　　**化 学 产 品 的 产 率**

单 位	焦 油	粗 苯	氨	硫化氢	氰化氢	吡 啶	萘	化合水
g/m³（干煤气）	80～120	25～40	7～12	3～15	1～2	0.5～0.7	10～15	
%（占干煤质量）	2.5～4.5	0.7～1.4	0.25～0.35	0.1～0.5	0.05～0.07	0.015～0.025		2～4

表 9-3　　　　　　　　　　　**某焦炉煤气厂出厂煤气的组成**

名　称	组分/（体积分数,%）								低热值（kJ/m³）
	H_2	CH_4	CO	N_2	CO_2	C_mH_n	O_2	H_2O	
干煤气	58.0	26.0	6.2	4.5	2.2	2.5	0.6		18 017
20℃饱和煤气	56.7	25.42	6.07	4.41	2.15	2.44	0.59	2.22	17 640

二、气化煤气

煤、焦炭或半焦在高温常压或加压下，与气化剂反应生成氢、一氧化碳等可燃性气体的过程称为煤的气化。气化剂主要是水蒸气、空气或它们的混合气。气化煤气的类型很多，如发生炉煤气、水煤气、鲁奇炉煤气。

1. 气化的基本反应

在气化炉中进行的气化反应，主要是固体燃料中的碳与气化剂中的氧、水蒸气、氢之间的反应，也有碳与产物以及产物之间进行的反应。

（1）碳与氧的基本反应。在气化炉中，碳与氧要发生下列反应：

$$C+O_2 \longrightarrow CO_2$$

$$C+\frac{1}{2}O_2 \longrightarrow CO$$

$$CO+\frac{1}{2}O_2 \longrightarrow CO_2$$

$$C+CO_2 \longrightarrow 2CO$$

（2）碳与水蒸气的基本反应。当气化炉内温度达到一定时，碳与水蒸气间将发生下列反应：

$$C+H_2O \longrightarrow CO+H_2$$

$$C+2H_2O \longrightarrow CO_2+2H_2$$

$$CO+H_2O \longrightarrow CO_2+H_2$$

（3）生成甲烷的基本反应。气化煤气中的甲烷，一部分来自气化原料挥发物热裂解的产物，一部分是炉料中的碳与气化剂或产物中的氢等反应的结果。碳与氢等之间发生下列反应：

$$C+2H_2 \xrightarrow{\text{催化剂}} CH_4$$

$$CO+3H_2 \xrightarrow{\text{催化剂}} CH_4+H_2O$$

$$CO_2+4H_2 \xrightarrow{\text{催化剂}} CH_4+2H_2O$$

$$2CO+2H_2 \xrightarrow{\text{催化剂}} CH_4+CO_2$$

$$2C+2H_2O \xrightarrow{\text{催化剂}} CH_4+CO_2$$

所有合成甲烷的反应都是体积缩小的放热反应，通常需要在催化剂存在的条件下进行。

2. 压力气化煤气

在 $2.0 \sim 3.0$ MPa 的压力下，以煤作原料，采用纯氧和水蒸气为气化剂，可获得高压气化煤气。其主要组分为氢和甲烷，热值为 15.4 MJ/m³ 左右。若城市附近有褐煤或长焰煤资源，可采用鲁奇炉生产压力气化煤气，一般建在煤矿附近，所以又称为坑口气化。压力气化煤气不需另外设置压送设备，用管道可直接将燃气输送至较远城镇作为城镇燃气使用。

3. 水煤气和发生炉煤气

混合发生炉是生产混合发生炉煤气的设备，它以空气和水蒸气作为气化剂，煤与空气及水蒸气在高温作用下制得混合煤气。水煤气炉是生产水煤气的设备，它以水蒸气作为气化剂，在高温下与煤或焦炭作用制得水煤气。由于这两种燃气的热值低，一氧化碳含量高，不可以单独作为城镇燃气的气源，但可用来加热焦炉和连续式直立炭化炉，以顶替发热值较高的干馏煤气，也可以作为工业燃料。

典型的气化煤气组分及热值见表 9-4。

表 9-4　　　　　　　　　　　典型的气化煤气组分及热值

名称	组分/（体积分数，%）							低热值（kJ/m³）
	CH_4	C_mH_n	CO	H_2	CO_2	O_2	N_2	
压力气化煤气	18	0.7	18	56	3	0.3	4	15 410
发生炉煤气	1.8	0.4	30.4	8.4	2.4	0.2	56.4	5900
水煤气	1.2		34.4	52	8.2	0.2	4	10 380

三、人工煤气的质量要求

人工煤气的技术指标应符合国家标准 GB/T 13612—2006《人工煤气》的要求。

（1）人工煤气中常含有焦油和灰尘，当含量较高时，会影响燃气的正常输送和使用。因此人工煤气中的焦油和灰尘含量应小于 $10mg/m^3$。

（2）人工煤气特别是焦炉煤气中奈的含量较高，在煤气管道输送过程中温度降低，原来出厂时处于饱和状态的氛蒸汽会结晶析出，附着在管道内壁使管道流通面积减少，因此 GB 13612 要求输气压力为低压时冬季人工煤气氛的含量应小于 $50mg/m^3$，夏季应小于 $100mg/m^3$；输气压力为中压时冬季应小于 $500/p$（mg/m^3），夏季应小于 $1000/p$（mg/m^3），其中的 p 为输气管网起点绝对压力（MPa）。

（3）人工煤气中的硫化物及其燃烧产物会腐蚀设备及管道，GB 13612 要求硫化氢的含量应小于 $20mg/m^3$。

（4）高温干馏煤气中含有氨气，氨能腐蚀设备及管道，燃烧产物对人体及环境会产生危害，GB 13612 要求人工煤气中氨的含量应小于 $50mg/m^3$。

（5）一氧化碳是剧毒的气体，对人体伤害极大，GB 13612 要求用于供应城市的人工煤气中一氧化碳的含量应小于 10%（体积分数）。

第四节 室内燃气供应系统

民用建筑室内燃气管道供气压力，公共建筑不得超过 0.2MPa，居住建筑不得超过 0.1MPa。

室内燃气供应系统是由引入管、干管、立管、燃气计量表、用具连接管和燃气灶具等组成，如图 9-5 所示。立管应尽量布置在厨房内，上端应设 DN15 的放气口丝堵。若建筑物内需设置多根立管，应设计水平干管连接各立管。水平干管可沿通风良好的楼梯间、走廊敷设，一般高度不低于 2m。支管从立管引出，其水平管段在居民厨房内不应低于 1.7m。用具连接管连接支管和燃气用具，其上的旋塞应距地面 1.5m 左右。管道与燃具之间可分软连接（用专用橡胶软管连接）和硬连接（用钢管管件连接），软连接燃具可在一定范围内移动，硬连接燃具不能随意移动，目前多采用软连接。

一、管道系统

用户引入管与城市或庭院低压分配管道连接，在分支管处设阀门。输送湿燃气的引入管一般由地下引入室内，当采取防冻措施时也可由地上引入。在非采暖地区或采用管径不大于 75mm 的管道输送干燃气时，则可由地上直接引入室内。输送湿燃气的引入管应有不小于 0.01 的坡度，坡向城市燃气分配管道。引入管穿过承重墙、基础或管沟时，均应设在套管内，并应考虑沉降的影响，必要时采取补偿措施。引入管上既可连一根燃气立管，也可连若干根立管，后者则应设置水平干管。管道经过的楼梯间和房间应有良好的通风。

室内燃气立管宜设在厨房、开水间、走廊、对外敞开或通风良好的楼梯间、阳台（寒冷地区输送湿燃气时阳台应封闭）等处，不得敷设在卧室、浴室或厕所中。

由立管引出的用户支管，在厨房的高度不低于 1.7m。支管穿过墙壁时也应安装在套管内。

燃气用具连接部位或移动式用具等处可以采用软管连接，软管最高允许工作压力应大于设计压力的 4 倍，与家用燃具连接时，其长度不应超过 2m，并且不得有接口，与移动式的工业燃具连接时，其长度不应超过 30m，接口不应超过 2 个。软管与管道、燃具连接处应采用压紧螺帽或管卡固定，在软管的上游与硬管的连接处应设阀门。

室内燃气干管宜明装，当建筑物或工艺有特殊要求时，也可以采用暗埋或是暗封敷设，暗埋部分不宜有接头，应与其他金属管道或部件绝缘。也可设在便于安装和检修的管道竖井内，可与空气、惰性气体、上下水、热力管道等设在一个公用竖井内，但不得与电线、电气设备或进风管、回风管、排气管、垃圾道等共用一个竖井。

室内燃气管道的管材宜选用镀锌钢管，也可选用铜管、不锈钢管、铝塑复合管和连接用软管。

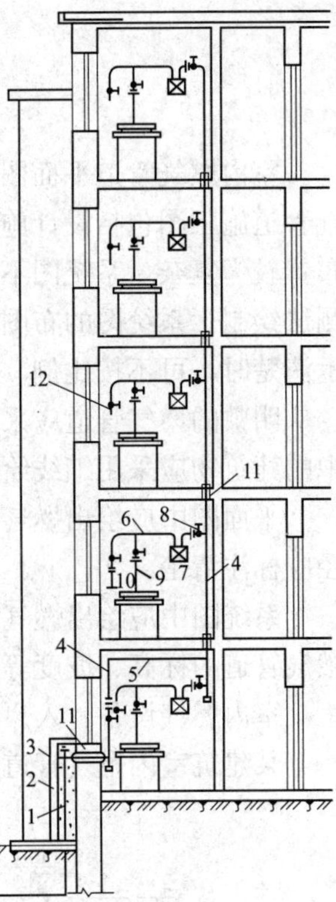

二、燃气计量表

燃气计量表是计量用户燃气消费量的装置。燃气计量表有代表性的是皮膜式燃气计量表（见图 9-6），燃气进入计量表时，表中两个皮膜袋轮换接纳燃气气流，皮膜的进气带动机械转动机构计数。

居民住宅燃气计量表一般安装在厨房内。近年来，为了便于管理，不少地区已采用在表内增加 IC 卡辅助装置的气表，使计量表读卡缴费供气成为智能化仪表。

厨房内燃气计量表的安装应符合如下要求：

（1）计量表的安装位置要有利于计量表数据的人工读取。计量表的安装高度主要和计量表的大小式样、安装空间以及当地燃气公司的有关规定有关。一般居民用户计量表底部距厨房地面 1.8m。

（2）燃气计量表不能安装在燃气灶具正上方，表灶水平距离不得小于 300mm。这是为了避免热气流对燃气体积流量计量正确性的影响，以及保证计量表的防火安全。

图 9-5 建筑燃气供应系统剖面图
1—用户引入管；2—砖台；3—保温层；4—立管；5—水平干管；6—用户支管；7—燃气计量表；8—表前阀；9—灶具连接管；10—燃气灶；11—套管；12—热水器接头

三、燃气用具

常用的民用灶具有厨房燃气灶和燃气热水器，常见的燃气灶是双眼燃气灶，由灶体、工作面及燃烧器组成；燃气热水器是一种局部热水加热设备，按其构造可分为容积式和直流式两类。

燃气燃具应安装在有自然通风和自然采光的厨房内，不得设在地下室或卧室内。安装灶具的房间净高不得低于 2.2m。燃气热水器应安装在通风良好的非居住房间，过道或阳台内；平衡式燃气热水器可安装在有外墙的浴室或卫生间内其他类型燃气热水器严禁安装在浴室或卫生间内；房间装有烟道式热水器时，该房间门或墙的下部应设

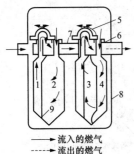

图 9-6 膜式燃气表工作原理
1~4—计量室；5—滑阀盖；6—滑阀座；7—分配室；8—外壳；9—柔性薄膜

→ 流入的燃气
---- 流出的燃气

有效截面面积不小于 $0.02m^2$ 的格栅，或门与地面之间留有不小于 30mm 的间隙。

第五节 燃气工程施工图识读

室内燃气管道平面图应在建筑物的平面施工图或实际测绘平面图的基础上绘制。室内燃气管道施工图包括设计施工说明、图例、主要设备明细表、平面图和系统图。当管道、设备布置较为复杂，系统图不能表示清楚时，宜辅以剖面图、详图等。系统图应按 45°正面斜轴测法绘制。系统图的布图方向应与平面图一致，并应按比例绘制；当局部管道按比例不能表示清楚时，可不按比例。

明敷的燃气管道应采用粗实线绘制；墙内暗埋或埋地的燃气管道应采用粗虚线绘制；图中的建筑物应采用细线绘制。

平面图中应绘出燃气管道、燃气表、调压器、阀门、燃具等。燃气管道的相对位置和管径应标注清楚。

系统图中应绘出燃气管道、燃气表、调压器、阀门、管件等，并应注明规格。标出室内燃气管道的标高、坡度等。

室内燃气设备、入户管道等处的连接做法，宜绘制大样图。

某建筑室内燃气管道安装平面图如图 9-7 所示。

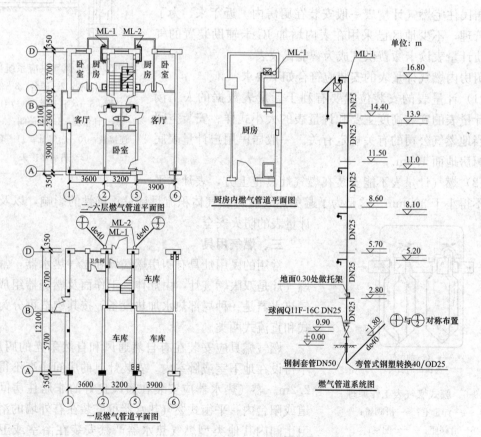

图 9-7 某建筑室内燃气管道安装平面图

第十章 建 筑 电 气

第一节 概　　述

一、建筑电气的含义及分类

建筑电气是以电能、电气设备、电气系统和电技术为手段，满足工业或民用建筑物对电气方面的要求，并能创造、维持与改善空间环境的一门学科。

随着现代建筑技术的迅速发展，建筑电气所涉及的范围已由原来较为简单的供配电、照明、防雷与接地发展成为以近代物理学、电磁学、机械学、微电子学、声学及光学等理论为基础的应用于建筑工程领域的一门新型学科，且朝着计算机综合管理的方向发展。这不仅使建筑物的供配电系统、照明系统实现自动化，而且对建筑物内部的给排水、空调制冷、自动消防、保安监控、通信以及电缆电视、经营管理等系统实行最佳控制和最佳管理。因此，建筑电气已成为现代化建筑的一个重要标志，建筑电气是为适应现代建筑设计而发展起来的一门综合性的技术学科。

按照电气系统的功能与设计和施工分工的习惯，可以分为以下两大类：

（1）以供配电与照明系统为主的强电部分。主要包括：供配电系统、变配电站、配电线路、电力、照明、防雷、接地、自动控制系统主回路等。

（2）以通信与自动控制系统为主的弱电部分。主要包括：电话、广播、电缆电视系统、消防报警与联动系统、防盗系统、公用设施（给排水、采暖、通风、空气调节、冷库等）的自动控制以及建筑物自动化、通信系统网络化、办公自动化等。

二、建筑电气设计

（一）设计内容

1. 供电设计

选择确定供电电源电压、用电负荷性质、负荷等级、设备总容量、计算负荷、变配电站、继电保护及电能计量系统等。

2. 配电设计

根据建筑环境及负荷的性质、容量等确定配电系统的接线方式，选择主要配电设备，确定低压系统的接地方式等。

3. 电气照明设计

选择照明电源，确定照度标准；选择光源、灯具，确定照明线路的敷设方式等。

4. 自动控制系统设计

根据建筑设备所需满足的工艺控制要求，进行电气设备的自动、手动及联锁控制，集中与分散控制设计，选择控制仪表及设备。

5. 建筑物防雷与保护接地设计

确定建筑物的防雷类别、防雷措施、防雷装置的安装位置，确定接地装置的种类、安装方法及地点。

6. 弱电系统设计

包括火灾报警及联动控制系统设计、电话系统设计、电缆电视系统设计、监控系统等设计。

（二）建筑电气与其他工种在设计与施工中的协调

一栋现代化的建筑必然是建筑、结构和电气、暖通、给排水等设备工程所组成的统一体，建筑电气的设计与施工必须在建筑、结构和其他设备工种的基础上进行。其设计与施工要注意以下几个方面：

（1）与建筑协调一致，按照建筑的功能划分进行设计、布置，确定电气设备间（变配电室、消防控制室、电话机房、前端室、音控室等）、电气竖井的位置及大小，要与结构工程师协商。

（2）各种管线、配电箱的预埋预留均不能影响结构安全，电气设备间的荷载应及时向结构设计人员通报。

（3）与其他设备工种协商划分管道安装位置空间，按国家规范要求留足安全距离，避免施工时发生管道"交叉"。

三、建筑供配电

（一）电力系统的组成及其电压等级

1. 电力系统的组成

电力系统一般由发电厂、升（降）压变电站、电力网和用电设备等部分组成。

（1）发电厂：将其他非电能形式的能源转换为电能。例如，火力发电厂、水电站、核电站等。

（2）升压变电站：将发电机发出的 6～10kV 电压转换为 110、220kV 或 500kV 的高压以较小的损失将电能远距离输送。

（3）降压变电站：将远距离传送而来的高压电能转换为中（10kV）压、低（380V/220V）压电能，以满足电力分配和用户低压用电的需求。

2. 电压等级

我国电压等级分为三类。第一类额定电压为 6～50V，又称为安全超低压。第二类额定电压为 100～1000V，也称为低压，建筑电气中最常用的电压等级是 AC 220V（单相电源）和 AC 380（三相电源）。第三类额定电压为 1kV 以上，又称为高压，主要用于高压电器设备（如 6kV 或 10kV 的高压电动机及各类电力变压器等）和城市输配电网络。

电力输送时，城市电网的标称电压应符合国家电压标准。我国城市电力线路电压等级可分为 500、330、220、110、66、35、10kV 和 380/220V 等 8 类。通常，城市的一次送电电压为 500、330、220kV，二次送电电压为 110、66、35kV，高压配电电压为 10kV，低压配电电压为 380V/220V。

3. 电能质量指标

电能质量主要包括电压质量和频率质量两项基本指标。电压是电力系统供电的主要参数之一。电压质量是按照国家标准或规范对电力系统的电压偏移、电压波动和电压波形（电压谐波）的一种质量评估。

（二）建筑电气工程常用电源

建筑电气工程中使用的电源有城市电力网供给的、自备发电机供给的，也有蓄电池供给的。电源分为交流电源和直流电源两大类。

1. 交流电源

建筑物内的交流电源大都取自城市电力网或自备三相交流发电机组。

通常向民用建筑供电的额定电压及用电场所为低压供电、高压供电和自备柴油发电机。

(1) 低压供电。单相为 AC 220V，三相为 AC 380V。AC 220V 单相电源适用于仅有单相用电设备且负荷电流不大于 20A 的用电场所。低压三相四线制供电适用于用电设备容量不大于 250kW 或变压器装机容量不大于 160kVA 的场所。

(2) 高压供电。10kV。当用电设备容量大于 250kW 或变压器装机容量大于 160kVA 时，应采用高压供电。

(3) 自备柴油发电机。通常情况下，柴油发电机组用作一级或二级负荷的应急电源。

2. 直流电源

建筑物内的直流电源通常由整流装置或蓄电池提供。直流电源通常用作高压电器的分 (合) 闸电源，消防设备的控制电源，计算站、电话站的设备电源等。

(三) 负荷分级及供电要求

1. 负荷分级

根据供电可靠性要求及中断供电在政治、经济上所造成的损失或影响程度，可将电力负荷分为三级，并据此采用相应的供电措施，满足其对用电可靠性的要求。

(1) 一级负荷。符合下列情况之一时，应为一级负荷：

1) 中断供电将造成人身伤亡。

2) 中断供电将造成重大政治影响。

3) 中断供电将造成重大经济损失。

4) 中断供电将造成公共场所秩序严重混乱。

对于某些特等建筑，如重要的交通枢纽、重要的通信枢纽、国宾馆、国家级及承担重大国事的会堂、国家级大型体育中心，以及经常用于重要国际活动的人员集中的公共场所等的一级负荷，为特别重要负荷。

中断供电将影响实时处理计算机及计算机网络正常工作或中断供电后将发生爆炸、火灾以及严重中毒的一级负荷也为特别重要负荷。

(2) 二级负荷。符合下列情况之一时，应为二级负荷：

1) 中断供电将造成较大政治影响。

2) 中断供电将造成较大经济损失。

3) 中断供电将造成公共场所秩序混乱。

(3) 三级负荷。不属于一级和二级负荷的其他电力负荷。

2. 供电要求

为保证供电的可靠性，对于不同级别的负荷，有着不同的供电要求。

(1) 一级负荷应由两个独立电源供电。独立电源是指两个电源之间无联系，或两个电源之间虽有联系但在其中任何一个电源发生故障时，另一个电源应不致同时受到损坏。

工程上常采用的两个独立电源：一路市电和自备发电机；一路市电和自备蓄电池逆变器组；两路来自两个发电厂或是来自城市高压网络的枢纽变电站的不同母线段的市电电源。

(2) 二级负荷宜采用两个电源供电。对两个电源的要求条件比一级负荷宽，例如，来自不同变压器的两路市电即可满足供电要求。

（3）三级负荷对供电无特殊要求。

（四）供配电方式

供配电方式是指电源与电力用户之间的接线方式。电源与电力用户之间的接线有以下几种方式：

（1）放射式。放射式供配电接线的特点是由供电电源的母线分别用独立回路向各用电负荷供电，某供电回路的切除、投入及故障不影响其他回路的正常工作，因而供电可靠性较高。

（2）树干式。树干式供配电接线的特点是由供电电源的母线引出一个回路的供电干线，在此干线的不同区段上引出支线向用户供电并且这种供电方式较放射式接线所需供配电设备少。但当供电干线发生故障，尤其是靠近电源端的干线发生故障时，停电面积大。因此，此接线方式的供电可靠性不高，一般用于三级负荷供电。

（3）环式。环式供配电接线的特点是由一变电站引出两条干线，由环路断路器构成一个环网。正常运行时环路断路器断开，系统开环运行。一旦环中某台变压器或线路发生故障，则切除故障部分，环路断路器闭合，继续对系统中非故障部分供电。环式供电系统可靠性高，适用于一个地区的几个负荷中心。

第二节　建筑供配电系统

建筑供配电系统的电气设计指从取得电源到将电能通过输电、变压和分配到 380V/220V 低压用电点的系统设计。

一、负荷计算

确定建筑供配电系统之前，首先要区分各个负荷的类别和级别，确定电气负荷的容量和计算负荷，这是供配电设计工作的基础。

（一）设备容量

设备容量，是建筑工程中所有安装的用电设备的额定功率的总和。负荷容量是负荷计算的基础，是向供电部门申请用电的依据之一。

设备容量：

$$P = \sum_{i=1}^{n} P_i \tag{10-1}$$

式中　P_i——单台设备的功率，kW。

在设备容量的基础上，通过负荷计算，可以求出接近于实际使用的计算容量。

（二）负荷曲线

负荷曲线是表示负荷随时间变化的坐标图形。在直角坐标系内，纵坐标表示电力负荷（用电功率），横坐标表示时间。负荷曲线反映用户的用电特点和规律。

通过对负荷曲线的分析，可以确定下列反映电力负荷特点的几个重要数据和系数：

（1）平均负荷。指电力用户在一定时间内消耗功率的平均值。平均负荷等于在一定时间内所消耗的电能（以 kWh 为单位）与这段时间（以 h 为单位）的比值。

（2）负荷系数。一年或一昼夜（或一个工作日）中的平均负荷与计算负荷的比值。负荷系数是表征负荷变化规律的一个参数，其大小反映了实际负荷变化的均匀程度，如果负荷曲线均匀、平坦，则负荷系数接近于1。

（三）计算负荷

由于在实际生产、生活中并不是所有的用电设备都同时运行，即使一部分设备同时运行，也不是每一台设备都达到额定容量运行，因此，不能简单地把所有用电设备的容量相加作为选择变压器容量或导线、电缆截面的依据，那样会导致负荷估算过高，工程投资增加。工程上，是用计算负荷作为选择导线和电气设备依据的。

1. 计算负荷的定义

计算负荷是按照发热条件选择导线和电气设备时所使用的一个假想负荷，其物理意义：按这个计算负荷持续运行所产生的热效应与按实际变动负荷长期运行所产生的最大热效应相等。

计算负荷接近于实际使用容量或电能表的装表容量。对于直接由市电供电的系统，需根据计算容量选择计量用的电能表，用户的用电极限是在这个装表容量下使用电能。

2. 负荷计算的目的

负荷的大小和等级不同，对电源的可靠性要求和电源变压器的容量要求也不同。为了确定电力变压器的容量，必须计算负荷的容量。负荷计算的目的在于：

（1）计算建筑物变电站内变压器的负荷电流及视在功率，作为选择变压器容量的依据。

（2）计算流过各主要电气设备（断路器、隔离开关、母线、熔断器等）的负荷电流，作为选择这些设备型号、规格的依据。

（3）计算流过各条线路（电源线路，高、低压配电线路等）的负荷电流，作为选择这些线路的导线或电缆截面的依据。

（4）为工程项目立项报告或初步设计提供技术依据。

二、变配电站

变配电站是建筑供电系统的中心环节，是进行电压变换及接受和分配电能的场所，它由变压器、高低压配电装置和附属设备组成。变压器的一次侧电压通常采用 6～10kV（或35kV），低压侧为 0.4kV/0.23kV。

（一）电气主接线

1. 基本概念

电气主接线图又称为一次接线图，用来表示电能传送和分配的路线。它由各种主要电气设备［变压器、隔离开关（负荷开关）、断路器（熔断器）、互感器、电容器、母线电缆等］按一定顺序连接而成。一次接线图中的所有电气设备称为一次电气设备。

配变电站主接线设计，宜采用单母线或分段单母线方案。

2. 常用的高压一次设备

在 6～10kV 的民用建筑供电系统中，常用的高压一次电气设备有高压熔断器、高压隔离开关、高压负荷开关、高压断路器和高压开关柜等。

（1）高压熔断器。在 6～10kV 高压线路中，户内广泛采用管式熔断器，户外则通常采用跌落式熔断器。

（2）高压隔离开关。高压隔离开关的作用主要是用来隔断高压电源，并造成明显的断开点，以保证其他电气设备能安全检修。因为隔离开关没有专门的灭弧装置，所以，不允许它带负荷断开或接通线路。

（3）高压负荷开关。高压负荷开关具有简单的灭弧装置，专门用在高压装置中通断负荷电流。但这种开关的断流能力并不大，只能通断额定电流，不能用于分断短路电流。高压负荷开关必须和高压熔断器串联使用，用熔断器切断短路电流。从外形上看，负荷开关与隔离开关很相似，但有着本质区别：线路正常工作时，负荷开关可以带负荷进行操作，而隔离开关不能。

（4）高压断路器。高压断路器又称高压开关，它具有相当完善的灭弧机构和足够的断流能力。其作用是接通和分断高压负荷电流并在线路严重过载和短路时自动跳闸，切断过载电流和短路电流。民用建筑中常用的是真空断路器和六氟化硫断路器。

（5）高压开关柜。高压开关柜是一种柜式成套设备。它按一定的接线方式将所需要的一、二次设备如开关设备、监察测量仪表、保护电器及一些操作辅助设备组装成一个整体，在变配电站中作为控制和保护变压器及电力线路之用。高压开关柜分为固定式和手车式两大类。开关柜的进出线方式有下列几种：

1）下进下出方式，需要在柜下做电缆沟或电缆夹层。

2）上进上出方式，采用电缆桥架或封闭式母线架设。

3）混合式出线，上进上出和下进下出根据需要混合使用。

3. 常用的低压配电装置

常用的低压配电装置有低压隔离开关（刀闸开关）、低压负荷开关、低压断路器、熔断器、互感器、接触器、低压配电柜（屏）、动力配电箱、照明配电箱等。低压开关类设备与高压一次设备的作用类似，只是相应用于低压系统，限于篇幅，在此不再一一介绍。

4. 民用建筑中常用的高低压主接线

（1）民用建筑中常用的高压主接线。高压配电装置的主接线方式可分为有汇流排的接线和无汇流排的接线。汇流排也称为母线。有汇流排的接线方式包括单母线、分段单母线、双母线、双母线分段、增设旁路母线或旁路隔离开关等。民用建筑中常用的是单母线和分段单母线的接线方式，如图10-1～图10-3所示。

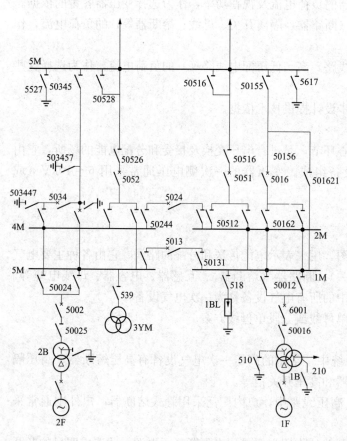

图 10-1　高压双母线接线示例

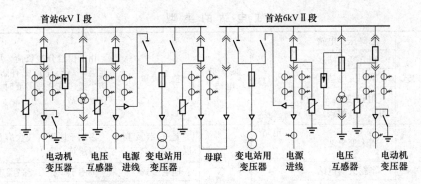

图 10-2 高压单母线接线示例（双电源切换）

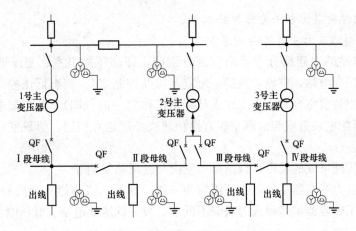

图 10-3 高压单母线接线示例

（2）民用建筑中常用的低压主接线。与高压主接线相似，民用建筑中常用的低压主接线也是单母线和分段单母线两种接线方式，如图 10-4、图 10-5 所示。

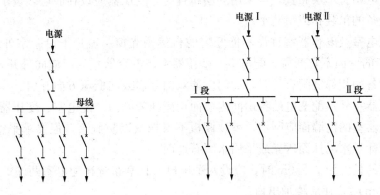

图 10-4 低压单母线接线示例　　　　图 10-5 分段低压单母线接线示例

（二）变配电站的类型

变电站的类型按其电压等级、供电容量、供电范围及其在电力系统中所处的地位，可分为枢纽变电站、地区变电站和终端变电站，见表 10-1。

表 10-1　　　　　　　　　变电站的类型

工业企业变电站	户内式	总降压变电站	居民变电站	独立变电站	独立设置	用于供给分散负荷。居民区多设此类。高层建筑中有防火、防爆、防尘或建筑管理需要时，也设置独立变电站
		独立变电站				
		车间变电站				
		附设变电站（内附式，外附式）		楼内变电站	地下室及高层	多用于屋面有较大容量电负荷的高层建筑
	户外式	露天变电站			地下室式	多用于一、二类高层建筑
		半露天变电站			地下室及中间设备夹层式	多用于一类高层建筑
		杠上变电站				

（三）变配电站对其他相关专业的要求

1. 变配电站对建筑和土建专业的要求

10kV 变配电站的土建部分主要由三部分组成，即高压配电室、变压器室及低压配电室。有人值班的配变电站，应设单独的值班室（可兼控制室）。当有低压控制装置室时，值班室可与低压控制装置室合并，在工作人员经常工作的一面（端），低压配电到墙的距离应不小于 3m。高压配电装置室与值班室应直接相通或经过走廊相通，值班室应有门直接通向户外或通向走廊。

为了减少低压硬母线的长度，低压配电室应与变压器室相邻。

可燃油油浸电力变压器室的耐火等级应为一级。非燃（或难燃）介质的电力变压器室、高压配电室、高压电容器室的耐火等级应不低于二级。低压配电室、低压电容器室的耐火等级应不低于三级。

变压器室的通风窗应采用非燃烧材料。门通常为防火门。配电室及变压器室的门宽（高）宜按最大不可拆卸部件宽（高）度加 0.3m。变压器室、配电装置室、电容器室等应有防止小动物从采光窗、通风窗、门、电缆沟等进入屋内的措施。

独立变电站宜单层布置，当采用双层布置时，变压器应设在底层，设于二层的配电装置应有吊装设备的吊装孔或吊装平台。

高压配电室及电容器室宜设不能开启的自然采光窗。窗户下沿距室外地面高度不小于 1.8m，临街的一面不宜开窗。配电室、变压器室、电容器室的门应向外开，并装有弹簧锁；装有电气设备的相邻房间有门时，此门应能双向开启或向低压方向开启。

除变压器室外，配变电站各房间内墙面均应抹灰刷白。配电室、变压器室、电容器室的顶棚及变压器室的内墙面应刷白，屋顶棚板不得抹灰以防脱落，但要求平整光洁。地（楼）面宜采用高标号水泥抹面压光或采用水磨石地面。

配电室的长度为 7～60m 时，应设两个出口，且宜布置在配电室两端。两个出口之间的距离超过 60m 时，还应增加出口。

2. 变配电站对水、暖通专业的要求

变配电站的电缆沟应采取防水、排水措施。有人值班的变电站宜设有上、下水设施。变压器室宜采用自然通风，夏季排风温度不宜高于 45℃，进风和排风的温差不宜大于 15℃。电容器室应有良好的自然通风，当自然通风不满足排热要求时，可采用自然进风和机械排风方式。当变压器室、电容器室采用机械通风且周围环境污秽时，宜加空气过滤器。

有条件时配电室宜采用自然通风。

严寒地区配电室应采暖，炎热地区配电室应有良好的通风和空调设施，并采取一定的隔热措施。

配电室内除本室需用的管道外，不应有其他管道明敷线路通过。室内的管道上不应设置阀门和中间接头，水汽管道与散热器的连接应采用焊接，配电柜（屏）的上方不宜布置管道。

地下变电站应解决好通风散热问题，通常采用机械通风，换气量可按 $4m^3/$（kV·A）考虑，换气次数可为 15 次/h。应有防水防潮措施，应设集水井和带液位自动控制的排水泵以及装设抽湿机和电加热装置。

（四）变配电站站址选择

（1）站址应符合下列选择条件：

1）接近负荷中心或大容量用电设备处，民用建筑中，常位于设备层。

2）进出线方便。

3）靠近电源侧。

4）避开有剧烈震动的场所。

5）便于设备的装卸和搬运。

6）不应设在多尘、水雾或有腐蚀性气体的场所。

7）不应设在厕所、浴室或其他经常积水场所的正下方或贴邻。

8）不宜设在火灾危险性大的场所正上方或正下方。当贴邻布置时，其墙的耐火等级应为一级，门应为甲级防火门。

（2）配变电站位于高层建筑的地下室（或其他地下建筑）时，不宜设在最底层。当地下室仅有一层时，应采取抬高配变电站地面等防水措施。

（3）配变电站贴邻设备专业用房时，应采取抬高配变电站地面等防水措施，一般抬高 300mm。

（4）变压器室不宜与有防电磁干扰要求的设备或机房贴邻或位于正上方或正下方，不满足时应考虑防电磁干扰措施。

（五）高压配电室

10kV 高压配电采用成套式的高压配电柜。布置时应便于设备的操作、搬运、检修和试验，并考虑高、低压进出线引入地点和远期发展需要，预留 1~2 台空柜位以备扩展。高压柜一般可靠墙安装，当柜后有母线引出时需留有不小于 0.8m 的安装及维护通道。开关柜单列布置时，固定柜前的操作通道宽度不小于 1.5m，手车柜前的操作通道宽度不小于车长外加 0.9m。双列布置时，固定柜间的操作通道宽度不小于 2m，手车柜间的操作通道宽度不小于双车长外加 0.6m。主接线为单母线分段接线方式时，母线分段处应设防火隔板或隔墙。

高压配电室的长度不足 7m 时，可以只设一个出入口朝向低压配电室。高压配电室的高度按柜顶引出线确定，柜顶的高压母线距屋顶（梁除外）一般不小于 0.8m。采用 GG-1A（F）型高压柜（GG-1A 型高压柜的母线在柜顶部）时，高压配电室的净高不宜低于 4.2m，局部有混凝土梁处时可略低。高压配电室开门应满足人员出入和设备搬运要求，宽（高）度应比设备最大不可拆卸部分尺寸宽（高）度加 0.3m。门高一般取 2.5~2.8m；一扇门宽于

1.5m 时，其上应开一个宽 0.6m、高 1.8m 的小门供值班人员出入。小门门宽可取 0.7～1m，门高取 2～2.5m。高压配电室的门应向外开，并装弹簧锁。

下进下出的高压开关柜下应设电缆沟，其深度一般为 0.6～1.2m，高压柜在电缆沟上用槽钢支起。

供给一级负荷用的两路电缆不应通过同一电缆沟。当无法分开时，该两路电缆应采用绝缘及护套均为非延燃性材料的电缆，且应分别置于电缆沟两侧支架上。

（六）变压器室

设置在一、二类高、低层主体建筑中的变压器，应选择干式、气体绝缘式或非可燃性液体绝缘的变压器。独立于变电站的变压器室内，可装设油浸式变压器。附设于民用建筑平街层变电站的每个变压器室内应设一台油浸式变压器。装设于居住小区变电站内的单台油浸式变压器的容量不得大于 630kVA，超过则需采用非燃型的电力变压器。

低压为 0.4kV 变电站中单台变压器的容量不宜大于 1000kVA，当用电容量较大、负荷集中且运行合理时，可选用较大容量的变压器。

变压器室的设计，应按实装变压器的容量加大一级考虑，以备增容。变压器的布置分为宽面推进及窄面推进两种，当变压器为窄面推进，变压器储油柜应向外，以便确保在带电时对油位、油温等进行观察。同样的原因，当变压器为宽面推进时，变压器的低压侧向外。

电力变压器室的布置方案，详见 JSJT—138《全国通用电气装置标准图集：电力变压器室布置》。

为使变压器在运行时有良好的散热条件，变压器室的大门不宜朝西，且需采取通风措施。大容量变压器应尽量采用变压器底部进风，变压器室后墙、上部出风的方式，如无条件可改为变压器室两侧墙上部出风。这种方式可使冷空气进入室内流向变压器，使热量直接送往出风口排出。变压器门下进风、门上出风时，冷空气的一部分短路流出，排热效果差，因此仅用于容量较小的变压器室。

变压器室的进出风口均需设置防雨百页，下部进风百叶窗还需加铁丝网，以防止小动物进入。

（七）低压配电室

低压配电室一般采用成套低压配电柜（屏）。布置时应便于设备的操作、搬运、检修和试验，并考虑低压出线引出地点和预留若干空柜位以备扩展。低压柜一般为离墙安装，柜（屏）后需留有不小于 1.0m（有困难时，可为 0.8m）的维护通道。表 10-2 为低压配电柜（屏）前后的通道宽度。

表 10-2 低压配电柜（屏）前后的通道宽度 m

名　称	单排布置		双排对面布置		双排背对背布置		多排同向布置	
	屏前	屏后	屏前	屏后	屏前	屏后	屏前	屏后
固定柜	1.50	1.00	2.00	1.00	1.50	1.50	2.00	—
	1.30	0.80		0.80	1.30			
抽屉柜，手车柜	1.80	0.90	2.30	0.90	1.80	1.50	2.30	—
	1.60	0.80	2.00	0.80			2.00	
控制屏（柜）	1.50	0.80	—	—	—	—	屏前检修时靠墙安装	

同一配电室的两段母线，如任一段母线有一级负荷时，母线分段处应有防火隔断措施。

成排布置的配电屏，其长度超过 6m 时，屏后的通道应有两个通向本室或其他房间的出口，并宜布置在配电室两端。当两个出口之间的距离超过 15m 时，其间还应增设出口。低压进线配电柜一般靠近变压器室布置，以使低压母线的距离最短，在两端各留出一面配电柜的位置（按一台变压器留一面的位置为宜）。电缆沟盖板采用花纹钢板及角钢制成，便于开启和防火。低压配电柜顶母线距屋顶应不小于 1m，局部在梁下时，高度可适当降低。低压配电室的高度除了满足低压配电柜母线距顶棚的要求外，还要根据变压器引来低压母线的高度确定。低压配电室的长度大于 7m 时，需有两个出入口，门应向外开，对室外的门应设雨篷，室内可开采光窗，但应避开配电柜的位置。与低压配电室无关的管道不应穿越其间，需要采暖时，其要求同高压配电室。低压配电柜后的通道，需在墙壁上设弯管灯照明。

下进下出的低压配电柜（屏）下及柜（屏）后应设电缆沟，其深度一般为 0.4～1.0m，低压柜在电缆沟上用角钢或槽钢支起，沿电缆沟每 800mm 设置水平电缆支架。

配电室土建的耐火等级不应低于三级，可采用木制窗，其下缘距地面 1m 以上，配电装置应避开窗口，寒冷或风沙大的地区应设双层窗或密闭窗。配电室的门应向外开，里外应刷防火涂料。

配电室内一般不采暖，有人值班时可设置暖气，但暖气管路在配电室内应焊接。

给排水及热力管道均不得穿越配电室，配电室不得位于厨房、厕所等有水的房间的正下方。

三、低压配电系统

（一）低压配电系统的分类

1. 低压配电系统按带电导体分类

带电导体是指正常通过工作电流的相线和中性线。低压配电系统按带电导体系统的型式分，有三相四线制、三相三线制、两相三线制和单相二线制，如图 10-6 所示。

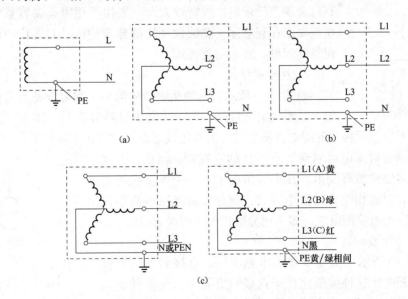

图 10-6　带电导体类型

(a) 单相二线制；(b) 两相三线；(c) 三相四线制（左图去掉 N 线，即为三相三线制）

2. 低压配电系统按系统接地型式分类

按系统接地型式分类，低压配电系统可分为 TN 系统（TN-C，保护接地线 PE 与中性线 N 合用；TN-C-S，PE 与 N 在局部合用；TN-S，PE 与 N 完全分开）。TT 系统，保护接地系统。IT 系统，中性点不接地系统，电气设备外壳直接接地，如图 10-7 所示。

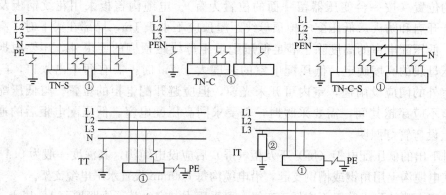

图 10-7　低压配电系统接地型式

（二）常用的低压系统接线方式

低压供配电系统的配电线路由配电装置（配电盘）及配电线路（干线及分支线）组成。配电接线方式有放射式、树干式、变压器干线式、链式、环形网络及混合式等。

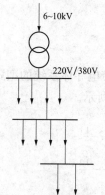

图 10-8　放射式接线

1. 放射式接线

如图 10-8 所示。这种接线的优点是各个负荷独立受电，因而故障范围一般仅限于本回路，故障时互不影响，供电可靠性较高，便于管理；同时回路中电动机起动引起的电压波动，对其他回路的影响也较小。其缺点是系统灵活性较差，所需开关和线路较多，线路有色金属消耗较多，投资较大。一般用于用电设备容量大、负荷性质重要或在有潮湿、腐蚀性环境的建筑物内。对居住小区内的高层建筑群配电，宜采用放射式。

2. 树干式接线

如图 10-9 所示。这种接线结构简单，配电设备及有色金属消耗较少，系统灵活性好，但干线发生故障时影响范围大，因而可靠性较差。但当干线上所接用的配电盘不多时，仍然比较可靠。一般用于容量不大、用电设备布置有可能变动时对供电可靠性要求不高的建筑物。例如，对居住小区内的多层建筑群配电。在多数情况下，一个大系统都采用树干式与放射式相混合的配电方式。例如，对多层或高层民用建筑各楼层配电箱配电时，多采用分区树干式接线方式。

3. 变压器干线式接线

如图 10-10 所示。由变压器引出总干线，直接向各分支回路的配电箱配电。这种接线比树干式接线更简单、经济并能节省大量的低压配电设备。为了兼顾到供电可靠性，从变压器接出的分支回路数一般不超过 10 个。对于有频繁起动、容量较大

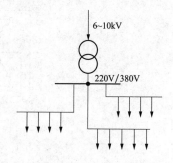

图 10-9　树干式接线

的冲击性负荷，为了减少用电负荷的电压波动，不宜用此方法
配电。

4. 链式接线

如图 10-11 所示。链式接线适用于距供电点较远而用电设
备相距很近且容量小的非重要场所，每一回路的链接设备一般
不宜超过 5 台或总容量不超过 10kW。

民用建筑中，链式接线常用于住宅楼层电能表箱间的
接线。

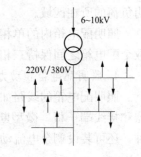

图 10-10 变压器干线式接线

(三) 低压配电线路

1. 配电线路的分类

(1) 电力负荷（动力）配电线路。电力用电设备（如电
梯、扶梯、冷水机组、风机、水泵等）绝大部分属于三相负荷。对于电力负荷一般采用三相
制供电线路。此时，应注意将单相电力负荷尽量平衡地接在三相线路上。

(2) 照明负荷配电线路。民用建筑中，照明用电设备主要
为各种照明灯具、家用电器和各种电热电器。照明负荷基本上
都是单相负荷，一般用单相交流 220V 线制供电，在照明线路的
设计和负荷的计算中，应充分考虑家用电器的需要和发展。

2. 动力配电系统

民用建筑中，动力负荷按使用性质分有多种类型，如运输
设备（电梯、扶梯等）、水暖设备（水泵、风机等）、其他专业
设备（炊事、洗衣、烘干、医疗、实验设备等）。动力负荷的配
电需按使用性质归类，按容量及布置位置分类。对电梯、冷水
机组等大容量集中负荷采取放射式配电干线。对容量较小的分

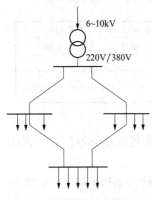

图 10-11 链式接线

散负荷（如空调器等）采取树干式配电，依次连接各个动力负
荷配电箱。多层或高层建筑物中，当各层均有动力负荷时，宜在每个伸缩沉降区的中心设置
动力配电点，并设分总开关作为检修线路或紧急事故切断电源用。电梯设备的配电，一般直
接由总配电室的配电柜引至电梯机房。

3. 照明配电系统

照明配电系统由馈电线、干线和支线组成。馈电线将电能从变电站低压配电柜送至分区
（楼层）照明配电箱，再由干线将电能送至末端照明配电箱，最终由支路将电能送至照明电
器。照明配电线路按建筑物的功能及布局选择配电点。一般情况下，配电点的位置应使照明
线路的长度不超过 40m（照明线路较长时，为满足导线的电压降要求，需加大导线截面，增
大有色金属消耗及投资）。如条件允许，最好将配电点选在负荷中心。

规模较小的建筑物，一般在电源引入的首层设总配电箱。箱内设置能切断整个建筑照明
供电的总开关，作为紧急事故或维护干线时切断总电源用。

建筑物的每个配电点均设置照明分配电箱，箱内设照明支路开关及能分断各支路电源的
总开关，作为紧急事故拉闸或维护支路开关时断开电源用。

照明支路开关的功能主要是进行灯具的断路、分支线路的断路与过负荷保护，通常采用
微型低压断路器或带熔断器的刀开关。每个支路开关宜注明负荷容量，计算电流、相别及照

明负荷的所在区域。

　　照明配电箱内的单相回路应尽量均匀地分配在 L1、L2、L3 三相上。若不能满足，应在数个配电箱之间保持三相负荷平衡。

　　4. 照明配电箱和动力配电箱

　　照明配电箱的线路如图 10-12 所示。目前，常用的照明配电箱内的主要元件是微型断路器和接线端子板。微型断路器是一种模数化的标准元件，分为单极、二极、三级、四极 4 种，还可装设剩余电流动作保护装置。

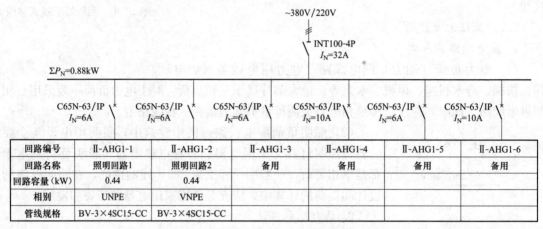

回路编号	Ⅱ-AHG1-1	Ⅱ-AHG1-2	Ⅱ-AHG1-3	Ⅱ-AHG1-4	Ⅱ-AHG1-5	Ⅱ-AHG1-6
回路名称	照明回路1	照明回路2	备用	备用	备用	备用
回路容量（kW）	0.44	0.44				
相别	UNPE	VNPE				
管线规格	BV-3×4SC15-CC	BV-3×4SC15-CC				

图 10-12　照明配电箱的线路

　　室内照明配电箱分为明装、暗装及半暗装 3 种形式。当箱的厚度超过墙的厚度时，采用半暗装形式。暗装或半暗装配电箱的下沿距地一般为 1.4～1.5m。

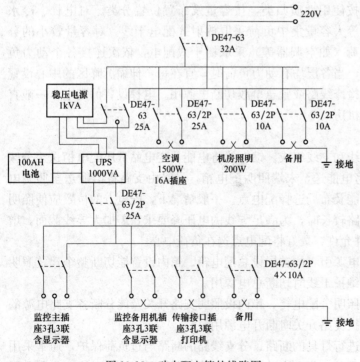

图 10-13　动力配电箱的线路图

　　动力配电箱的线路如图 10-13 所示。常用的动力配电箱有两种，一种用于动力配电，为动力设备提供电源，如电梯配电箱；另一种用于动力配电及控制，如各种风机、水泵的配电控制柜。

　　动力配电箱中的进出线开关为断路器或负荷开关，断路器一般为塑壳断路器，这种断路器比微型断路器的容量大、短路电流分断能力强。小型动力配电箱的结构与照明配电箱类似，但其中装设的断路器所具有的工作特性与照明配电箱的不同，是专用于电动机控制的。

　　小型动力配电箱也分为

明装、暗装及半暗装三种类型，一般安装在机房或专用房间内，为了方便操作，底边距地高度一般为 1.4m。

各种类型的动力配电箱（盘）的正前方应有不小于 1.5m 宽的操作通道，以保证安全操作和便于检修。

四、室内低压线路敷设、导线截面选择及线路保护

（一）线路敷设

室内线路敷设方式可分为明敷和暗敷两种：明敷指绝缘导线直接或在管、线槽等保护体内，沿墙壁、顶棚的表面及桁架、支架等处敷设。暗敷指绝缘导线在管、线槽等保护体内，沿墙壁、顶棚、地坪及楼板内部或在混凝土板内敷设。

1. 直敷布线

直敷布线一般适用于正常环境室内场所和挑檐下室外场所。主要用于居住及办公建筑室内电气照明及日用电气插座的明敷布线线路，建筑物顶棚内严禁采用直敷布线。

2. 穿管敷设

导线或电缆常采用穿管（电线管、厚钢管、硬质或半硬质塑料管）敷设方式明敷或暗敷。

金属管布线一般适用于室内、外场所，但对金属管有严重腐蚀的场所不宜采用。建筑物顶棚内宜采用金属管布线。明敷于潮湿场所或埋地敷设的金属管布线，应采用水、煤气钢管。明敷或暗敷于干燥场所的金属管布线可采用电线管。硬质塑料管布线一般适用于室内场所和有酸碱腐蚀性介质的场所，但在易受机械损伤的场所不宜采用明敷设。半硬塑料管（难燃平滑塑料管及塑料波纹管）及混凝土板布线适用于正常环境一般室内场所，潮湿场所不应采用。

3. 线槽布线

线槽布线可分为塑料线槽布线和金属线槽布线两种。

塑料线槽布线一般适用于正常环境的室内场所，在高温和易受机械损伤的场所不宜采用。弱电线路（除消防报警及联动线路外）可采用难燃型带盖塑料线槽在建筑顶棚内敷设。具有槽盖的封闭式金属线槽，可在建筑顶棚内敷设。地面内暗装金属线槽布线，适用于正常环境下大空间且隔断变化多、用电设备移动性大或敷有多种功能线路的场所，暗敷于现浇混凝土地面、楼板或楼板垫层内。

4. 桥架布线

桥架布线适用于电缆数量较多或较集中的场所。电缆桥架（梯架、托盘）等为工厂的定型产品，使用时在现场进行组装。敷设电缆后整齐美观，还具有保护作用，但成本较高。桥架分为封闭桥架和开启式桥架两种，开启式桥架便于散热，封闭桥架有利于防尘。

5. 封闭式母线布线

封闭式母线是工厂的定型产品。它是把铜（铝）母线用绝缘板夹在一起（母线间用空气或缠绕绝缘带绝缘），装于钢板外壳内。封闭式母线布线适用于大电流回路、干燥和无腐蚀性气体的室内场所。

6. 电气竖井布线

竖井内布线常用于高层建筑内强电及弱电垂直干线的敷设。竖井内可采用金属管、金属线槽、电缆、电缆桥架及封闭式母线等布线方式。

7. 室内电缆沟布线

当设备层位于建筑底层时，各专业管线很多，为了避免各设备专业管线争夺"空间"，可采用室内电缆沟布线方式。

（二）导线截面的选择

为了保证供电系统安全、可靠、优质、经济运行，选择导线截面时应满足发热条件、电压损失条件、机械强度条件和经济电流密度条件。

1. 按发热条件选择导线和电缆截面

发热条件即导线、电缆及母线在通过正常最大负荷电流时的温度，不应超过正常运行时的最高允许温度。因此要求按照敷设方式、环境温度及使用条件确定导体的截面，其额定载流量应不小于预期负荷的最大计算电流。

2. 按电压损失条件选择截面

由于供配电线路存在着阻抗，所以当负载电流通过线路时，将引起一定的电压损失，从而在线路末端形成电压负偏差。而电压偏移对用电设备的工作特性和寿命均有很大影响，所以按发热条件选择导线截面之后，必须校验线路的电压损失是否在允许范围之内。

3. 按机械强度选择导线截面

导线在敷设过程中或敷设后，都会受到拉力或张力的作用，因而需要有足够的机械强度。导线的截面应不小于最小允许截面，对于电缆，可不做机械强度校验。

4. 按经济电流密度选择导线和电缆截面

导线或电缆截面越大，电能损耗越小，但同时有色金属耗量增加，施工费用增加。因此，从经济角度出发，导线或电缆应选择一个比较合理的截面，使得初投资和总运行费用之和为最小，此截面称为经济截面。

经济电流密度是指输送电能的线路投资最少而年运行费用最低时，其导线或电缆单位面积的载流量。

由于年运行费用难以准确统计，所以，此方法在目前工程设计中较少直接使用。

（三）低压线路保护

低压供配电线路的保护，应遵循如下原则：

（1）所有供配电线路均应设短路保护装置。

（2）所有照明线路均应设过负荷保护。

（3）具有延燃性外护层的绝缘导线明敷设时，应设过负荷保护。

（4）采用熔断器保护的线路，宜按过负荷保护要求选择导线截面。

（5）有可能引起导线或电缆长时间过负荷的线路，应设过负荷保护。

（6）在 TT 或 TN-S 系统中，中性线上不宜装设电器将中性线断开，当需要断开中性线时，应装相线与中性线一起断开的保护电器。

当装设具有剩余电流动作保护的断路器时，应能断开其所保护的回路所有带电导线。在 TN 系统中，当能可靠地保持中性线为地电位时，中性线可不断开。

在 TN-C 系统中，严禁断开 PEN 线，不得装设断开 PEN 线的任何电器。

第三节 电 气 照 明

电气照明是现代人工照明极其重要的手段，在现代建筑中发挥重要作用。它不仅满足了人们对照明采光的基本要求，保证了人们正常的生活、工作和学习等，还能创造优美、理想的光照环境，美化人们的生活空间。为此，各国均制定有符合本国国情的照度标准，我国的照度标准有 GB 50034—2004《建筑照明设计标准》；CJJ 45—2006《城市道路照明设计标准》等。

一、照明技术的基本概念

（1）光通量。光通量是指单位时间内光辐射能量的大小，是根据人眼对光的感觉来评价的。例如，一只 200W 的白炽灯比一只 40W 的白炽灯要亮得多，也就是说，发出光的量多，即光通量大。光通量用符号 Φ 表示，单位为 lm。

（2）照度。照度用来表示被照面上光的强弱，以被照面上光通量的面积密度来表示。把物体表面所得到的光通量与这个物体表面积的比值称为照度，用符号 E 表示，单位为 lx。

（3）色表、色温。光源的色表即是灯光的表现颜色。光源的色表虽然可用赤、橙、黄、绿、青、蓝、紫等色彩形容，但在照明应用领域，常用相关色温定量描述光源的色表。当光源的发光颜色与黑体（能吸收全部光能的物体）加热到某一温度时所发光的颜色相同时，称该温度为此光源颜色的温度，简称色温。色温的单位为 K。

色温在 2000K 时呈橙色，2500K 左右呈浅黄色，3000K 左右为黄白色，4000K 左右为白中略橙，4500～7500K 接近白色。日光的平均色温为 5000～6500K，蓝天的色温为 18 000～22 000K，蜡烛的色温为 1925K。

（4）当某种光源的光照射到物体上时，该物体的色彩与阳光照射时的色彩是不完全一样的，有一定的失真度。光源的显色性就是指不同光谱的光源分别照射在同一颜色的物体上时，所呈现出不同颜色的特性。通常用显色指数（R_a）来表示光源的显色性，光源的显色指数越高，其显色性越好。与参照光源完全相同的显色性，其显色指数为 100。一般，R_a＝80～100 表示显色性优良，R_a＝50～79 表示显色性一般，R_a＜50 表示显色性较差。

常见光源的色温及显色指数见表 10-3。

（5）眩光。眩光是指由于视野中的亮度分布或亮度范围不适宜，或存在极端的亮度对比度而引起的不舒适感或视觉能力下降的现象。眩光分直射眩光和反射眩光两种，直射眩光是在观察方向上或附近存在亮的发光体所引起的眩光；反射眩光是在观察方向上或附近有亮的发光体的镜面反射所引起的眩光。

表 10-3　常见光源的色温及显色指数

光源	色温 T_e（K）	显色指数 R_a
无私白炽灯（50W）	2900	95～100
荧光灯（日光灯 40W）	6500	70～80
荧光高压泵灯	5500	30～40
镝灯	4300	85～95
普通高压钠灯	2000	20～25

（6）光效。光效是电光源的发光效率，指光源输出的光通量与其消耗的电功率之比。

（7）寿命。寿命是指光源的光通量自额定值衰减到一定程度（一般为 70％）为止的点燃小时数。

（8）启燃与再启燃时间。电光源的启燃时间指其接通电源到输出额定光通量所需要的时间；再启燃时间指光源熄灭后再次点燃达到正常输出时所需要的时间。

二、照明方式与种类

1. 照明方式

照明方式分为一般照明、分区一般照明、局部照明和混合照明。

（1）一般照明。指不考虑特殊局部的需要，为照亮整个场地而设置的均匀照明。

（2）分区一般照明。指根据需要，提高某一特定区域照度的一般照明。

（3）局部照明。指为满足某个局部部位的特殊需要而设置的照明。

（4）混合照明。指一般照明与局部照明组成的照明。

2. 照明种类

照明种类按其功能可以分为正常照明、应急照明（包括备用照明、安全照明、疏散照明）、值班照明、警卫照明、障碍照明、装饰与艺术照明等。

三、电光源和照明灯具

（一）常用电光源及选择

1. 常用照明电光源的类型

常用的照明电光源可分为两大类：一类是热辐射光源，如白炽灯、卤钨灯等；另一类是气体放电光源，如荧光灯、高强气体放电灯（低压钠灯、高压汞灯、高压钠灯、金属卤化物灯、氙灯等）。发光二极管（light emitting diode，LED）灯是一种半导体发光光源，传统LED灯为红、绿橙色单色光源，主要用于指示照明。蓝色LED灯的发明，使其可以组合出白色光，改善了光色，提高了显色性，而且LED灯寿命很长。因此，LED灯已逐渐应用于建筑照明，其应用前景相当广阔。

LED灯的基本结构是一个发光二极管，置于一个有引线的架子上，然后四周用环氧树脂密封，即固体封装。当加正向电压的，电流从LED阳极流向阴极，半导体晶体就发出从紫外线到红外线不同颜色的光线，光的强弱与电流大小有关。这种利用注入式电致发光原理制作的电光源就称为LED灯。其特点如下：

（1）使用低压安全电源，供电电压在6～24V，特别适用于公共场所。

（2）耗能，其消耗能量较同光效的白炽灯减少80%。

（3）适用性强，由于其很小，每个单元LED小片是3～5mm的正方形，所以可以制备成各种形状的器件，并且适用于易变的环境。

（4）稳定性高，其寿命理论上可达10万h。

（5）响应时间短，其响应时间为纳秒级，而白炽灯的响应时间为毫秒级。

（6）环保，无有害金属汞，对环境无污染。

（7）构成材料用环氧树脂密封，即固体封装，抗震性能好。

除此之外，LED灯还具有色彩丰富、体积小、质量轻等优点，作为非功能型照明，现已广泛应用于景观照明、大屏幕显示、背景光源、信号显示、汽车照明、玩具等领域。

常用照明光源的性能比较见表10-4。由表数据可以看出，在高强气体放电灯中，高压钠灯和金属卤化物灯的发光效率最高，属高效光源，应优先选用。

表 10-4 常用照明电光源的性能比较

	白炽灯	卤钨灯	荧光灯	紧凑荧光灯	高压汞灯	高压钠灯	金属卤钨灯
额定苏率（W）	10～1500	60～5000	4～200	5～55	50～1000	35～1000	35～1000
发光效率(lm/W)	7.3～25	14～30	44～87	30～50	70～100	52～130	
平均寿命（h）	1000～2000	1500～2000	8000～15 000	5000～10 000	10 000～200 000	12 000～24 000	3000～10 000
一般显色指数 R_a	95～99	95～99	70～95	>80	30～60	23～85	60～90
色温（K）	2400～2900	2800～3300	2500～6500	2500～6500	4400～5500	1900～3000	3000～7000

续表

	白炽灯	卤钨灯	荧光灯	紧凑荧光灯	高压汞灯	高压钠灯	金属卤钨灯
表明亮度(cd/m²)	107～108	107～108	104	(5～10)×108	105	(6～8)×108	(5～78)×108
起动稳定时间	瞬时	瞬时	1～4s	10s	4～8min	4～8min	4～10min
再起动稳定时间	瞬时	瞬时	1～4s	10s	5～10min	10～15min	10～15min
功率因数	1	1	0.3～0.7	0.5～0.9	0.44～0.67	0.44	0.4～0.6
闪烁	无	无	有	有	有	有	有
电压变化对光通输出的影响	大	大	较大	较大	较大	大	较大
环境变化对光通输出的影响	小	小	大	大	较小	较小	较小
耐震性能	较差	差	较好	较好	好	较好	好
附件	无	无	有	有	有	有	有

2. 常用照明电光源的选择

常用照明电光源的选择首先要满足照明要求（照度及显色性要求）、启燃时间，其次按使用环境条件选用，最后考虑投资费用。

（1）按照明要求选用。

1）当照度要求不大于 100 lx 时，宜选用暖色光源；对于光环境要求较高的场所，当照度要求不大于 100 lx 时，选用暖色光源；当照度要求大于 200 lx 时，选用中间色或冷色光源。

2）对于化学实验室、化验室、美术馆、商店、餐厅、印染车间等要求光源具有较高的显色特性的场所，选用显色指数不小于 80 的灯具。

3）对于需要频繁开关、快速燃亮的场所，选用白炽灯。应急照明不宜采用气体放电光源，宜采用白炽灯或卤钨灯，应急照明兼作一般照明时，可采用荧光灯。

4）需要进行调光的场所采用白炽灯、卤钨灯。

5）防射频干扰的场所不宜采用具有电子镇流器的气体放电灯。

（2）按环境条件选用。

1）空调房间不宜选用热辐射光源。

2）电网电压波动较大的场所不宜选择高压气体放电灯。

3）泵房、机床设备间的局部照明不宜选用气体放电灯，有震动的场所及紧靠易燃物品的场所不宜选用卤钨灯。

4）震动较大的场所，宜采用荧光高压汞灯或高压钠灯；有高挂条件并需大面积照明的场所，宜采用金属卤化物灯。

5）对非主要的辅助性建筑，应优先选用廉价的白炽灯或简式荧光灯。

（二）照明灯具的选择与布置

1. 照明灯具的作用和分类

灯具与电光源的组合称为照明器，有时也将照明器称为灯具，此时，灯具即为光源、控照器、装饰件三者的组合。控照器的主要作用是将光源所发出的光通进行再分配，灯罩即为其中一种形式。

照明灯具分类方法有许多，按结构特点分，有开启型、保护型、封闭型、密闭型、防爆安全型、隔爆型、防腐型；根据照明器上射的光通量和下射的光通量占照明器输出光通量的比例（配光）分为直接型、半直接型、漫射型、半间接型、间接型；按距高比（照明器的距离比指相邻照明器之间的距离与照明器到工作面的距离之比）将直接型照明器分为特深照型、深照型、中照型、广照型、特广照型。

2. 照明灯具的选用

照明设计中选用灯具的基本原则如下：

（1）灯具要与光源配合，结构要与光源的种类配套，规格大小要与光源的功率配套。

（2）灯具的选择应与使用环境、使用条件相适应。除有装饰需要外，应优先选用直射光通比例高、控光性能合理的高效灯具。根据使用场所不同，选用控光合理的灯具，如多平面反光镜定向射灯、蝙蝠翼式配光灯具、块板式高效灯具等。

（3）在符合照明质量要求的原则下，选用光通利用系数高的灯具。

（4）选用控光器变化速度慢、配光特性稳定、反射或透射系数高的灯具。

（5）所选灯具配光应该合理，以提高照明效率，减少电能损耗。

（6）限制眩光。

（7）灯具的结构和材质应易于维护清洁和更换光源。

（8）采用功率损耗低、性能稳定的灯用附件。

3. 照明灯具的布置

照明灯具的布置是照明设计的重要组成部分，也是照度计算的基础。灯具的布置与照明种类和照明方式有关。

在工程设计中，首先根据建筑物层高及照明器的安装方式确定照明器的安装高度，再根据照度计算所需要的照明电功率，按均匀布灯的原则确定灯具数，按距高比要求核算照度均匀度是否满足要求。为了使整个照明场所的照度较均匀，照明器离墙不能太远，一般要求靠墙安装的照明器离墙距离不大于 $1/2L \sim 1/3L$（L 为照明器间的距离）。

为了避免或限制眩光并考虑到电气安全，一般照明器的安装高度不宜低于 2.4m。

一般照明灯具的布置可以采用单一的几何形状，如直线成行、成列、方形、矩形或菱形格子、满天星全面布灯等。也可以按建筑吊顶的风格采用成组、成团、周边式布灯，组成各种装饰性的图案。前者的布灯方式多用于视觉作业要求较高的场所，以满足要求较高的光照度和均匀度（明视照明）。后者的布灯方式多用于具有装饰性的高大的厅室（环境照明）。

应急照明是在发生火灾等事故时，保证重要部位或房间能继续工作、保证人员安全及疏散通道上所需最低照度的照明。应急照明的设置位置及安装应满足相应规范要求。

四、照度计算

照度计算方法很多，其中最简单的方法是比功率法。

功率法也称为单位容量法。比功率就是单位面积的安装功率，用每单位被照水平面上所需要安装灯的功率（W/m²）表示。

$$W = \frac{P}{S} \tag{10-2}$$

式中　W——单位容量，W/m²；

　　　P——灯具安装总容量，W；

　　　S——被照面积，m²。

单位容量取决于灯具的类型、照度、计算高度 h、室内使用面积 S、天棚、地板、墙壁的反射系数等因素。单位容量法适用于均匀照明的计算。利用比功率法计算，可以节省时间，提高效率，只要利用有关表格就可以计算出安装容量。带反射罩荧光灯单位面积安装功率见表 10-5。

表 10-5   带反射罩荧光灯单位面积安装功率 W/m^2

计算高度（m）	房屋面积（m²）	平均照度（lx）					
		.30	50	75	100	150	200
2～3	10～15	3.2	5.2	7.8	10.4	15.6	21
	15～25	2.7	4.5	6.7	8.9	13.4	18
	25～50	2.4	3.9	5.8	7.7	11.6	15.4
	50～100	2.1	3.4	5.1	6.8	10.2	13.6
	15～300	1.9	3.2	4.7	6.3	9.4	12.5
	300 以上	1.8	3.0	4.5	5.9	8.9	11.8
3～4	10～15	4.5	7.5	11.3	15	23	30
	15～20	3.8	6.2	9.3	12.4	19	25
	20～30	3.2	5.3	8.0	10.8	15.9	21.2
	30～50	2.7	4.5	6.8	9.0	13.6	18.1
	50～120	2.4	3.9	5.8	7.7	11.6	15.4
	120～300	2.1	3.4	5.1	6.8	10.2	13.5
	300 以上	1.9	3.2	4.9	6.3	9.5	12.6

五、照明供电与设计的一般要求

（1）应根据照明中断供电可能造成的影响及损失，合理地确定照明负荷等级，根据其等级正确选择供电方案。

（2）当电压偏差或波动不能保证照明质量或光源寿命时，在技术经济合理的条件下，可选用有载自动调压电力变压器、调压器或照明专用变压器供电。

（3）民用建筑照明干线、支干线的负荷计算宜采用需要系数法。在计算照明分支回路相应急照明的所有回路时需要系数为 1。

（4）照明负荷的计算功率因数可采用下列数值：

白炽灯 $\cos\varphi=1$；

带有无功功率补偿装置的荧光灯 $\cos\varphi=0.95$；

不带无功功率补偿装置的荧光灯 $\cos\varphi=0.5$；

带有无功功率补偿装置的高光强气体放电灯 $\cos\varphi=0.9$；

不带无功功率补偿装置的高光强气体放电灯 $\cos\varphi=0.5$。

（5）三相照明线路各相负荷的分配应尽量保持平衡，在每个分配电盘中的最大与最小相的负荷电流差不宜超过 30%。

（6）对于特别重要的照明负荷，应在负荷末级配电盘采用自动切换电源的方式。也可采用由两个专用回路各带约 50%的照明灯具的配电方式。

（7）应急照明应由两路电源或两回线路供电。

当采用两路高压电源供电时，应急照明的供电干线应接自不同的变压器。

当设有自备发电机组时，应急照明的一路电源应接自发电机作为专用回路供电，另一路可接自正常照明电源（如为两台以上变压器供电时，应接自不同的母/干线上）。在重要场所（如配电室、水泵房、消防控制室、电话室等）还应设置带有蓄电池的应急照明灯或用蓄电池组供电的备用照明，作为发电机组投运前的过渡期间使用。

当采用两路低压电源供电时，应急照明的供电应从两段低压供电干线分别接引。

当供电条件不具备两个电源或两回线路时，应急照明宜采用蓄电池组作备用电源或带有蓄电池的应急照明灯。

(8) 应急照明作为正常照明的一部分同时使用时，其配电线路及控制开关应分开装设。应急照明仅在事故情况下使用，当正常照明因故断电时，应急照明应自动投入工作。

(9) 疏散照明采用带有蓄电池的应急照明灯时，正常供电电源应接自本层（或本区）的分配电箱的专用回路上，或接自本层（或本区）的防灾专用配电箱。

(10) 为了避免扩大停电范围，在照明分支回路中应避免采用三相低压断路器对3个单相分支回路进行控制和保护。

(11) 照明系统的末端单相回路电流不宜超过16A，灯具为单独回路时数量不宜超过25个。

大型建筑组合灯具每一单相回路电流不宜超过25A，光源数量不宜超过60个。建筑物轮廓灯每一单相回路不宜超过100个。

当灯具和插座混为一回路时，其中插座数量不宜超过5个（组）。当插座为单独回路时，数量不宜超过10个（组）。住宅可不受上述规定限制。

(12) 为了便于检修及减少停电范围，插座宜由单独的回路配电，同一房间内的插座宜由同一回路配电。

(13) 在潮湿房间内装设的插座，应由具有剩余电流动作保护器的断路器（剩余电流动作电流不超过30mA）保护的线路供电，或由安全超低压线路供电。

(14) 为了保证应急照明回路的可靠性，在应急照明的回路上不应设置插座。

(15) 考虑到照明负荷为单相负荷及使用的不平衡性，对于重要场所和负载为气体放电灯的三相照明线路，其中性线截面应与相线规格相同。

(16) 为改善气体放电光源的频闪效应，可将其同一或不同灯具的相邻灯管均匀地分接在不同相别的线路上。

第四节　接 地 与 防 雷

一、接地

电力系统和设备等的接地，简单来说就是各种设备与大地的电气连接。要求接地的有各式各样的设备，如电力设备、通信设备、电子设备、防雷设备等。接地的目的是为了使设备正常和安全运行，以及保护建筑物和人身安全。

（一）接地的种类

常用的接地可分为防雷接地、等电位接地和电气系统接地3大类。

(1) 防雷接地。为了使雷电流安全地向大地泄放，以保护被击建筑物或电力设备而采取的接地，称为防雷接地。

（2）等电位接地。将建筑内各个外露可导电部分及装置外导电部分相互连接起来成为等电位体，并予以接地，称为等电位接地。

（3）电气系统接地。电气系统接地分为功能性接地和保护性接地。

电气功能性接地主要包括电气工作接地、直流接地、屏蔽接地、信号接地等。

电气保护接地主要包括防电击接地、防雷接地、防静电接地、防电化学腐蚀接地等。

（二）各种接地的要求

1. 低压配电系统接地

电气装置的外露导电部分应与保护线连接；能同时触及的外露导电部分应接至同一接地系统；建筑物电气装置应在电源进线处作总等电位连接；TN 系统和 TT 系统应装设能迅速自动切除接地故障的保护电器；IT 系统应装设能迅速反应接地故障的信号电器，必要时可装设自动切除接地故障的电器；对于 TN 系统，中性线与接地线分开后，N 线不得再与任何"地"做电气连接。

2. 电气装置接地

（1）保护接地范围。应接地或接保护线的电器设备外露导电部分及装置外导电部分，有电器的柜、屏、箱的框架，金属架构和钢筋混凝土架构，以及靠近带电体的金属围栏和金属门；电缆的金属外皮，穿导线的钢管和电缆接线盒、终端盒的金属外壳。

（2）一般要求。功能性接地和保护性接地可采用共同的或分开的接地系统，在建筑物的每个电源进线处应作总等电位连接。

3. 信息系统接地

建筑物内的信息系统（电子计算机、通信设备、控制装置等）接地分信号地和安全地两种。除非另有规定，一般信息系统接地应采取单点接地方式。竖向接地干线采用 $35mm^2$ 的多芯铜线缆穿金属管、槽敷设，其位置宜设置在建筑物的中间部位，尤其不得与防雷引下线相邻平行敷设，以避强磁干扰，此外严禁其再与任何"地"有电气连接。金属管、槽还必须与 PE 线连接。由设备至接地母线的连接导线应采用多股编制铜线，且应尽量缩短连接距离。

各种接地宜共用一组接地装置，接地电阻不大于 1Ω。

（三）接地装置

接地装置由接地体和接地线两部分组成。

（1）接地体。埋入土壤中或混凝土中作散流用的导体。交流电力设备的接地体应充分利用自然接地体，接地电阻不满足要求时，采用人工接地体。

1）人工接地体。是人为埋入土壤中或混凝土基础中作散流用的导体。人工接地体可采用扁钢、圆钢、角钢、钢管等组成的水平、垂直、放射式、环状等形式，钢材均应做镀锌防腐。水平接地体的埋深一般为 0.6～1.0m，垂直接地体的直径一般为 $\phi19mm$（圆钢）、28～50mm（钢管）、∟ 40mm×40mm×4mm 或∟ 63mm×63mm×63mm（角钢），长度一般为2.5m。

2）自然接地体。指起散流作用的、与大地相接触的金属构件，管道，铠装电缆，钢筋混凝土基础中的钢筋等。

（2）接地线。从引下线断接卡或换线处至接地体的连接导体。在电力系统中为连接接地体与电气设备的导体。交流电力设备可以利用钢筋混凝土构件中的钢筋、穿导线的金属管、金属构架（吊车轨道、电梯竖井导轨等）和输送非易燃易爆物体的金属管道作接地线，但应注意保证全部长度要构成完好的电气通路。

当需要专门的接地线时，铜或铝接地线的最小截面面积为：

裸导线：铜 $4mm^2$；铝 $6mm^2$。绝缘导线：铜 $1.5mm^2$；铝 $2.5mm^2$。

对于消防控制室，要求专用接地线的截面面积为不小于 $25mm^2$ 的铜绞线。

二、防雷

（一）民用建筑物的防雷分类

根据 GB 50057—2010《建筑物防雷设计规范》的规定，建筑物根据其重要性、使用性质、发生雷电事故的可能性和后果，按防雷要求分为三类。

1. 划为第一类防雷建筑物

（1）凡制造、使用或贮存炸药、火药、起爆药、火工品等大量爆炸物质的建筑物，因电火花而引起爆炸，会造成巨大破坏和人身伤亡者。

（2）具有 0 区或 10 区爆炸危险环境的建筑物。

（3）具有 1 区爆炸危险环境的建筑物，因电火花而引起爆炸，会造成巨大破坏和人身伤亡者。

2. 划为第二类防雷建筑物

（1）国家级重点文物保护的建筑物。

（2）国家级的会堂、办公建筑物、大型展览和博览建筑物、大型火车站、国宾馆、国家级档案馆、大型城市的重要给水水泵房等特别重要的建筑物。

（3）国家级计算中心、国际通信枢纽等对国民经济有重要意义且装有大量电子设备的建筑物。

（4）制造、使用或贮存爆炸物质的建筑物，且电火花不易引起爆炸或不致造成巨大破坏和人身伤亡者。

（5）具有 1 区爆炸危险环境的建筑物，且电火花不易引起爆炸或不致造成巨大破坏和人身伤亡者。

（6）具有 2 区或 11 区爆炸危险环境的建筑物。

（7）工业企业内有爆炸危险的露天钢质封闭气罐。

（8）预计雷击次数大于 0.06 次/a 的部、省级办公建筑物及其他重要或人员密集的公共建筑物。

（9）预计雷击次数大于 0.3 次/a 的住宅、办公楼等一般性民用建筑物。

3. 划为第三类防雷建筑物

（1）省级重点文物保护的建筑物及省级档案馆。

（2）预计雷击次数大于或等于 0.012 次/a，且小于或等于 0.06 次/a 的部、省级办公建筑物及其他重要或人员密集的公共建筑物。

（3）预计雷击次数大于或等于 0.06 次/a，且小于或等于 0.3 次/a 的住宅、办公楼等一般性民用建筑物。

（4）预计雷击次数大于或等于 0.06 次/a 的一般性工业建筑物。

（5）根据雷击后对工业生产的影响及产生的后果，并结合当地气象、地形、地质及周围环境等因素，确定需要防雷的 21 区、22 区、23 区火灾危险环境。

（6）在平均雷暴日大于 15d/a 的地区，高度在 15m 及以上的烟囱等孤立的高耸建筑物；在平均雷暴日小于或等于 15d/a 的地区，高度在 20m 及以上的烟囱等孤立的高耸建筑物。

（二）防雷措施

1. 总体原则

各类防雷建筑物应采取防直击雷和防雷电波侵入的措施。第一类防雷建筑物和第二类防雷建筑物中的（4）、（5）、（6）建筑物，应采取防雷电感应措施。装有防雷装置的建筑物，在防雷装置与其他设施和建筑物内人员无法隔离的情况下，应采取等电位连接。

下面主要介绍民用建筑物（二类、三类）的防雷措施。

2. 防直击雷的措施

在建筑物易受雷击的部位装设避雷网（带）或避雷针或由其混合组成的接闪器，避雷网格的最大尺寸见表 10-6。所有避雷针应采用避雷带相互连接，对于突出屋面的放散管、风管、烟囱等物体，当其为金属物体时可不装接闪器，但应和屋面防雷装置相连；若其为在屋面接闪器保护范围之外的非金属物体，则应装接闪器，并和屋面防雷装置相连。

引下线不应少于两根，并应沿建筑物四周均匀或对称布置，其间距及每根引下线的冲击电阻最大值不超过表 10-6 所列的数值。当仅利用建筑物四周的钢柱或柱子钢筋作为引下线时，可按跨度设引下线，但引下线的平均间距应符合表 10-6 的要求。

表 10-6　　　　建筑物防直击雷装置的要求

防雷建筑物类别	避雷网格（m×m）	引下线间距（m）	接地电阻（Ω）
第一类防雷建筑物	≤5×5 或≤6×6	≤12	≤10
第二类防雷建筑物	≤10×10 或≤12×8	≤18	≤10
第三类防雷建筑物	≤20×20 或≤24×16	≤25	≤30

3. 防雷电感应措施

建筑物内的设备、管道、构架等主要金属物，应就近接至防直击雷接地装置或电气设备的保护接地装置上，可不另设接地装置。

平行敷设的管道、构架和电缆金属外皮等长金属物，当其净距小于 100mm 时应采用金属跨接线，跨节点间距应不大于 30m；交叉净距小于 100mm 时，其交叉处应跨接。

建筑物内防雷电感应的接地干线与接地装置的连接应不少于两处。

4. 防雷电波侵入措施

当低压线路全长采用埋地电缆或敷设在架空金属线槽内的电缆引入时，在入户端应将电缆金属外皮、金属线槽接地。当低压电源线路应采用架空线转改换一段埋地金属铠装电缆或护套电缆穿钢管直接埋地引入时，在电缆与架空线连接处应装设避雷器。避雷器、电缆金属外皮、钢管和绝缘子铁脚、金具等应连在一起接地。架空和直接埋地的金属管道在进出建筑物处应就近与防雷的接地装置相连或独自接地。

5. 防侧击和等电位的保护措施

从首层起，每三层框架圈梁的底部钢筋与人工引下线或作为防雷引下线的柱内主筋连接一次，高度超过 45m 的二类建筑物和高度超过 60m 的三类建筑物钢筋混凝土结构、钢结构建筑物，应采取以下防侧击和等电位的保护措施，将其钢构架和混凝土的钢筋应互相连接，并应利用钢柱或柱子钢筋作为防雷装置引下线，上述高度及以上外墙上的栏杆、门窗等较大的金属物与防雷装置连接。竖直敷设的金属管道及金属物的底端和顶端也应与防雷装置连接。

6. 防雷装置

建筑物的防雷装置一般由接闪器、引下线、接地装置、电涌保护器（SPD）及其他连接导体组成。

（1）接闪器。是防直击雷保护，接收雷电流的金属导体。其形式可分为避雷针、避雷带（线）和避雷网三类。避雷针宜采用圆钢或焊接钢管制成，避雷网和避雷带宜采用圆钢或扁钢，优先采用圆钢。

（2）引下线。引下线的作用是将接闪器承接的雷电流引下到接地装置。引下线宜采用圆钢或扁钢，宜优先采用圆钢。

（3）接地装置。由接地体和接地线两部分构成，其作用如下：

1）将直击雷电流发泄至大地中。

2）将引下线引流过程中对周围大型金属物体产生的感应电动势接地。

3）防止高电位沿架空线侵入的放电间隙或避雷器接地等。

埋于土壤中的人工垂直接地体宜采用角钢、钢管或圆钢；埋于土壤中的人工水平接地体宜采用扁钢或圆钢。

第五节　电气工程施工图识读

一、照明线路的配置

在照度、灯具的功率和灯具的布置确定以后，便可进行照明线路的设计。照明线路主要包括照明电源的进线、配电，线路的布置与敷设，灯具、开关和插座的安装三部分。

1. 照明线路的供电要求

照明线路一般为单相交流 220V 两线制，若负载超过 30A，应考虑采用 380V/220V 三相四线制电源。生产车间可采用动力和照明合一的供电，但照明电源应接在动力总开关之前，以保证一旦动力总开关跳闸时，车间仍有照明电源。当电力线路中的电压波动超过所允许的照明要求时，照明负荷应由单独变压器供电。事故照明电路应有独立的供电电源，并与工作照明电源分开，若事故照明电路接在工作照明电路上，一旦工作照明电源发生故障，可借助自动换接开关接入备用电源，如图 10-14 所示。

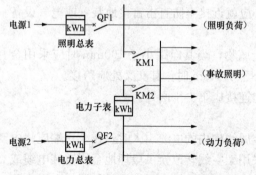

图 10-14　双电源照明与动力负荷供电方案

局部照明线路的电压为交流 36V，设在有触电危险和工作面很窄的地方，在特别潮湿的地方，局部照明和移动式照明应采用 24V 或 12V 安全电压，并由 380V（220V）/（36～12V）干式变压器供电，不允许用自耦变压器供电。工作用的局部照明线路接动力线路，检修用局部照明接一般照明线路，以便在动力停电检修时，仍能保证检修照明的使用。为了保证电气设备的正常运行和防止人身触电，照明线路必须采取安全措施。

2. 照明线路的布置

从室外架空线路的电杆到建筑物外墙的支架，这段线路称为引下线。从外墙支架到总照明配电盘这段线路称为进户线。从总照明配电盘到各分配电盘的线路称为三相支线，一般不超过 60～80m。从分盘到负载的线路称为单相支线，每相电流以不超过 15A 为宜，每单相支线上所装设的灯具和插座不应超过 20 个。

（1）进户方式。进户方式有架空进线和电缆进线两种。架空进线简单、经济，被广泛采用。进户点应接近电源供电线路，同时考虑接近用电的负荷中心；进户点离地距离应大于 1.7m，多层楼时一般设在二层。电源引下线和外墙进线支架的位置最好在建筑物的侧面或背面。

（2）照明配电盘。配电盘分为配电箱和配电板两大类。配电箱有明装、安装和半暗装几种，中心距地为 1.6m。配电盘内包括照明总开关、总熔断器、电能表、各干线的断路器和熔断器等；分盘上有分断路器和各支线的熔断器，如图 10-15 所示。

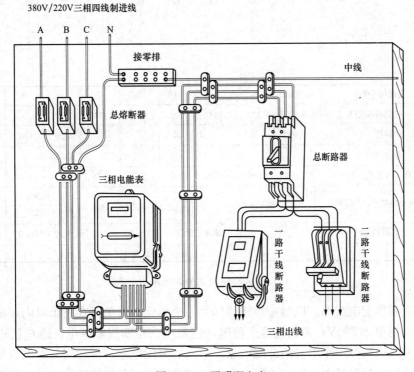

图 10-15 照明配电盘

3. 典型的照明配电线路

（1）车间的照明配电线路。车间的照明配电线路，如图 10-16 所示。

（2）多层公共建筑的照明配电线路。多层公共建筑的照明配电线路，如图 10-17 所示。办公大楼、教学实验楼等公共建筑物的照明配电线路，采用 380V/220V 三相四线制供电。进户线送到大楼的传达室或单独设置的配电间中的照明总配电盘。由总配电

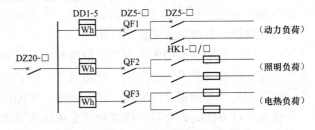

图 10-16 车间的照明配电线路

盘经中央楼梯或两侧走廊处，采取干线立管的方式向各层分配电盘供电。各分配电盘引出的各支线对各房间的照明灯具和用电器（插座）供电。各层的分配电盘安装的位置应在同一垂直线，以便干线立管的敷设。

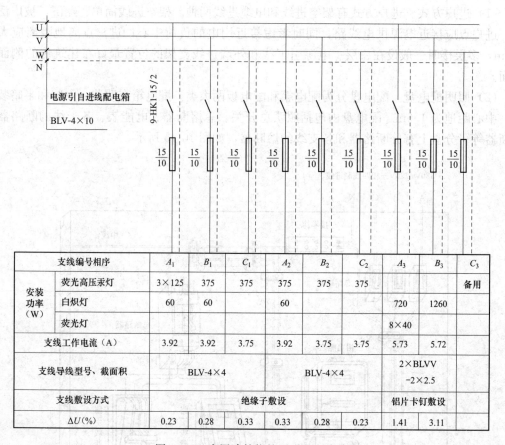

支线编号相序		A_1	B_1	C_1	A_2	B_2	C_2	A_3	B_3	C_3
安装功率（W）	荧光高压汞灯	3×125	375	375	375	375	375			备用
	白炽灯	60	60		60			720	1260	
	荧光灯							8×40		
支线工作电流（A）		3.92	3.92	3.75	3.92	3.75	3.75	5.73	5.72	
支线导线型号、截面积		BLV-4×4			BLV-4×4			2×BLVV −2×2.5		
支线敷设方式		绝缘子敷设						铝片卡钉敷设		
ΔU（%）		0.23	0.28	0.33	0.33	0.28	0.23	1.41	3.11	

图 10-17　多层建筑物的照明配电线路

（3）住宅照明配电线路。以每一个楼梯作为一个单元，若单元在三个以内，层数也在三层以内，可以用单相220V；若超过这个范围，宜采用三相四线制供电。进户线送到住宅总配电盘，由干线引到每一个单元的分配电盘，单元的分配电盘，单元的分配电盘分几路支线立管，到各层用户配电板上。住宅总配电盘上安装总断路器和总熔断器，单元配电盘上安装单元断路器和各支线的熔断器，用户配电板上安装电能表和出线熔断器，以便各用户单独计算电费。

住宅总配电盘和单元分配电盘，一般安装在楼梯过道的墙壁上，以便敷设支线立管。用户配电盘安装在用户进门处的室内墙壁上。现在有些地区采用单元集中电表箱，设于单元三层楼梯间暗设，以放射方式送到各用户。

（4）室内照明线路的敷设方式。室内的配线可分为明敷和暗敷两大类。明敷有瓷珠、绝缘子、铝夹片和槽板等敷设方式，及穿管和封闭式母线敷设方式。暗敷有采用塑料管、电线管（薄壁管）和焊接管（厚壁管）埋入墙内、顶棚内或地坪内敷设方式。

选择敷设方式时，要根据建筑物的要求和房屋的环境条件来决定。一般来说，干燥的民用建筑常采用绝缘导线穿塑料管暗设，塑料绝缘护套导线铝夹片明设及槽板配线等，潮湿的民用建筑常采用绝缘子或瓷珠明设。暗敷设主要有塑料管和铁管暗敷设。对民用住宅常采用半硬塑料管穿空心楼板暗设。

二、照明工程识图

建造一座房屋，应提供土建施工图。安装房屋内的电气照明设备，也应具备电气施工图。电气照明施工图是电气施工安装和使用维修的主要依据文件，它包括电气外线总平面图、电气配电系统图、各层照明平面图和施工说明书等。

1. 电气外线总平面图

总平面图中应标明电源进户方式、架空线路或地下电缆引入的位置、电压等级、房屋位置、面积、所需照明和动力设备的用电容量，以及进户点的高度等。

2. 照明配电系统图

图 10-17 中表示房屋内总的配电线路情况，包括电源进入配电箱后，各分支的连接情况、导线型号、穿管直径、敷设方式、开关和熔断器型号，以及各支路的容量等。

3. 照明平面布置图

图中应注明各层灯具的安装位置与高度，灯具的型式与功率（如办公室选日光灯，厨房、卫生间选防水防尘灯），开关和插座的型式与位置（如卫生间、厨房的开关应设在房外，每个居室、办公室等应对面设置两只插座等）、线路敷设的走向、导线的截面和每段的根数、配电盘位置和从中引出的分支线路等。总之，这是一份详细的施工图，一般每层画一张，多层建筑可给出标准照明平面图，所注内容不厌其详，以利于施工。对于大型建筑供电照明，上述三种图可以分别绘制，对于一般的房屋供电照明也可以合并绘于一张图上。下面以某车间电气照明设计图为例进行说明。

为了看懂电气照明施工图，首先应熟悉电气照明的图例及名称，见表 10-7。

表 10-7　　　　　　　　　　　电气照明图例及名称

图　例	名　　称	图　例	名　　称
⊕⊕	变压器	▭	双电源切换箱
⊘	变电站	—○—	架空线路
⊘。	柱上变电站	↗	管线引上
▬	动力配电箱	↗	管线引下
▬	照明配电箱	↗	管线引入并引上
▭	控制屏、台	↗	管线引入并引下
▭	自动开关箱	⁄	自动空气开关（低压断路器）
⊠	事故照明箱	⁄▭	负荷开关

图　例	名　　称	图　例	名　　称
⊏▭⊐	熔断器	—·—·—·—	滑触线
◯	白炽灯	—/—·—·/—	接地或接零线路
⊖	花灯	—▷—	电源引入线
◍	壁灯	—◐—	控制线
⊗	投光灯	———	<36V电源线
◯	非定型特制灯具	———	二极配电线
⊢—⊣	单管日光灯	—///—	三极配电线
⊢═⊣	双管日光灯	—⌁—⁴	四极配电线
⊢≡⊣	三管日光灯	—⌁—ⁿ	n 根配电线
⋉	墙上座灯	∘	避雷针
●	乳白玻璃罩天棚灯	✕	天棚座灯
▱	广播分线箱	⌀	拉线开关
◁	扬声器	●	防水拉线开关
⊠	电话交接箱	⟋∘	明装单极开关
⊡>	功率放大器	⟋●	暗装单极开关
—⌐IP	电话出口线	⟋∘	明装双极开关
—⌐TV	电视天线出线口	⟋●	暗装双极开关
—∿—	移动式用电设备的软电缆或软电线	⌒	明装单相插座
▬▬▬	母线和干线	⟓	明装单相带接地插座
══	在钢索上的线路	⏛	暗装单相插座

图 例	名 称	图 例	名 称
	暗装单相带接地插座		串接一分支
	暗装三相接地插座		串接二分支
	明装三相接地插座		二分配器
	混合器		三分配器
	四分配器		接地装置

(1) 车间照明电气系统图，如图 10-18 所示，进户线为塑料绝缘铝芯导线 4mm×10mm。共配出 9 条支线，其中一条为备用。车间照明支线为塑料绝缘铝芯 4mm² 绝缘子明敷设。办公室等照明支线为塑料绝缘铝芯 2.5mm² 铝片卡钉明敷设。

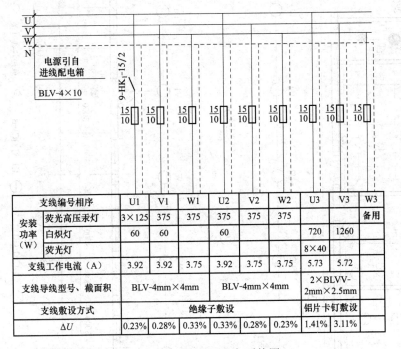

支线编号相序	U1	V1	W1	U2	V2	W2	U3	V3	W3
安装功率（W） 荧光高压汞灯	3×125	375	375	375	375	375			备用
白炽灯	60	60		60			720	1260	
荧光灯							8×40		
支线工作电流（A）	3.92	3.92	3.75	3.92	3.75	3.75	5.73	5.72	
支线导线型号、截面积	BLV-4mm×4mm			BLV-4mm×4mm			2×BLVV-2mm×2.5mm		
支线敷设方式	绝缘子敷设						铝片卡钉敷设		
ΔU	0.23%	0.28%	0.33%	0.33%	0.28%	0.23%	1.41%	3.11%	

图 10-18 车间照明电气系统图

(2) 车间照明平面布置图如图 10-19 所示。机械加工车间选用 GGY 型高压汞灯 125W 管吊，距地高度 6.5m；金具加工车间、工具库、材料库为 150W 安全灯链吊，距地高度 3m；办公室和休息室为 40W 荧光灯链吊，距地高度 3m。厕所为 60W 乳白玻璃球型灯吸顶安装，门外顶灯为 60W 半圆罩天棚灯吸顶安装。

在办公室内设拉线开关控制一盏或两盏灯，户外门灯设拨动开关，机械加工车间由配电盘内隔离开关直接控制汞灯。

读图时，只有将照明平面图和系统图结合起来看，才更容易弄懂设计意图。

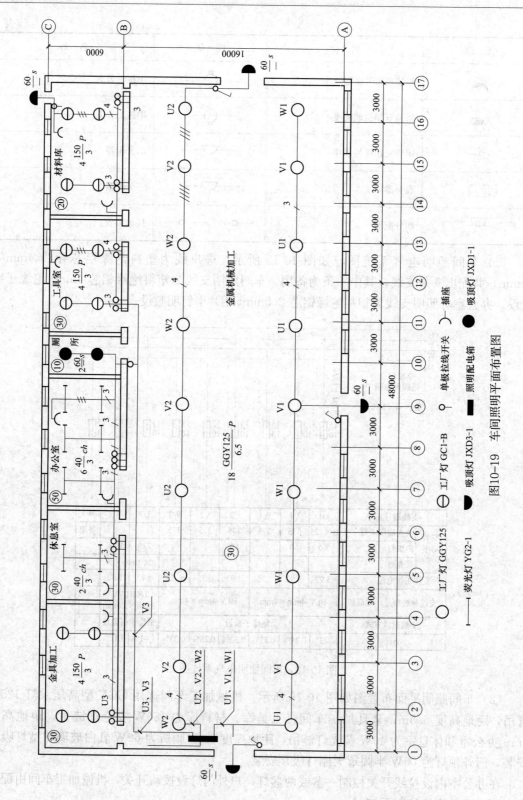

图10-19　车间照明平面布置图

参 考 文 献

[1] 王增长. 建筑给水排水工程 [M]. 北京：中国建筑工业出版社，2005.

[2] 樊建军，梅胜，何芳. 建筑给水排水及消防工程 [M]. 北京：中国建筑工业出版社，2009.

[3] 李敬苗，魏一然. 建筑给水排水工程 [M]. 北京：中国建材工业出版社，2010.

[4] 刘源全，刘卫斌. 建筑设备 [M]. 北京：北京大学出版社，2006.

[5] 杨婉. 通风与空调 [M]. 北京：中国建筑工业出版社，2009.

[6] 王付全. 建筑设备 [M]. 武汉：武汉理工大学出版社，2005.

[7] 刘昌明，鲍东杰. 建筑设备工程 [M]. 武汉：武汉理工大学出版社，2007.

[8] 高明远，岳秀萍. 建筑设备工程 [M]. 北京：中国建筑工业出版社，2007.

[9] 王亦昭，刘雄. 供热工程 [M]. 北京：机械工业出版社，2007.

[10] 贺平，孙刚. 供热工程 [M]. 北京：中国建筑工业出版社，2010.

[11] 陆耀庆. 实用供热空调设计手册 [M]. 北京：中国建筑工业出版社，2008.

[12] 陈妙芳. 建筑设备 [M]. 上海：同济大学出版社，2002.

[13] 陆亚俊. 暖通空调 [M]. 北京：中国建筑工业出版社，2007.

[14] 王青山. 建筑设备 [M]. 北京：机械工业出版社，2007.

[15] 孙一坚，沈恒根. 工业通风 [M]. 北京：中国建筑工业出版社，2011.

[16] 王汉青. 通风工程 [M]. 北京：机械工业出版社，2009.

[17] 李祥平，闫增峰. 建筑设备 [M]. 北京：中国建筑工业出版社，2008.

[18] 郑爱萍. 空气调节工程 [M]. 北京：科学出版社，2008.

[19] 蔡秀丽，鲍东杰. 建筑设备工程 [M]. 北京：科学出版社，2005.

[20] 袁家普. 太阳能热水系统手册 [M]. 北京：化学工业出版社，2009.

[21] 刘东辉，韩莹，陈宝全，等. 建筑水暖电施工技术与实例 [M]. 北京：化学工业出版社，2009.

[22] 张建一，李莉. 制冷空调装置节能原理与技术 [M]. 北京：机械工业出版社，2007.

[23] 张志军，曹露春. 可再生能源与节能技术 [M]. 北京：中国电力出版社，2011.

[24] 李德英. 供热工程 [M]. 北京：中国建筑工业出版社，2006.

[25] 王树立，赵会军. 输气管道设计与管理 [M]. 北京：化学工业出版社，2006.

[26] 高福烨. 燃气制造工艺学 [M]. 北京：中国建筑工业出版社，1995.

[27] 段长贵. 燃气输配 [M]. 4 版. 北京：中国建筑工业出版社，2011.

[28] 严铭卿. 燃气工程设计手册 [M]. 北京：中国建筑工业出版社，2008.

[29] 顾安忠. 液化天然气技术 [M]. 北京：机械工业出版社，2010.

[30] 郁永章，高其烈，等. 天然气汽车加气站设备与运行 [M]. 北京：中国石化出版社，2006.

[31] 赵磊. 燃气生产及供应 [M]. 北京：机械工业出版社，2013.

[32] 白莉. 建筑环境与设备工程概论 [M]. 北京：化学工业出版社，2012.

[33] 刘薇，张喜明，孙萍. 物业设施设备管理与维修 [M]. 北京：清华大学出版社，2013.

[34] 杜茂安，盛晓文，颜伟中，等. 现代建筑设备工程 [M]. 哈尔滨：黑龙江科学技术出版社，1997.

[35] 朴芬淑. 建筑给排水施工图识读 [M]. 北京：机械工业出版社，2009.